高等学校“十三五”规划教材　　西安电子科技大学立项教材

计算机图形学基础与CAD开发

主编　杜淑幸

西安电子科技大学出版社

内 容 简 介

本书结合计算机图形学及计算机辅助设计(CAD)的发展，简明扼要地介绍了与CAD相关的计算机图形学基础知识和算法理论，并以目前工程上广泛使用的二维CAD软件(AutoCAD)、三维CAD/CAM软件(Pro/Engineer)为平台，通过案例介绍了常用的二维、三维CAD软件二次开发技术。全书共分8章，主要内容包括：绪论、图形输入与输出设备、二维图形生成与图形处理、AutoCAD的参数化绘图技术、AutoCAD图形库管理系统设计与开发、自由曲线与曲面、三维形体建模及图形处理、三维CAD软件的二次开发技术。各章均附有习题。

本书的教学目标是使学生掌握计算机图形学的基本理论和算法，具备常用二维、三维CAD软件的应用和二次开发能力。本书适合高等工科院校以及高职或远程教育的机械类和近机械类专业学生使用，也可供广大科技工作者和工程设计人员参考。

图书在版编目(CIP)数据

计算机图形学基础与CAD开发/杜淑幸主编. —西安：西安电子科技大学出版社，2018.9
ISBN 978-7-5606-4965-8

Ⅰ. ①计… Ⅱ. ①杜… Ⅲ. ①计算机图形学—AutoCAD软件 Ⅳ. ①TP391.411
②TP391.72

中国版本图书馆CIP数据核字(2018)第144556号

策划编辑 李惠萍
责任编辑 王 静
出版发行 西安电子科技大学出版社(西安市太白南路2号)
电 话 (029)82242885 82201467 邮 编 710071
网 址 www.xduph.com 电子邮箱 xdupfxb001@163.com
经 销 新华书店
印 刷 陕西利达印务有限责任公司
版 次 2018年9月第1版 2018年9月第1次印刷
开 本 787毫米×1092毫米 1/16 印张 16
字 数 377千字
印 数 1～3000册
定 价 37.00元
ISBN 978-7-5606-4965-8/TP

XDUP 5267001-1

前　言

计算机图形学(Computer Graphics, CG)是建立在传统的图学理论、应用数学及计算机科学基础上的一门综合性学科，它是研究应用数学算法将二维或三维图形转化为用计算机显示或绘制的一门学科，是计算机辅助设计CAD(Computer Aided Design, CAD)以及智能化、数字化、并行化、敏捷化设计与制造的重要理论基础。目前计算机图形学的研究范畴已从几何作图、消隐、渲染深入到真实感图形、科学计算可视化、虚拟现实、图像识别、多媒体技术、动画等各个领域。

计算机图形学作为一个相对成熟的重要学科，一直受到国内外各高等院校的高度重视。尤其在当前信息化大发展时期，掌握计算机图形学基本理论以及CAD/CAM基本知识与技能是高等工科院校学生应有的基本素质。在实际应用中，计算机图形处理技术也受到了广大科技工作者和工程设计人员的极大关注。因此我们结合长期的一线教学和应用实践经验，编写了本书。本书适合高等工科院校以及高职或远程教育的机械类和近机械类专业学生使用，也可供广大科技工作者和工程设计人员参考。

本书的主要特点如下：

(1) 实用性和参考性强。书中言简意赅地介绍了与计算机辅助设计(CAD)相关的计算机图形学基本理论和算法，以及常用的二维、三维CAD软件二次开发技术，为读者进一步开展计算机图形学研究以及CAD的应用开发奠定了必要的基础。

(2) 具有良好的工程实用价值。书中涵盖了CAD应用与开发中所必备的计算机图形学基础知识，并以当前普及性和实用性较强的二维软件AutoCAD和三维参数化软件Pro/Engineer为平台，结合案例介绍了CAD应用和CAD系统的二次开发技术，理论和实践相结合，有利于学生快速掌握和提高CAD软件的应用与软件开发技术，满足当前设计制造数字化时代的人才培养需求。

(3) 教材内容丰富，通俗易懂。书中将计算机图形学和CAD的开发相结合，内容丰富。相对其他的计算机图形学教材，本书编写简明扼要、通俗易懂。

本书的教学目标是使学生掌握计算机图形学的基本理论和算法，具备常用二维、三维 CAD 软件的应用和二次开发能力，为未来从事专业 CAD/CAM 的软件开发奠定必要的基础，同时也为相关领域工程技术人员针对企事业系列化产品的设计开发提供一个简洁有效的学习工具。

本书参考学时数为 48～60 学时，先修课程有“高等数学”“线性代数”“工程制图”“计算机文化基础”，读者应具有一定的 AutoCAD、Pro/Engineer 的应用基础知识。本书介绍的二维、三维软件的二次开发技术，实践性强，为保证教学效果，建议教学中安排适当的上机时间配合章节后的习题开展上机实践。

本书由杜淑幸主编。全书共 8 章。其中，第 1 章、第 8 章由杜淑幸编写，第 2 章由杜淑幸、刘小院编写，第 3 章由杜淑幸、程培涛编写，第 4、5 章及附录由亿珍珍编写，第 6、7 章由严惠娥编写。研究生武鹏、吴国英协助统稿并参与了大量的文稿编辑和制图。本书参考并引用了部分文献中的内容，在此对文献作者谨致由衷的谢意。

本书受到西安电子科技大学教材建设项目立项资助。在编写过程中，编者得到了西安电子科技大学教务处、机电工程学院、教材科和出版社领导与有关同志的关心和大力支持，李惠萍编辑为本书的出版付出了辛勤的劳动，在此一并表示衷心的感谢！

由于写作时间仓促，加之作者水平有限，书中难免有不当之处，恳请读者不吝指正。

编　者

2018 年 4 月

目　录

第1章　绪　论

计算机图形学(Computer Graphics，CG)是建立在传统的图学理论、应用数学及计算机科学基础上的一门综合性学科，它是研究将二维或三维图形应用数学算法转化为用计算机显示或绘制的一门科学，换句话说，就是研究如何在计算机中进行图形的表示、计算、处理和显示的相关原理与算法。计算机图形学技术是计算机科学技术应用的一个重要分支。近几十年来，随着计算机硬件、软件性能的飞速发展以及计算机的广泛应用，计算机图形学技术发展十分迅速，目前已渗透到各行各业，从计算机辅助设计(Computer Aided Design，CAD)、计算机辅助制造(Computer Aided Manufacture，CAM)，到真实感图形、科学计算可视化、虚拟现实、图像识别、多媒体技术、动画等各个领域，计算机图形学技术都发挥着愈加重要的作用。

计算机辅助设计(Computer Aided Design，CAD)是指以计算机为工具对产品或工程进行设计、绘图、分析和编写技术文档等设计活动的总称。1972年10月，国际信息处理联合会(IFIP)在荷兰召开的"关于CAD原理的工作会议"对CAD给出如下定义：CAD是一种技术，其中人与计算机结合为一个问题求解组，它们紧密配合，发挥各自所长，从而使其工作优于每一方，并为应用多学科方法的综合性协作提供了可能。随着计算机图形学理论研究的不断深入，以及计算机技术和网络技术的快速发展，以CAD为基础的CAM(Computer Aided Manufacture)/CAE(Computer Aided Engineering)以及并行工程、敏捷制造、数字化制造、智能制造等先进技术发展异常迅猛，这些都为"工业4.0"、"中国制造2025"的实现奠定了重要的技术基础。

1.1　计算机图形学与CAD的发展

计算机图形学的发展历史也是CAD的发展历史，主要有六个典型阶段。

1. 初始阶段

1946年，第一台电子计算机的问世推动了许多学科的发展和新学科的建立，其中就有现代图形学技术，包括计算机辅助绘图和设计技术。1950年，美国麻省理工学院(MIT)成功研制出第一台图形显示器——旋风1号(whirlwind I)，这也是世界首台计算机外围设备(虽然只能显示一些简单的图形)。1952年，MIT又成功研制出第一台基于APT语言(自动编程语言)的数控铣床。随后在美国学习的奥地利人H. Joseph Gerber根据数控铣床工作原理，为波音公司设计并生产了世界第一台平台式绘图机。1959年Calcomp公司研制出第一台滚筒式绘图机，使计算机辅助绘图仪开始代替人工绘图(见图1.1)。同年12月，MIT在召开的一次计划会议上明确提出了CAD的概念。

2. 研制实验阶段

1962年，MIT林肯实验室的Ivan E. Sutherland(见图1.2)在其博士论文《SKETCHPAD：一个人机通信的图形系统》中首次提出计算机图形学、交互技术、分层存储符号的数据结构等新思想。这些基本理论和技术至今仍是现代图形学技术的基础，它被认为是CAD真正出现的标志。1964年美国通用汽车公司和美国IBM公司成功开发了用于汽车前玻璃线性设计的CAD系统。

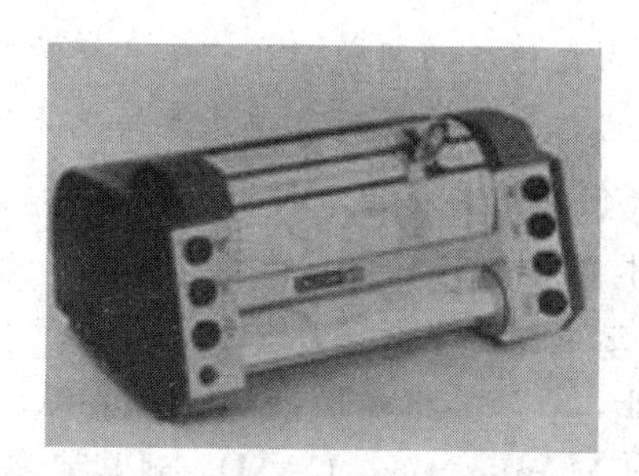

图1.1　第一台滚筒式绘图机

图1.2　Ivan E. Sutherland

3. 技术商品化阶段

20世纪70年代，计算机图形学与CAD技术进入工程和产品设计领域。一方面，硬件设备不断更新和发展，出现了基于电视技术的光栅扫描显示器以及高精度的数字化仪及绘图机等，小型计算机费用下降。另一方面，计算机图形学与CAD的理论及软件系统得到进一步发展，比如曲线、曲面的研究更加深入全面，出现了具有较高实用价值的自由曲线、曲面，如Coons曲面、Bézier曲线与曲面、B样条曲线与曲面；围绕光栅扫描图形显示器提出了许多图形生成算法，如直线与圆弧的生成、隐藏面消除、真实感图形的生成等；对曲面造型及实体造型理论展开了较为系统的研究，出现了像PADL-1、PADL-2、TIPS等许多试验型的几何造型系统；针对软件对硬件的适用性差等问题，美国计算机学会(ACM)和德国(前西德)标准协会(DIN)开展了对绘图软件标准化的研究。

4. 高速发展阶段

20世纪80年代是计算机图形学与CAD技术成熟和推广应用的大发展阶段。计算机的运算速度、集成化程度大大提高，硬件成本大幅度降低，微型PC得到普及应用，使得围绕PC开发的CAD软件层出不穷，其中著名软件有AutoCAD、PD(Personal Designer)、MicroStation、SolidEdge等。其中开发AutoCAD的Autodesk公司当时是一个仅有数名员工的小公司，其开发的CAD系统虽然功能有限，但因其可免费使用以及良好的二维绘图功能，得以广泛应用。同时，由于该系统的开放性，CAD软件升级迅速。与此同时，由于小型机和工作站的价格降低，出现了很多运行于小型机和工作站上的、以图形处理为核心的CAD/CAM一体化软件，如I-DEAS、CADAM、PRIME等。与此同时，软件用户界面水平也不断提高，出现了多窗口、多菜单、对话框等高级用户交互界面。为了充分发挥计算机的硬件资源和软件资源，许多软件公司都开始注重软件的联网能力。

5. 全面普及阶段

20世纪90年代以来，计算机图形学与CAD全面进入了设计领域，成为工程界重要的设计工具。其研究和发展呈现以下几个主要特点：

(1) 图形、图像结合日益密切。许多商品化的软件系统同时具有图形、图像处理功能，系统的适应性、实用性更强。

(2) 随着特征造型理论和技术的发展，CAD/CAM/CAE系统的集成化程度提高，出现了大量的一体化三维软件，如Pro/E、CATIA、UG、I-DEAS、ACIS、MASTERCAM等，这些软件在工程设计与制造领域发挥着越来越重要的作用。

(3) 可视化与虚拟现实技术(Virtual Reality)的研究与应用更加广泛。比如：温度场、应力应变等科学计算的可视化(见图1.3)；借助航天航空、遥感、加速器、CT(计算机断层扫描)、MRI(核磁共振)等手段所获取的海量数据可视化(见图1.4)；虚拟现实技术集成了计算机图形学、计算机仿真、人工智能、传感技术、网络并行处理等多种技术，生成了计算机的高技术模拟系统，它在虚拟设计、虚拟装配与检测、虚拟城市规划、虚拟手术、军事的虚拟训练(见图1.5)等方面得到了愈加广泛的应用。

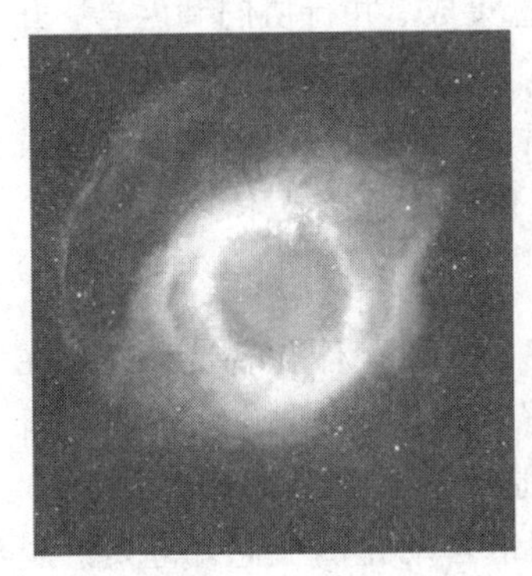

图1.3 螺旋星云可见光可视化

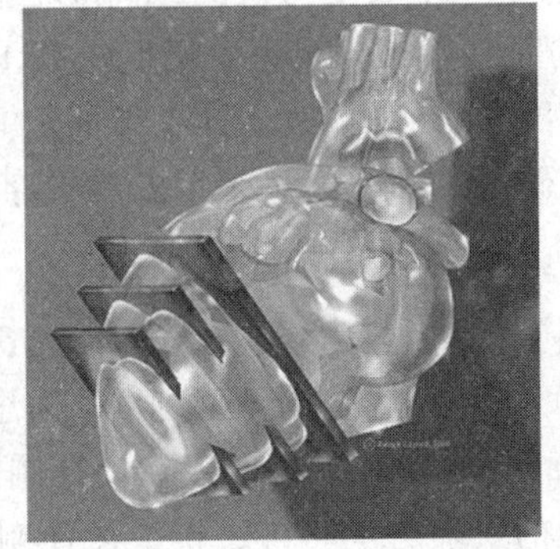

图1.4 核医学成像

图1.5 虚拟训练

(4) 计算机模拟和动画技术的研究更加深入。利用计算机图形学技术模拟云、雾、花草、树木等自然环境(见图1.6)，模拟物体随着时间而变化的动态过程，如物体结构在负载下的变形过程、飘动的云彩(见图1.7)、流动的喷泉(见图1.8)。计算机模拟和动画技术在包装设计、电视电影的制作等方面得到广泛应用。

图1.6 野外场景模拟
(清华大学)

图1.7 飘动的云彩
(日本 Yoshinori Dobashi)

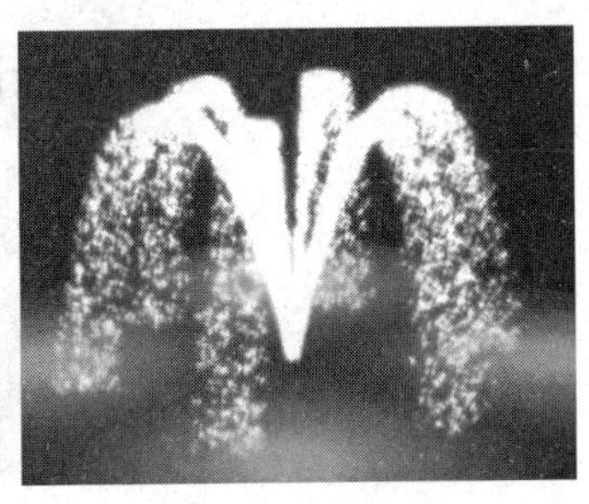

图1.8 流动的喷泉
(西安电子科技大学)

6. 数字化设计制造阶段

数字化就是将许多复杂多变的信息转变为可以度量的数字，再以这些数字建立数字化模型，借助一系列二进制代码在计算机中进行统一处理的过程。随着计算机图形学理论和计算机技术的发展，人类可以利用极为简洁的“0”和“1”编码技术，实现对一切声音、文字、图像和数据的编码、解码，使得各类信息的采集、处理、存储和传输实现了标准化和高速处理。数字化设计制造就是在交叉融合计算机图形学理论、计算机技术、网络技术与管理科学的基础上，实现制造企业、制造系统的全面数字化，其内涵包括三个层面：以设计为中心的数字化制造技术、以控制为中心的数字化制造技术、以管理为中心的数字化制造技术。

数字化设计制造是未来产品设计制造的必然趋势。复杂度越高的产品，使用数字化设计制造的意义愈加重大，但是实现设计制造全数字化、建立数字化企业是一个相当复杂的系统工程。美国波音公司在波音787新型客机的研制中，全面采用了基于模型的定义(Model Based Definition，MBD)技术。该技术将产品的所有相关设计定义、工艺描述、属性和管理等信息都附着在产品的三维模型中，直接使用三维模型作为制造依据，实现产品设计、工艺设计、工装设计、零件加工、装配与检测的高度信息集成、并行协同和融合，开创了飞机三维数字化设计制造的崭新模式，从而大幅度提高了产品研制能力，确保了波音787客机的研制周期和质量。我国在数字化设计制造方面也取得了不同程度的进展和成就，如国内航空企业在新型飞机研制过程中大量采用三维数字化设计制造技术。

7. 智能化设计与制造阶段

智能化设计与制造是一种由智能机器和人类专家共同组成的人机一体化智能系统，在设计制造过程中能进行智能活动，诸如分析、推理、判断、构思和决策等。通过人与智能机器的合作共事，可扩大、延伸和部分地取代人类专家在设计制造过程中的脑力劳动。

智能化是设计与制造自动化的发展方向，它更新了设计制造自动化的概念，将其扩展到柔性化、智能化和高度集成化。设计与制造过程的各个环节几乎都可应用人工智能技术。比如专家系统技术可以用于工程设计、工艺过程设计、生产调度、故障诊断等。也可以将神经网络和模糊控制技术等先进的计算机智能方法应用于产品配方、生产调度等，实现制造过程智能化。人工智能技术尤其适合于解决特别复杂和不确定的问题。但是要实现设计与制造全过程的智能化，是一件非常复杂艰难的工程，还需要走很长的路去探索。

1.2 计算机图形学与CAD系统的组成

计算机图形学与CAD系统，包括硬件系统和软件系统两大部分。实现计算机图形学与CAD任务，必须合理地配置硬件系统与软件系统。

1.2.1 计算机图形学与CAD系统的功能

一个计算机图形学与CAD系统至少应具有计算、存储、输入、输出和交互功能。

1. 计算功能

计算机图形学与CAD系统应有较强的计算能力，以满足数值计算和图形处理的需求，比如图形交点计算、曲线与曲面的快速生成、几何变换、特征求交等。

2. 存储功能

计算机图形学与CAD系统应有较强的存储功能，用于实时或永久地存放图形信息，如源程序、计算结果、设计图形等，以方便信息的实时检索以及图形的变更、增加、删除等处理。

3. 输入功能

计算机图形学与CAD系统应具有通过键盘、鼠标、图形输入板等输入设备将图形的形状、尺寸以及必要的参数等送入计算机的输入功能。

4. 输出功能

计算机图形学与CAD系统应具有通过显示器、打印机、绘图机等输出设备将结果输出的功能，以便能实时观看设计结果(图形)或者永久性保存设计结果。另外，设计结果也可以通过U盘、光盘等以文件形式输出。

5. 交互功能

计算机图形学与CAD系统应提供友好的人机对话方式，方便用户通过各种图形输入设备进行各种操作。

除了以上基本功能之外，在数字化设计制造时代，计算机图形学与CAD系统还应具备网络化通信功能，以实现实时信息共享、协同设计与制造。

1.2.2　计算机图形学与CAD的硬件系统

图1.9是计算机图形学与CAD系统硬件组成简图。其中主机、图形输入设备、图形输出设备、外存储器为硬件的基本配置。为了系统的资源能实时共享，网络通信设备是目前不可或缺的硬件之一。

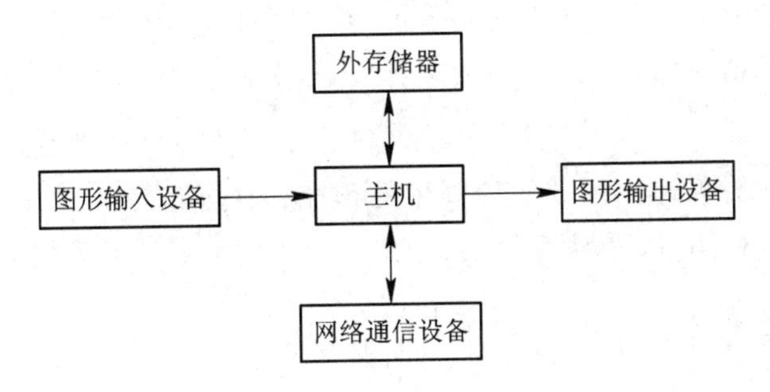

图1.9　计算机图形学与CAD系统硬件组成简图

1. 主机

主机主要包括CPU(Central Processing Unit)、主存储器。

CPU由控制器和运算器组成，是计算机的运算核心和控制核心，主要负责解释计算机指令以及处理数据运算。其中，控制器负责对指令译码，并且发出为完成每条指令所要执行的各个操作的控制信号。运算器负责执行定点或浮点算术运算操作、移位操作以及逻辑操作，也可执行地址运算和转换。

主存储器包括随机存储器(RAM，简称“内存”)和只读存储器(ROM)。随机存储器存放各种输入、输出数据及中间结果，用于保存交换信息，并能由中央处理器(CPU)直接随机存取。只读存储器出厂时由厂家用掩膜技术写好内容，信息固化在存储器中，只可读出，无法改写，一般用于存放系统程序BIOS和用于微程序控制。现代计算机为了提高性能，又能兼顾合理造价，采用多级存储体系，包括存储容量小、存取速度高的高速缓冲存储器以及存储容量和存取速度适中的主存储器。主存储器是按地址存放信息的，存取速度一般与地址无关。32位(比特)的地址最大能表达4 GB的存储器地址。对于某些特大运算量的应用和特大型数据库，多采用64位结构的地址形式。

速度是表示主机性能的重要指标，它通过时钟频率(主频MHz)、存取周期(μs)、MIPS(百万条指令/s)来表示。主存储器根据需要进行配置。

主机分为大中型机、小型机、工程工作站以及微型机。其中，大中型机功能强，支持多用户同时工作，能进行大信息量作业，如大型的分析计算、模拟以及大型数据库的集中管理等。但是大中型机存在当终端用户过多时，会使系统过载，响应速度慢，一旦主机发生故障，整个系统就不能工作的缺点，而且大中型机价格昂贵；小型机是20世纪80年代CAD市场的主要用机，通常能满足一般工程和产品设计需要，系统具有专用性，价格适中。但其缺点是系统比较封闭，开放性较差，80年代后逐渐被工程工作站取代；工程工作站是指具有较强科学计算、图形处理、网络通信功能的交互式计算机系统，它具有强大的分布式计算能力，支持多任务进程和复杂的CAD作业，属于32位机，具有UNIX操作系统，并采用以太网；随着硬件性能的发展，微型机目前在运行速度、计算精度、存储容量等方面都能满足计算机图形学与CAD的需求，价格便宜，利用现代的网络技术和公共外设连接在一起，实现网内资源共享。目前微型机有32位机和64位机两种。

2. 图形输入、输出设备

计算机图形学与CAD系统中，图形输入设备主要包括键盘、鼠标、扫描仪、数字化仪和图形输入板等。图形输出设备主要包括显示器、打印机、绘图机等。图形输入、输出设备的工作原理、性能等请参见第2章。

3. 外存储器

外存储器用来存储暂时不用或等待调用的程序、数据等信息，它包括硬磁盘存储器、软磁盘存储器、光盘存储器、磁带存储器、U盘等。外存储器通常容量大，但相比主存储器(内存)，其存取速度慢。

外存储器通常是磁性介质或光盘，能长期保存信息，并且不依赖于电来保存信息，很多外存储器需要由机械部件带动，速度与CPU相比慢很多。其中，硬磁盘存储器是由涂有磁性材料的铝合金圆盘组成，每个硬盘都由若干个磁性圆盘组成，硬盘通常容量很大；软磁盘存储器是使用柔软的聚酯材料制成圆形基片，在两个表面涂有磁性材料。常用软盘直径为3.5英寸，存储容量为1.44 MB，需要通过软盘驱动器来读取数据，由于其容量小，目前使用很少；光盘存储器是应用光存储技术，即使用激光在某种介质上写入和读出信息。光盘存储器分为CD-ROM、CD-R、CD-RW和DVD-ROM等；磁带存储器也称为顺序存取存储器SAM，它存储容量很大，但查找速度很慢，一般仅用作数据后备存储。计算机系统使用的磁带机有三种类型，即盘式磁带机、数据流磁带机及螺旋扫描磁带机。

U盘是当前使用最为广泛的移动存储设备之一，英文名称为“USB flash disk”，此名称最早来源于朗科科技生产的一种新型存储设备，名曰“优盘”。U盘是使用USB接口的无需物理驱动器的微型高容量移动存储产品，通过USB接口与电脑连接，实现即插即用，也被称为“闪盘”。通常在USB 2.0情况下，正常的U盘写入速度在5～10 MB/s之间，读取速度在15～30 MB/s左右，部分高级U盘能达到写入20 MB/s、读取30 MB/s的速度。由于U盘的体积小、存储量大及携带方便等诸多优点，目前U盘已经取代了软盘。

4. 网络通信设备

除了上述必备的硬件外，目前计算机图形学与CAD系统经常还需要配有网络适配器、网络收发器、网络媒体转换设备、中断器、路由器、网关等网络通信设备，以便通过现代网络技术将许多工作站、微型机和公共外设连接在一起，实现网内资源共享。

其中，网络适配器又称网络接口卡(网卡)，它插在计算机的总线上，将计算机连到其他网络设备上，网络适配器中一般只实现网络物理层和数据链路层的功能；网络收发器是网络适配器和传输媒体的接口设备，提供信号电平转换和信号的隔离功能；网络媒体转换设备是网络中不同传输媒体间的转换设备，如双绞线和光纤等；中断器也称为转发器，延伸传输媒体的距离，如利用中断器可以连接不同的以太网网段以构成一个以太网；路由器是工作在网络层的多个网络间的互连设备，它可在网络间提供路径选择的功能；网关是多个网络间互连设备的统称，一般指在运输层以上实现多个网络互连的设备。

1.2.3　计算机图形学与CAD的软件系统

计算机图形学与CAD系统的软件系统按其用途分为三个层次：系统软件、支撑软件、各类应用软件(见图1.10)。

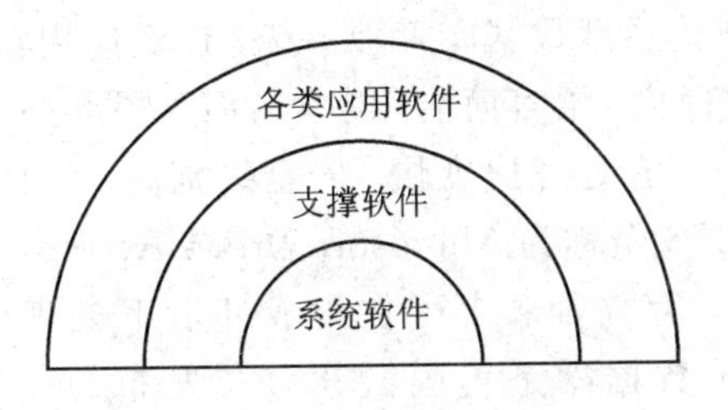

图1.10　软件系统的组成

1. 系统软件

系统软件也称为一级软件，包括各种操作系统、窗口系统(第二操作系统)、各种高级语言系统、数据库管理系统，网络通信与管理软件系统。

(1) 操作系统。操作系统是计算机软件的核心，它控制和管理计算机的软件资源和硬件资源。操作系统实现内存分配管理、文件管理、外部设备管理、作业管理、中断管理的功能，用户通过操作系统才能使用计算机，任何程序需经操作系统分配必要的资源后才能执行。操作系统按其提供的功能和工作方式不同，分为单用户操作系统、批处理操作系统、实时操作系统、分时操作系统、网络操作系统和分布式操作系统。

DOS是1979年由微软公司为IBM个人电脑开发的单用户、单任务的操作系统(MS-DOS)，在1985年到1995年及其后的一段时间内占据操作系统的统治地位，包括后来以DOS为基础的Microsoft Windows版本，如Windows 95、Windows 98和Windows Me等。目前常见的是多用户、多任务操作系统，如UNIX、Windows XP、Windows NT等系列，从工作站到微机均有使用，已经成了事实上的工业标准。自微软图形界面操作系统Windows NT问世以来，DOS以一个后台程序的形式出现，用户可通过“运行”窗口输入cmd就可进入DOS的运行环境。

(2) 窗口系统。窗口系统也称第二操作系统，是由窗口、菜单、按钮、图标等图形对象组成的图形用户界面(GUI)，用户仅操作这些图形对象就可以执行相应任务。X窗口、X Window分别是用于UNIX、Windows系统的标准图形化用户界面，是一种计算机软件系统和网络协议，它们提供了基础的图形用户界面，具有下拉菜单、按钮、卷动条和为运行不同应用的重叠窗口界面。图形对象采用位图形成，用户可根据个人喜好定制图形界面。软件编写使用广义的命令集，它创建了一个硬件抽象层，允许设备独立性和重用方案在任何计算机上实现。

(3) 高级语言系统。高级语言系统很多，可主要分为：① Basic类，它易学、易懂、易记、易用，是其他高级语言的基础，如Basic、Turbo Basic、Visual Basic、Visual Basic .Net等；② Pascal类，它既可用于科学计算，又能用来编写系统软件，如Pascal、Turbo Pascal、Object Pascal等；③ 科学与统计计算类，如FORTRAN、MATLAB、Mathematica等；④ C类，通用的编程语言，如C语言、C＋＋、Microsoft Visual C＋＋、C＃等；⑤ Web开发的脚本语言，如JavaScript、JScript、TypeScript等，开发Android应用的Java语言，开发iOS应用的Objective-C等。除此之外，还有汇编语言、数据库编程语言、人工智能语言等。

(4) 数据库管理系统。数据库管理系统的种类很多，目前针对不同用户的不同需求，常用的数据库管理系统有MySQL、ORACLE、ACCESS、MS SQL Server等。其中，MySQL数据库是一款小型关系型数据库管理系统，广泛应用在Internet上的中小型网站中，它具有源码开放、非过程化、语言简洁，易学易用等特点；Oracle数据库是甲骨文公司的一款关系数据库管理系统，它处理速度快，安全级别高，支持快闪及快速恢复，具有强大的数据仓库功能；ACCESS全称为Microsoft Office Access，是微软代表性的一款数据库管理软件，它界面友好，存储简便，可在集成环境下处理多种数据信息，支持传统的ODBC；MS SQL Server数据库是美国微软公司发布的一款RMDBS数据库，它与Windows NT集成，是真正的客户-服务器体系结构，可方便用户发布数据于Web。它具有丰富的编程接口工具和良好的伸缩性，其图形化的用户界面使得数据库操作更加直观简便。

(5) 网络通信与管理软件系统。目前大型的CAD/CAM/CAE系统都是联网系统，为能实现正常通信，一般需分层次地规定双方通信协议，如著名的Novell Net Ware、Windows NT Server等网络系统。

2. 支撑软件

支撑软件也称为二级软件，它是软件公司、高级软件技术人员利用一级软件开发出来的，如基本图形资源软件(CGI、GKS、PHIGS图形标准和规范)、绘图软件(AutoCAD、PD、CADKEY以及高华CAD、CAXA系列等国产软件)、工程分析与计算软件(有限元分析、热分析、机构分析、注塑模具分析、优化方法、模拟仿真)、数控编程软件

(MasterCAM、SurfCAM等)、功能集成的商品化CAD/CAM/CAE软件(I-DEAS、Pro/E、UG、CATIA、SolidWorks等)。支撑软件提供最基本和普遍意义的功能，不针对某一个行业、某一类产品。

3. 应用软件

应用软件也称为三级软件，它是专业技术人员或软件公司利用一级、二级软件开发出来的各类应用软件，如汽车CAD软件、模具CAD软件、建筑CAD软件、服装CAD软件及课程CAI软件等。大多软件(如AutoCAD、UG、Pro/E、CATIA等)都提供了二次开发手段供用户开发CAD应用软件。

应用软件最能产生经济效益并形成生产力。CAD应用软件按照系统运行时设计人员介入程度和系统的工作方式，可分为以下几种类型：

(1) 交互型CAD系统。交互型CAD系统是利用人机对话的方式进行工作。因为产品设计是一个“设计、分析、计算、显示、修改”不断反复创新的过程，计算机不可能代替人的全部思维活动，因此交互式CAD系统是将人的创造性和计算机辅助设计充分结合的设计系统，适合于新产品的研发工作，是现代CAD应用系统的主要类型。

(2) 自动型CAD系统。自动型CAD系统是将待解决的问题预先建立数学模型，设计目标函数，并将其求解过程编制成程序输入计算机，形成解决问题的程序库和数据库。系统运行时，根据输入的参数系统自动进行数学模型求解，无需人的介入即可输出结果。该类型只适合于事先能够用数学模型描述的设计问题。

(3) 实例型CAD系统。实例型CAD系统是预先将已经定型的产品资料(设计实例、技术图样、技术文件等)存入计算机，并设计有友好的管理程序。系统工作时，根据用户输入条件，检索并调出相应的产品资料，根据需求进行产品的再利用或者再设计。这种类型适合定型之后的标准化、系列化产品的设计，可以大大提高设计效率。但是相对交互型CAD系统，其通用性差，不适合创新性的设计。

(4) 智能型CAD系统。智能型CAD系统是将人工智能技术引入CAD/CAM系统中形成的。这种系统的开发首先需要获取领域内专家的知识和经验建立专家知识库，其次设置推理机制，即在求解问题时，模仿人类专家进行思维与决策，然后设计友好的智能型CAD系统管理程序。系统运行时，根据输入的设计目标和原始参数，系统自动检索知识库，搜索与待解决问题相匹配的规则，通过推理机的推理、判断，模拟人的思维给出解决问题的方法和推荐解决方案。该类型在一定程度上避免了企业过分受限于现有设计者的专业水平，而能运用人类专家的知识和推理能力，解决一般人难以解决的问题。智能型CAD系统应该是一个理想的具有巨大潜能的设计系统，但是由于设计行为的复杂性，目前在知识获取、知识表达以及推理判断等方面存在着诸多未能很好解决的问题，因此智能型CAD系统开发难度仍比较大，尤其实现完全的智能化还有很长的路要走。

1.3　计算机图形学与CAD的研究内容

计算机图形学与CAD的研究内容很多，主要包括以下几个方面：

(1) 硬件配置，包括各类硬件的结构、工作原理及性能。

(2) CAD/CAM软件系统的设计与应用、软件的二次开发技术、与图形应用软件有关的技术标准。

(3) 图形生成、图形变换和处理的理论与算法。

① 基于图形设备的基本图形元素(直线、圆弧、字符、二次曲线等)的生成算法，物体图形数据的输出显示算法等；

② 二维、三维图形的几何描述，二维图形元素以及体素的交、并、差运算；

③ 图形变换，即对图形进行的比例、平移、旋转、镜像、错切等变换以及物体的平行投影变换和透视投影变换；

④ 图形的裁剪算法，包括二维开窗裁剪及三维裁剪；

⑤ 三维图形的隐藏线、隐藏面消除以及真实感图形的生成等算法；

⑥ 自然景物的模拟生成和虚拟现实环境的生成算法；

⑦ 可视化技术，如温度、压力、电荷等的湿度场、应力场、电磁场等的可视化；

⑧ 实时动画和多媒体技术，研究实现高速动画的各种硬/软件方法、开发工具、动画语言以及多媒体技术。

(4) 自由曲线、曲面的造型技术，包括自由曲线与曲面的定义、拟合、拼接、分解、光顺、修改、反算等技术。

(5) 实体造型与特征造型技术，包括实体造型表示方法、特征表达与特征造型等技术。

(6) 图形数据结构及数据库结构研究，包括用于二维、三维图形数据表示与存储的数据结构，以及在CAD软件二次开发中的数据库结构研究。

1.4　与计算机图形学、CAD应用相关的其他技术

1. 计算机辅助制造(Computer Aided Manufacture, CAM)

CAM是指利用计算机来进行生产设备管理控制和操作的过程或系统，其核心是计算机数值控制(简称数控)。

早在1952年，美国麻省理工学院首先研制出数控铣床，其特征是由在穿孔纸带上的程序编码指令来控制机床，此后发展了称为“加工中心”的多功能机床，它能从刀库中自动换刀和自动转换工作位置，能连续完成钻、铰、攻丝等多道工序，这些都是通过程序指令控制运作的，只要改变程序指令就可改变加工过程。数控的这种加工灵活性称为“柔性”。后来美国麻省理工学院研究开发了数控机床的加工零件编程语言APT，它类似FORTRAN高级语言，增强了几何定义、刀具运动等语句，使编写程序变得简单、高效。从自动化的角度看，数控机床加工是一个工序自动化的加工过程，加工中心可以实现零件部分或全部机械加工过程自动化。数控加工除了在机床上应用以外，还广泛地用于其他各种设备的控制，如冲压机、火焰或等离子弧切割、激光束加工、自动绘图仪、焊接机、装配机、检查机、自动编织机、电脑绣花和服装裁剪等方面，成为各个行业CAM的基础。

目前，CAM概念是指计算机进入制造领域的一个总概念，它有狭义和广义之分。狭义CAM是指从产品设计到加工制造之间的一切生产准备活动，它包括CAPP、NC编程、工时定额的计算、生产计划的制订、资源需求计划的制订等。其中CAPP已被作为一个专门的

子系统，而工时定额的计算、生产计划的制订、资源需求计划的制订则划分给 MRPⅡ/ERP 系统来完成。广义 CAM 还包括制造活动中与物流有关的所有过程(加工、装配、检验、存储、输送)的监视、控制和管理。

CAM 系统由硬件和软件两大部分组成。其中，硬件包括数控机床、加工中心、输送装置、装卸装置、存储装置、检测装置、计算机等；软件包括数据库、计算机辅助工艺过程设计、计算机辅助数控程序编制、计算机辅助工装设计、计算机辅助作业计划编制与调度、计算机辅助质量控制等。目前常用的 CAM 软件有 UG NX、Pro/NC、CATIA、MasterCAM、SurfCAM、SPACE-E、CAMWORKS、WorkNC、TEBIS、HyperMILL、Powermill、Gibbs CAM、FEATURECAM、Solidcam、Cimatron、Vx、Edgecam 等。

所谓的 CAD/CAM 一体化，就是系统根据 CAD 模型能自动生成零件加工的数控代码，动态模拟加工过程，同时完成在实现加工时的干涉和碰撞检查等。

2. 计算机辅助工程(Computer Aided Engineering，CAE)

CAE 是用计算机辅助进行复杂工程和产品的结构强度、刚度、屈曲稳定性、动力响应、热传导、三维多体接触、弹塑性等力学性能的分析计算以及结构优化设计等。CAE 包括有限元分析、机构运动学及动力学分析。其中，有限元分析包括力学分析(线性、非线性、静态、动态)，场分析(热、电、磁)，频率响应和结构优化等。机构运动学及动力学分析包括机构内零部件的位移、速度、加速度和力的计算，机构的运动模拟及机构参数的优化。典型的软件有 ANSYS(有限元分析软件)、MSC(系列工程分析软件)、ADAMS(机械系统动力学分析软件)等。

3. 计算机辅助工艺规划(Computer Aided Process Planning，CAPP)

CAPP 就是利用计算机，通过数值计算、逻辑判断和推理等来制定零件机械加工的工艺过程，它是提高设计、生产效率的理想工具，因为设计信息只能通过工艺设计才能生成制造信息，所以 CAPP 是联系 CAD 与 CAM 的纽带。借助于 CAPP 系统，可以解决手工工艺设计效率低、一致性差、质量不稳定、不易实现优化等问题。世界上最早研究 CAPP 的国家是挪威，始于 1966 年。挪威和美国于 1973 年、1976 年分别推出了最早的商品化 CAPP 系统(AutoPros，CAP-I's Automated Process Planning)。

随着计算机集成制造系统的发展，新的制造技术、制造模式以及生产组织形式赋予了 CAPP 新的内涵，其意义和作用更大。狭义上，CAPP 是针对零件的机械加工工艺过程设计(以切削为主)输出工艺规程。但广义上，CAPP 包括工艺设计以及工艺设计过程和活动的管理。首先，工艺设计的过程不仅仅产生零件的工艺规程，还为基于并行工程的产品设计提供制造可行性、加工成本分析、可装配性等信息和数据，为 MIS/ERP 系统提供工时定额、材料定额、工装一览表、工艺路线表等基础的制造数据，为计算机辅助质量检验系统提供加工精度、粗糙度、形位公差等质量检验项目内容和要求，由计算机辅助质量检验系统自动生成零件的工序质量检验规划；其次，工艺设计是一个多任务和多用户并发的过程，需要有一套用户管理协调机制。CAPP 应用的目的之一是提高工艺设计效率，工艺设计效率不仅仅依赖于单个零件的工艺决策过程，期间还涉及工艺过程和工艺子任务的分解和协调。

4. 产品数据库管理(Product Data Management, PDM)

PDM是基于CAD/CAM系统的管理而诞生的先进的计算机管理系统软件，用于管理产品整个生命周期内的全部数据，包括任何属于产品的数据，如CAD/CAM/CAE的文件、材料清单(BOM)、产品配置、事务文件、产品订单、电子表格、生产成本、供应商状态等。还有与产品有关的过程信息，如对相关的市场需求分析、设计与制造过程中的全部更改历程、用户使用说明及售后服务等数据，以及加工指南和关于批准、使用权、安全、工作标准、机构关系等所有过程处理的数据。

5. 企业资源计划(Enterprise Resource Planning, ERP)

ERP是指建立在信息技术基础上，对企业的所有资源(物流、资金流、信息流、人力资源)进行整合与集成管理，采用信息化手段实现企业供销链科学管理，为企业决策层及员工提供决策运行手段。

ERP功能除了MRPⅡ(制造、供销、财务)外，还包括多工厂管理、质量管理、实验室管理、设备维修管理、仓库管理、运输管理、过程控制接口、数据采集接口、电子通信、电子邮件、法规与标准、项目管理、金融投资管理、市场信息管理等。它重新定义各项业务及其相互关系，在管理和组织上采取更加灵活的方式，对供应链上供需关系的变动(包括法规、标准和技术发展造成的变动)，同步、敏捷、实时地作出响应；在掌握准确、及时、完整信息的基础上，作出正确决策，能动地采取措施。与MRPⅡ相比，ERP除了扩大管理功能外，还采用了计算机新技术，如面向对象技术、客户机/服务器体系结构、多种数据库平台、SQL结构化查询语言、图形用户界面、4GL/CASE、、人工智能、仿真技术等。

在企业中，ERP主要包括三方面的内容：生产控制(计划、制造)、物流管理(分销、采购、库存管理)和财务管理(会计核算、财务管理)。

6. 计算机集成制造系统(Computer Integrated Manufacturing System, CIMS)

CIMS是随着计算机辅助设计与制造的发展而产生的，该概念最早由美国学者哈林顿博士提出。CIMS是指通过计算机软硬件，综合运用现代管理技术、制造技术、信息技术、自动化技术、系统工程技术，将企业生产全过程中有关的人、技术、经营管理三要素及其信息与物流有机集成并优化运行的大系统。

CIMS是多个自动化程度不同的子系统的集成，如管理信息系统(MIS)、制造资源计划系统(MRPⅡ)、计算机辅助设计系统(CAD)、计算机辅助工艺设计系统(CAPP)、计算机辅助制造系统(CAM)、柔性制造系统(FMS)以及数控机床(NC、CNC)、企业资源计划(ERP)、机器人等。在当前全球经济环境下，出现了现代集成制造系统(Contemporary Integrated Manufacturing System)，即将信息技术、现代管理技术和制造技术相结合，并应用于企业全生命周期各个阶段，通过信息集成、过程优化及资源优化，实现物流、信息流、价值流的集成和优化运行，达到人(组织及管理)、经营和技术三要素的集成，从而提高企业的市场应变能力和竞争力。CIMS的发展趋势如下：

(1) 集成化。从当前的企业内部的信息集成发展到过程集成(如并行工程)，并正在步入企业间的集成(如敏捷制造)。

(2) 数字化/虚拟化。从产品的数字化设计开始，发展到产品全生命周期中各类活动、设备及实体的数字化。

(3) 网络化。从基于局域网发展到基于 Internet/Intranet/Extranet 的分布网络制造，以实现全球制造策略。

(4) 柔性化。研究发展企业间的动态联盟技术、敏捷设计生产技术、柔性可重组机器技术等，以实现敏捷制造。

(5) 智能化。智能化是制造系统在柔性化和集成化方面的进一步发展与延伸，引入各类人工智能技术和智能控制技术，实现具有自律、分布、智能、仿生、敏捷、分形等特点的新一代制造系统。

(6) 绿色化。绿色化包括绿色设计与制造、生态工厂、清洁化生产等。它是全球可持续发展战略在制造业中的体现，是现代制造业面临的新课题。

7. 逆向工程（Reverse Engineering，RE）

RE 是指用一定的测量手段对实物或模型进行测量，根据测量数据通过三维几何建模方法重构实物的 CAD 模型的过程，是一个从样品生成产品数字化信息模型，并在此基础上进行产品设计开发及生产的过程。

通常，产品设计过程是一个从设计到产品的过程，即设计人员首先在大脑中构思产品的外形、性能和大致的技术参数等，然后在详细设计阶段完成各类数据模型，最终将这个模型转入到研发流程中，完成产品的整个设计研发周期。这样的产品设计过程称为“正向设计”过程。逆向工程产品设计是一个从产品到设计的过程。就是根据已经存在的产品，反向推出产品设计数据(包括各类设计图或数据模型)的过程，该过程也叫做实物反求。早期的船舶工业中常用的船体放样设计就是逆向工程的典型实例。反求工程技术是测量技术、数据处理技术、图形处理技术和加工技术相结合的一门综合性技术。随着计算机技术的飞速发展和相关技术的逐渐成熟，近年来在新产品设计开发中得到愈来愈多的应用。因为在产品开发过程中，需要以实物(样件)作为设计依据的参考模型或作为最终验证依据时尤其需要应用该项技术，所以逆向工程被广泛地应用到新产品开发、产品改型设计、产品仿制、质量分析检测等领域。

逆向工程软件功能通常都是集中于处理和优化密集的扫描点云以生成更规则的结果点云，通过规则的点云可以应用于快速成型，也可以根据这些规则的点云构建出最终的 NURBS 曲面以输入到 CAD 软件进行后续的结构和功能设计工作。目前主流应用的四大逆向工程软件有 Imageware、Geomagic Studio、CopyCAD、RapidForm。

8. 快速成型(Rapid Prototyping ，RP)

RP 技术是 20 世纪 90 年代发展起来的基于材料堆积法的一种高新制造技术，被认为是近 20 年来制造领域的一个重大突破。RP 综合了机械工程、CAD 技术、数控技术、激光技术及材料科学技术，可以快速、精确地将设计思想物化为具有一定功能的原型或直接制造零件，即利用三维 CAD 的数据，通过快速成型机，将一层层的材料堆积成实体原型，从而可以对产品设计进行快速评价、修改及功能试验，有效地缩短了产品的研发周期。目前市场上的快速成型技术分为 3DP 技术、FDM 熔融层积成型技术、SLA 立体平版印刷技术、SLS 选区激光烧结、DLP 激光成型技术和 UV 紫外线成型技术等。

(1) 3DP 技术。采用 3DP 技术的 3D 打印机使用标准喷墨打印技术，通过将液态联结体铺放在粉末薄层上，以打印横截面数据的方式逐层创建三维实体。采用这种技术打印成型的样品模型与实际产品具有同样的色彩，还可以将彩色分析结果直接描绘在模型上，模型样品所传递的信息量较大。

(2) FDM熔融层积成型技术。FDM熔融层积成型技术是将丝状的热熔性材料加热融化，同时三维喷头在计算机的控制下，根据截面轮廓信息，将材料选择性地涂敷在工作台上，快速冷却后形成一层截面。一层成型完成后，机器工作台下降一个高度(即分层厚度)再成型下一层，直至形成整个实体造型。其成型材料种类多，成型件强度高、精度也较高，主要适用于成型小塑料件。

(3) SLA立体平版印刷技术。SLA立体平版印刷技术以光敏树脂为原料，通过计算机控制激光按零件的各分层截面信息在液态的光敏树脂表面进行逐点扫描，被扫描区域的树脂薄层产生光聚合反应而固化，形成零件的一个薄层。一层固化完成后，工作台下移一个层厚的距离，然后在原先固化好的树脂表面再敷上一层新的液态树脂，直至得到三维实体模型。该方法成型速度快，自动化程度高，可成型任意复杂形状，尺寸精度高，主要应用于复杂、高精度的精细工件快速成型。

(4) SLS选区激光烧结技术。SLS选区激光烧结技术是通过预先在工作台上铺一层粉末材料(金属粉末或非金属粉末)，然后让激光在计算机控制下按照界面轮廓信息对实心部分粉末进行烧结，然后不断循环，层层堆积成型。该方法制造工艺简单，材料选择范围广，成本较低，成型速度快，主要应用于铸造业直接制作快速模具。

(5) DLP激光成型技术。DLP激光成型技术和SLA立体平版印刷技术比较相似，不过它是使用高分辨率的数字光处理器(DLP)投影仪来固化液态光聚合物，逐层地进行光固化。由于每层固化是通过幻灯片似的片状固化，因此，速度比同类型的SLA立体平版印刷技术速度更快。该技术成型精度高，在材料属性、细节和表面光洁度方面可匹敌注塑成型的耐用塑料部件。

(6) UV紫外线成型技术。UV紫外线成型技术也与SLA立体平版印刷技术类似，不同的是，它利用UV紫外线照射液态光敏树脂，一层一层由下而上堆栈成型，成型的过程中没有噪声产生，在同类技术中成型的精度最高，通常应用于精度要求高的珠宝和手机外壳等行业。

RP技术目前还存在很多有待继续研究完善的问题，其中最突出的表现在分层叠加的成型方法、成型材料特性、成型件的精度、软件的数据表示方法等方面。

9. 虚拟制造(Virtual Manufacturing，VM)

VM是利用信息技术、仿真技术、计算机技术对现实制造活动中的人、物、信息及制造过程进行统一建模，在计算机上实现产品从设计、加工、装配、检验到使用整个生命周期的模拟和仿真。虚拟制造不消耗现实资源和能量，所进行的过程是虚拟过程，所生产的产品也是虚拟的。其目的是在产品设计阶段，借助建模与仿真技术及时地、并行地模拟出产品未来制造过程乃至产品全生命周期的各种活动对产品设计的影响，预测、检测、评价产品性能和产品的可制造性等，从而更加有效地、经济地、柔性地组织生产，增强决策与控制水平，有力地降低由于前期设计给后期制造带来的回溯更改，达到产品的开发周期和成本最小化、产品设计质量的最优化、生产效率的最大化。

10. 并行工程 (Concurrent Engineering，CE)

CE是集成地、并行地设计产品及其相关过程(包括制造过程和支持过程)的系统方法。

它要求产品开发人员在一开始就考虑产品整个生命周期中从概念形成到产品报废的所有因素，包括质量、成本、进度计划和用户要求，并行工程的发展为虚拟制造技术的诞生创造了条件。并行工程的具体做法是：在产品开发初期，组织多种职能协同工作的项目组，使有关人员从一开始就获得对新产品的要求和信息，积极研究涉及本部门的工作业务，并将所需要求提供给设计人员，使许多问题在开发早期就得到解决，从而保证了设计的质量，避免了大量的返工浪费。CE的两个典型特征是：① 并行交叉，强调产品设计与工艺过程设计，生产技术准备、采购、生产等种种活动并行交叉进行；② 尽早开始工作，因为强调各活动之间的并行交叉，以及并行工程以争取时间，所以它强调人们要学会在信息还不完备的情况下就开始工作。

11. 敏捷制造(Agile Manufacturing，AM)

AM是美国国防部为了制定21世纪制造业发展目标而支持的一项研究计划。敏捷制造是以并行工程技术为基础，采用标准化和专业化的计算机网络和信息集成技术，将柔性生产技术、有技术有知识的劳动力与能够促进企业内部和企业之间合作的虚拟公司，通过开放、互联的敏捷无线工厂解决方案，将人、应用系统、机器和所有的传感设备无缝连接，为包括移动办公、节能减排、物流供应、安全生产、智能控制等提供全方位的运营革新，对迅速改变的市场需求和市场进度作出快速响应，共同努力来增强整体竞争能力。敏捷制造比起其他制造方式具有更灵敏、更快捷的反应能力。敏捷制造主要包括三个要素，即生产技术、组织方式、管理手段。

12. 智能设计(Intelligent Design，ID)

智能设计是指应用现代信息技术，采用计算机模拟人类的思维活动，提高计算机的智能水平，从而使计算机能够更多、更好地承担设计过程中各种复杂的任务，成为设计人员的重要辅助工具。综合国内外智能设计的研究现状和发展趋势，智能设计按设计能力可以分为常规设计、联想设计、进化设计三个层次。

1）常规设计

常规设计就是将设计属性、设计进程、设计策略事先规划好，智能系统在推理机的作用下，调用符号模型(如规则、语义网络、框架等)进行设计。目前，国内外投入应用的智能设计系统大多属于此类，如日本NEC公司用于VLSI产品布置设计的Wirex系统，华中理工大学开发的标准V带传动设计专家系统(JDDES)、压力容器智能CAD系统等。这类智能系统常常只能解决定义良好、结构良好的常规问题，故称常规设计。

2）联想设计

目前联想设计分为两类：一类是利用工程中已有的设计事例，通过比较获取现有设计的指导信息。这种设计需要收集大量良好的、可对比的设计事例，因此对于大多数问题，实现起来是有困难的；另一类是利用人工神经网络数值处理能力，从试验数据、计算数据中获取关于设计的隐含知识以指导设计。这类设计借助于其他事例和设计数据，实现了对常规设计的一定突破，称为联想设计。

3）进化设计

遗传算法(Genetical Algorithm，GA)是一种借鉴生物界自然选择和自然进化机制进行高度的并行计算、随机计算、自适应计算的搜索算法。自20世纪80年代起，遗传算法已从人工搜索、函数优化等方面推广到计算机科学、机械工程等多个领域，20世纪90年代，遗传算法的研究在其基于种群进化的原理上，拓展出进化编程(Evolutionary Programming，EP)、进化策略(Evolutionary Strategies，ES)等方向，它们合并称为进化计算(Evolutionary Computation，EC)。进化计算使得智能设计拓展到进化设计。进化设计对环境知识依赖很少，优良样本的交叉、变异成为设计创新的源泉，因此1996年举办的“设计中的人工智能”(Artificial intelligence in design’96)国际会议上，M. A. Rosenman提出了设计中的进化模型，进而进化计算成为实现非常规设计的有利工具。

智能设计的主要特点有：

(1) 智能设计是基于从根本上对设计本质的理解，因此研究设计本质、过程设计思维特征及其方法学的设计方法学是智能设计模拟人工设计的基本依据。

(2) 智能设计以人工智能技术为实现手段，结合人工神经网络和机器学习技术，在知识处理上利用专家系统技术支持设计过程的自动化。

(3) CAD技术支持设计对象的优化设计、有限元分析和图形显示输出，因此智能设计以CAD技术为数值计算和图形处理工具。

(4) 智能设计不仅支持设计的全过程，且CAD/CAM集成智能化，提供统一的数据模型和数据交换接口。

(5) 具有强大的人机交互功能，可使设计师适时地干预智能设计过程。

13. 智能制造(Intelligent Manufacturing，IM)

智能制造是一种由智能机器和人类专家共同组成的人机一体化智能系统，在制造过程中能进行智能活动，诸如分析、推理、判断、构思和决策等。通过人与智能机器的合作共事，去扩大、延伸和部分地取代人类专家在制造过程中的脑力劳动。智能制造把制造自动化的概念更新扩展到柔性化、智能化和高度集成化。

计算机集成制造系统(CIMS)、敏捷制造等从广义概念上都可以看作是智能自动化。除了制造过程本身实现智能化外，实现智能设计、智能管理，再加上信息集成、全局优化，最终建立智能制造系统，这是实现智能制造的必然发展趋势。目前有以下几种先进的智能制造模式：

1) 多智能体系统(Multi-Agent System，MAS)

多智能体系统自20世纪70年代出现以来发展迅速，已经成为一种进行复杂系统分析与模拟的思想方法与工具。它是一种全新的分布式计算技术，是由在一个环境中交互的多个智能体组成的计算系统。多智能体系统用于解决分离的智能体以及单层系统难以解决的问题。智能可以由一些方法、函数、过程、搜索算法或加强学习来实现。尽管存在相当大的重叠，然而一个多智能体系统并不总是与一个基于智能体的模型表现一致。ABM(智能体模型)的目标是寻找遵循简单规则的智能体集体行为的解释，通常用于自然系统又或者用于解决具体的工程问题。

多智能体系统技术应用在制造系统领域，对解决产品设计、生产制造乃至产品的整个生命周期中的多领域间的协调合作提供了一种智能化的方法，也为系统集成、并行设计，并实现智能制造提供了更有效的手段。

2) 整子系统(Holonic System，HS)

整子系统的基本构件是整子(Holon)。整子表示系统的最小组成个体，整子系统由很多不同种类的整子构成。整子的最本质特征是：① 自治性，即每个整子可以对其自身的操作行为作出规划，可以对意外事件(如制造资源变化、制造任务货物要求变化等)作出反应，并且其行为可控；② 合作性，即每个整子可以请求其他整子执行某种操作行为，也可以对其他整子提出的操作申请提供服务；③ 智能性，即整子具有推理、判断等智力，这也是它具有自治性和合作性的内在原因。由此可见，整子与智能体的概念相似。由于整子的全能性，有人称其为全能系统。

整子系统的特点是：① 敏捷性，即具有自组织能力，可快速、可靠地组建新系统；② 柔性，即对于快速变化的市场、变化的制造要求有很强的适应性。

除了多智能体系统、整子系统之外，还有生物制造、绿色制造、分形制造等多种制造模式。制造模式主要反映管理科学的发展，也是自动化、系统化技术的研究成果，它将对各种单元自动化技术提出新的需求，从而在整体上影响智能制造自动化的发展方向。

14. “工业 4.0”与“中国制造 2025”

工业 4.0 是由德国政府在《德国 2020 高技术战略》中所提出的十大未来项目之一，旨在提升制造业的智能化水平，建立具有适应性、资源效率及基因工程学的智慧工厂，在商业流程及价值流程中整合客户及商业伙伴。其技术基础是网络实体系统及物联网，即利用物联信息系统(Cyber Physical System，CPS)将生产中的供应、制造、销售信息数据化、智慧化，最后达到快速、有效、个人化的产品供应。“工业 4.0”概念包含了由集中式控制向分散式增强型控制的基本模式转变，目标是建立一个高度灵活的个性化和数字化的产品与服务的生产模式。在这种模式中，传统的行业界限将消失，并会产生各种新的活动领域和合作形式。创造新价值的过程正在发生改变，产业链分工将被重组。“工业 4.0”项目主要分为三大部分：

(1)“智能工厂”，即重点研究智能化生产系统及过程，以及网络化分布式生产设施的实现。

(2)“智能生产”，主要涉及整个企业的生产物流管理、人机互动以及 3D 技术在工业生产过程中的应用等。该计划将特别注重吸引中小企业参与，力图使中小企业成为新一代智能化生产技术的使用者和受益者，同时也成为先进工业生产技术的创造者和供应者。

(3)“智能物流”，主要通过互联网、物联网、物流网，整合物流资源，充分发挥现有物流资源供应方的效率，而需求方则能够快速获得服务匹配，得到物流支持。

工业 4.0 认为制造业未来只能通过智能化的生产创造价值，即制造本身是创造价值的。

“中国制造 2025”战略是中国为进入世界制造强国行列而提出的一项行动纲领。“中国制造 2025”提出，坚持“创新驱动、质量为先、绿色发展、结构优化、人才为本”的基本方针，坚持“市场主导、政府引导，立足当前、着眼长远，整体推进、重点突破，自主发展、开放合作”的基本原则，通过“三步走”实现制造强国的战略目标：第一步，到 2025 年迈入制造强国行列；第二步，到 2035 年中国制造业整体达到世界制造强国阵营中等水平；第三步，到新中国成立一百年时，综合实力进入世界制造强国前列。其中提出了五大工程，即制造业创新中心建设工程、强化基础工程、智能制造工程、绿色制造工程和高端装备创新工程。

其中智能制造工程，就是紧密围绕重点制造领域关键环节，开展新一代信息技术与制造装备融合的集成创新和工程应用，开发智能产品和自主可控的智能装置并实现产业化。依托优势企业，紧扣关键工序智能化、关键岗位机器人替代、生产过程智能优化控制、供应链优化，建设重点领域智能工厂/数字化车间。在基础条件好、需求迫切的重点地区、行业和企业中，分类实施流程制造、离散制造、智能装备和产品、新业态新模式、智能化管理、智能化服务等试点示范及应用推广。建立智能制造标准体系和信息安全保障系统，搭建智能制造网络系统平台。

"中国制造2025"与德国提出的"工业4.0"战略可以说是殊途同归，与此同时，美国也提出工业互联网，即以通用电气(GE)为代表，注重通过机器互联、软件及大数据分析，提升生产效率，创造数字工业的未来。这一轮以智能制造为特点的制造业变革被认为是"第四次工业革命"。

但总的来说，无论德国的"工业4.0"、美国的"工业互联网"，还是"中国制造2025"，计算机图形学与CAD仍然是第四次工业革命重要的技术基础。

1. 什么是计算机图形学？什么是计算机辅助设计？
2. 简述计算机图形学和计算机辅助设计的发展历程。
3. 简述计算机图形学系统的硬件、软件配置。
4. 计算机图形学系统应具备哪些功能？
5. 计算机图形学与CAD的研究内容有哪些？

第 2 章 图形输入与输出设备

图形输入、输出设备是计算机图形学与 CAD 不可或缺的硬件设备。本节主要介绍常用的图形输入、输出设备的性能、结构及工作原理等。

2.1　图形输入设备

1. 键盘

键盘是计算机通用的输入设备。通过按键操作，配合各种事先编排好的程序，可以输入字符、图表数据及图形命令等。键盘的结构、工作原理这里不再介绍。

2. 鼠标

鼠标结构简单，定位方便，通过鼠标的移动驱动图形显示器上光标运动，就可以准确方便地拾取坐标点或者选择菜单命令，而且鼠标价格低廉，因此是 CAD 系统中最常见的输入设备。按其工作原理不同，鼠标分为以下几种：

(1) 机械鼠标。机械鼠标主要由滚球、辊柱和光栅信号传感器组成。当用户拖动鼠标时，带动滚球转动，滚球又带动辊柱转动，装在辊柱端部的光栅信号传感器采集光栅信号。传感器产生的光电脉冲信号反映出鼠标器在垂直和水平方向的位移变化，再通过电脑程序的处理和转换来控制屏幕上光标箭头的移动。

(2) 光机鼠标。与纯机械式鼠标一样，光机鼠标同样拥有一个胶质的小滚球，并连接着 X、Y 转轴，所不同的是，光机鼠标不再有圆形的译码轮，而是两个带有栅缝的光栅码盘，并且增加了发光二极管和感光芯片。当鼠标在桌面上移动时，滚球会带动 X、Y 转轴的两只光栅码盘转动，X、Y 发光二极管发出的光便会照射在光栅码盘上，由于光栅码盘存在栅缝，在恰当时机二极管发射出的光便可透过栅缝直接照射在两颗感光芯片组成的检测头上。然后这些信号被送入专门的控制芯片内运算生成对应的坐标偏移量，确定光标在屏幕上的位置。

(3) 光电鼠标。光电鼠标的传感系统由发光二极管(LED)、反射式衬垫和光敏元件组成。当光电式鼠标在带有特制的反射式衬垫(印有间隔相同的网格)上移动时，传感系统通过反射光的强弱变化检测出鼠标的移动，图 2.1 所示为光电式鼠标。

图 2.1　光电鼠标

(4) 无线鼠标。无线鼠标是为了适应大屏幕显示器而生产的，其接收范围在1.8米以内，分为2.4G和27M两种。无线鼠标是利用DRF技术把鼠标在X或Y轴上的移动、按键按下或抬起的信息转换成无线信号并发送给主机，因此必须配套专业的接收器插在电脑上才能接收信号。除了无线鼠标，还有一种蓝牙鼠标，其最大特点就是通用性，即不分品牌和频率都可通过蓝牙接收和发射信号，图2.2所示为无线鼠标。

图2.2　无线鼠标

(5) 3D振动鼠标。3D振动鼠标是一种新型的鼠标器，属于三键式鼠标，无论是DOS还是Windows环境下，鼠标的中键和右键都能派上用场。3D振动鼠标不仅可以当作普通的鼠标器使用，而且还具有以下几个特点：全方位的立体控制能力，如前、后、左、右、上、下、前右、左下等的方向移动；具有振动功能，即触觉回馈功能。玩某些游戏时，当你被敌人击中时，你会感觉到鼠标的振动。

3. 扫描仪

扫描仪是综合运用光学、机械、电子等扫描技术，通过捕获图形(如工程图样)、图像(照片等)或三维实物信息，并将之转换成计算机可以显示、编辑、存储和输出的数字化输入设备。

扫描仪按照其所支持的颜色不同，分为单色扫描仪和彩色扫描仪；根据所采用的固态器件不同，分为电荷耦合器件扫描仪、MOS电路扫描仪、紧贴型扫描仪等；根据扫描宽度和方式不同，分为大型扫描仪、台式扫描仪和手动扫描仪。扫描仪的主要部件为灯管和光电耦合器件(Charge Coupled Device，CCD)。工作时，灯管点亮，光电耦合器件接收从被扫描物(图片、实物等)上反射或透射(透明胶片扫描仪)的光线，并根据光线的强弱不同将其转换成不同的电平值。图2.3所示为常见的二维台式扫描仪。

图2.3　二维台式扫描仪

目前，三维扫描仪发展迅速，按照其原理分为两类，即“激光式”和“照相式”两种。两者均为非接触式，即扫描时都不需要与被测物体接触。

“激光式”扫描仪属于较早的产品，它是由扫描仪发出一束激光光带，光带照射到被测物体上并在被测物体上移动时，就可以采集出物体的实际形状。“激光式”扫描仪一般要配备关节臂，其精度低于接触式设备，性能优良的扫描仪一般可达到微米级(见图2.4)；“照相式”扫描仪(见图2.5)是针对工业产品设计领域的新一代扫描仪，与传统的激光扫描仪和三坐标测量系统相比，其测量速度提高了数十倍。由于有效地控制了整合误差，整体测量精度也大大提高。其采用可见光将特定的光栅条纹投影到测量工作表面，借助两个高分辨率CCD数码相机对光栅干涉条纹进行拍照，利用光学拍照定位技术和光栅测量原理，可在极短时间内获得复杂工作表面的完整点云。其独特的流动式设计和不同视角点云的自动拼合技术使扫描不需要借助于机床的驱动，使得扫描大型工件变得高效便捷，其精度可达几十微米到几微米。如对大型工件可分块测量，测量数据可实时自动拼合，非常适合各种大小和形状物体(如汽车、摩托车外壳及内饰、家电、雕塑等)的测量，高质量的扫描点云可用于制造业中的产品开发、逆向工程、快速成型、质量控制，甚至可实现直接加工。

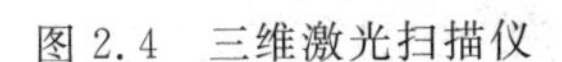
图 2.4　三维激光扫描仪

图 2.5 三维拍照扫描仪

4. 数字化仪

数字化仪是一种相对快速便捷的 CAD 输入设备。它是由一块平面感应板和可以在感应板上移动的游标定位器组成的，游标也可以由感应触笔代替，游标定位器上的十字准线相当于电笔的笔尖。

数字化仪按照操作方式分为自动式和非自动式两类。其中，自动式数字化仪有扫描式和线性跟踪式，其图形输入既快又省力。但对于有数万个或者数十万个信息组成的工程图样，一下子全部输入计算机，则需要大量的存储器，硬件造价高，因此也限制了自动式数字化仪的大量应用。非自动式数字化仪分为台架式和自由游标式，它成本低，技术上实现容易，在实际中被大量采用，如图 2.6、图 2.7 所示。

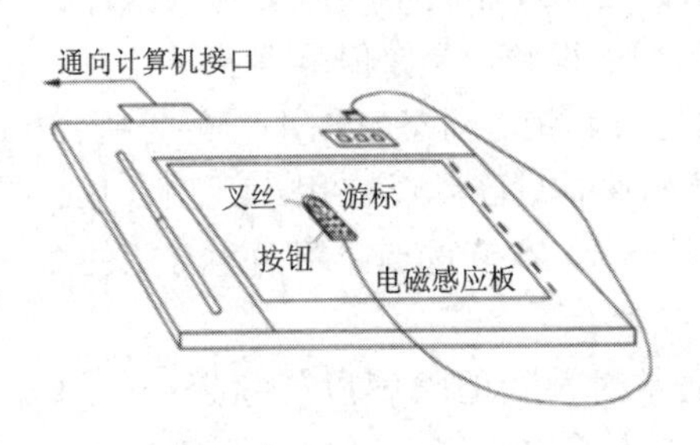

图 2.6　跟踪式数字化仪示意图

图 2.7　服装设计的数字化仪

数字化仪按照尺寸和使用条件分为大型数字化仪和小型数字化仪两类。其中大型数字化仪能感应大面积的图形信息，通常制作成立式。小型数字化仪感应小面积的图形信息，可放在桌子上，使用起来灵活方便，通常叫作图形输入板或平板式数字化仪。

数字化仪还可按其工作原理，分为电磁场感应式、静电耦合式、超声波式等类型。目前常用的是电磁场感应式数字化仪。

5. 触摸屏

触摸屏是一种能对物体触摸产生反应的屏幕，当人的手指或其他物体触到屏幕不同位置时，计算机能接收到触摸信号并按照软件要求进行相应的处理。触摸屏最早应用在机场管制方面，后来作为计算机输入设备而应用得越来越广泛。

触摸屏按工作原理分类，有电阻式、电容式、红外线式、声表面波式几种。

6. 数字摄像头

数字摄像头是一种连机图像实时输入设备。在多媒体课堂教学、视频电话通信、网络会议、电脑摄影等方面有着广泛的应用。数字摄像头通常安装在显示器或支架上，镜头对着要拍摄的目标。数字摄像头的核心部件是CCD (Charge Coupled Device)，即“电荷耦合器件”。CCD器件很小，面积只有3 mm×5 mm，但它以百万像素为单位，即在此面积上分布着百万个与光学像素点相对应的单元，每一单元又包含红、绿、蓝三色彩基元，以实现彩色图像输入。工作时，CCD将光信号转换为电信号，摄像头内部的电路再将电信号转换为数字信号并直接输入计算机。

2.2 图形显示器

图形显示器是计算机图形学与CAD系统必备的一种输出设备，通常将其称为软拷贝。

2.2.1 图形显示器概述

图形显示器主要有光栅扫描显示器(CRT)、液晶显示器(LCD)、等离子体显示器(PDP)、LED显示器(LED panel)四大类。其中，光栅扫描显示器是应用最广泛的显示器之一，目前，光栅扫描显示器中纯平显示器具有可视角度大、无坏点、色彩还原度高、色度均匀、可调节的多分辨率模式、响应时间极短等优点；LCD具有体积小、质量轻、省电、辐射低、易于携带等优点，因此被广泛应用；PDP具有分辨率高、屏幕大、超薄、色彩丰富、鲜艳的特点，但因价格偏高尚不普及；LED显示器是通过控制半导体发光二极管的一种显示方式，可用来显示文字、图形、图像、动画、行情、视频、录像信号等各种信息，它集微电子技术、计算机技术、信息处理于一体，以其色彩鲜艳、动态范围广、亮度高、寿命长、工作稳定可靠等优点，成为最具优势的新一代显示媒体，已广泛应用于大型广场、商业广告、体育场馆、信息传播、新闻发布、证券交易等场所。本节重点介绍两种常用的图形显示器：光栅扫描显示器、液晶显示器。

显示器的尺寸是指显像管对角线的尺寸，通常对角线的长度以英寸为单位(1英寸=2.54 cm)。显示面积用长与高的乘积来表示，通常人们也用屏幕可见部分的对角线长度来表示，显示面积都会小于显示管的大小。最大可视面积就是指显示器可以显示图形的最大范围。15英寸显示器的可视范围在13.8英寸左右，17英寸显示器的可视区域大多在15～16英寸之间，19英寸显示器可视区域达到18英寸左右。

图形显示器的屏幕通常被分成大小相等的矩形栅格，这些栅格称为像素(Pixel)。显示器工作时，每个像素处于“亮”和“不亮”两种状态。由所有“亮”的像素构成我们所看到的屏幕上的图形，所有“不亮”的像素构成图形的背景。衡量图形显示器性能的重要指标之一是屏幕分辨率(Screen Resolution)，即屏幕上可显示的像素点总数，通常用水平方向的像素点数乘以竖直方向的像素点数表示，如640×480、800×600、1024×768等表示。显示器的屏幕分辨率越高，所显示的图形越光滑、越清晰。

2.2.2 光栅扫描显示器

1. 光栅扫描显示器的组成与工作原理

光栅扫描显示器由显示控制器、帧缓冲存储器和图形监视器三大部分组成，如图2.8所示。

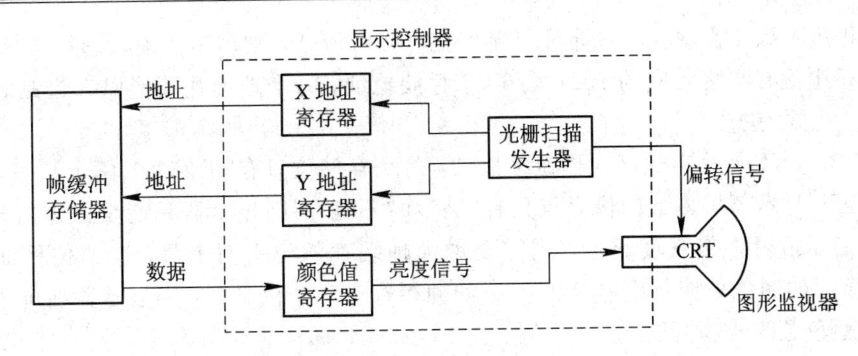

图 2.8　光栅扫描显示器的系统组成

1）图形监视器

图形监视器是一个单独的部件，类似于家用电视机，但无调谐系统。大多数图形监视器采用了电视扫描（光栅扫描）技术来不断刷新屏幕上的图像。阴极射线管（Cathode Ray Tube，简称 CRT）是图形监视器的核心部件。图 2.9 为 CRT 结构示意图。

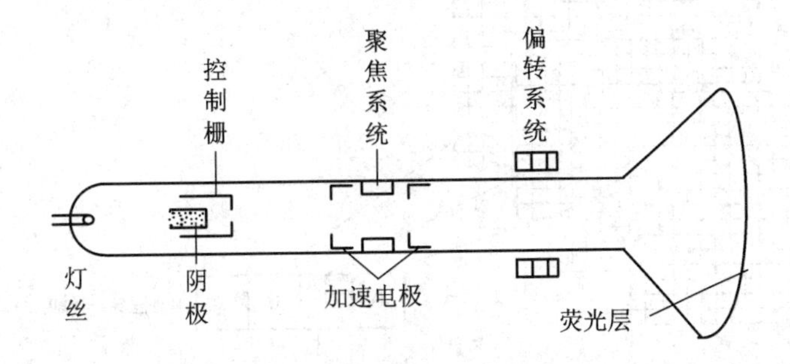

图 2.9　CRT 结构示意图

CRT 部件中各部分的作用见表 2.1。在 CRT 结构中，灯丝、阴极、控制栅、加速电极以及聚焦系统组成电子枪。黑白 CRT 中仅有一支电子枪，而在彩色 CRT 中有三支电子枪，其发射的电子束分别轰击荧光粉层上的红、绿、蓝荧光点。

表 2.1　CRT 部件各部分的作用

	名称	作　用
CRT 部件	灯丝	加热阴极
	阴极	当阴极被灯丝加热时用来发射电子
	控制栅	控制发射的电子方向和发射率
	加速结构	提高电子速度，以使电子束轰击荧光屏时能产生一个可见的亮点
	聚焦系统	使电子束变细，以便轰击荧光屏时成个细小的点
	偏转系统	控制电子束在希望的位置轰击荧光屏而产生亮点
	荧光粉层	被电子束轰击时发出辉光

2）帧缓冲存储器

帧缓冲存储器简称帧缓存，用来存放图形信息。一帧即一屏。帧缓存的地址和屏幕地址一一对应，其所存的信息在存储器内的分布和大小完全和屏幕上所显示图形的形状及颜色、明暗程度一致。若显示器的屏幕分辨率为1024×768，则屏幕上有1024×768个像素点，帧缓存中就有与之对应的1024×768个存储地址，每个地址存放着以二进制表示的像素点亮度(色彩)信息。

若把1024×768个存储区叫作位平面，若每个存储位只有“0”和“1”两个状态，即仅有一个位平面，显示器屏幕上的像素点只有“亮”和“不亮”，则显示器只能黑白进行显示。要实现彩色显示或者多级灰度显示，则需要增大帧缓存的位平面个数，比如位平面个数为N，则可显示的颜色数或灰度等级为2^N。如帧缓存有4个位平面，则显示器在屏幕上可同时显示的颜色数为16种颜色。

要在屏幕上显示图形，图形显示器首先要将图形信息写入帧缓存中，然后显示控制系统访问帧缓存器，再把其中的内容显示在屏幕上。

利用位平面实现彩色显示的帧缓存结构有两种，即带调色板帧缓存结构和不带调色板的帧缓存结构。图2.10是使用较多的带有调色板的帧缓存结构。其工作时，从位平面中取

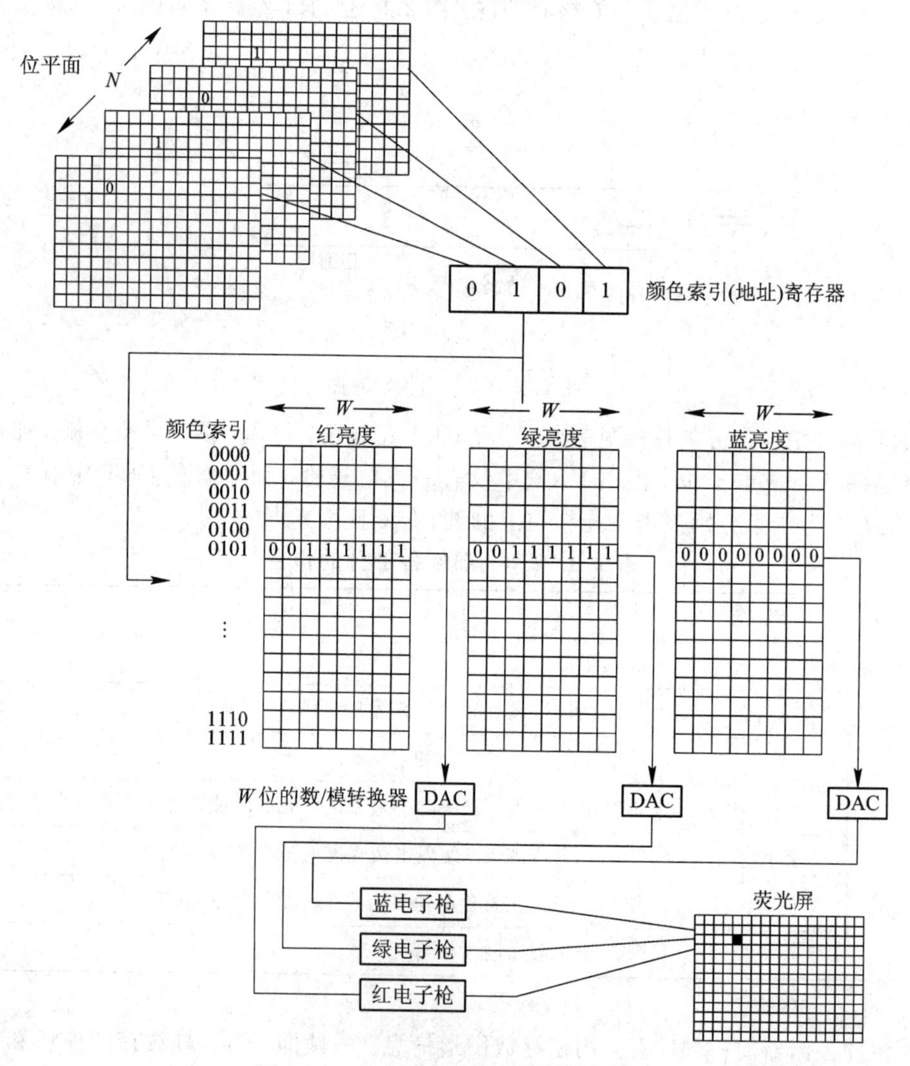

图2.10　带有调色板的帧缓存器结构

出像素的颜色索引(颜色地址、像素值、颜色属性)，用此索引查找出红、绿、蓝三原色的亮度值，经过数/模转换器后得到模拟信号，用此模拟信号控制电子枪发出电子束，在屏幕上经过颜色合成后就得到该像素的显示颜色。颜色索引与红、绿、蓝三原色亮度值之间的查找表称为调色板(palette)。它是颜色索引和实际显示色之间的映射。

除了位平面实现彩色显示外，还有压缩像素法。压缩像素法是将1个像素点的全部颜色信息压缩成一个内存数据字，其中红、绿、蓝三原色各占几位。1个数据字为1个字节或者多个字节。

衡量帧缓存性能的一个重要指标是存储容量。存储容量由屏幕分辨率和显示颜色数或灰度等级估算。其中，N 为显示颜色所需要的位平面(即 2^N=颜色数)，则存储容量为

$$\text{存储容量} \approx \text{屏幕分辨率} \times \frac{\text{lb 颜色数}}{8}\ (\text{字节})$$

例如，屏幕分辨率为1024×768，显示色为256色，则估算的帧缓存器容量为

$$1024 \times 768 \times \frac{\text{lb}256}{8} = 786\ 432\ (\text{字节})$$

3) 显示控制器

显示控制器的作用就是反复扫描帧缓存器，从中取出像素的颜色值(即实际颜色)，然后经数/模转换后把模拟信号送给图形监视器的亮度与色彩控制部件。同时，显示控制器按照像素的 X、Y 地址控制图形监视器，将电子束偏转到相应的位置，轰击荧光点，继而产生不同亮度(或色彩)的图像。

显示控制器与帧缓冲存储器及其附件合称为显示适配器，也称显卡(Video Card，Graphics Card)，与图形监视器配套使用。显卡分为集成显卡和独立显卡两种。其中，集成显卡与主板融为一体，具有功耗低、发热量小的优点，但其性能相对略低，因是固化在主板或CPU上，若需更换，只能与主板或显卡一次性更换；独立显卡是作为一块独立的板卡存在的，插在主板的扩展插槽(ISA、PCI、AGP或PCI-E)中使用。因独立显卡自身带有显存，一般不占用系统内存，在技术上也较集成显卡先进，因此显示效果和性能较好，容易进行显卡的硬件升级。其缺点是系统功耗和发热量相对较大，对于笔记本电脑而言，占用空间较多。

2. 光栅扫描显示器的性能参数

(1) 显示器尺寸。常见的尺寸有15英寸、17英寸、19英寸、20英寸等。

(2) 点距。点距指屏幕上两个相邻的同色像素点之间的距离，点距的单位为mm。点距越小，显示器的清晰度越高，成本越高。目前点距规格有0.28 mm、0.26 mm、0.24 mm。

(3) 屏幕分辨率。常用的屏幕分辨率有800×620、1024×768、1280×1024、1600×1200。分辨率不仅与显示器尺寸有关，还与显像管的点距、视频带宽有关。比如17英寸的彩色显示器，理想分辨率是1024×768，勉强显示1280×1024，不可能显示1600×1200。

(4) 扫描频率。扫描频率通常指垂直扫描频率，即每秒刷新屏幕的次数，通常用赫兹(Hz)表示，一般在75 Hz或者更高。垂直扫描频率越高，人感受到的闪烁情况越不明显，眼睛越不容易疲劳。现在的新标准规定，显示器的扫描频率达到85 Hz时的最大分辨率才是真正的最大分辨率。

(5) 视频带宽。视频带宽指每秒钟电子枪扫描过的总像素数，即反映显示器每秒数据传输量的大小。在实际应用中，为了避免图像边缘的信号衰减，电子枪的扫描能力需要大于分辨率尺寸，因此，视频带宽通常按照公式：视频带宽＝屏幕分辨率×扫描频率×135％估算。如800×600的画面，并达到85 Hz的刷新频率，则实际带宽为800×600×85×135％＝55.1 MHz(带宽单位是MHz)。

(6) 安全认证。1991年瑞典TC0组织并制定了显示器安全认证标准。TC092称为“环境标志”，它增加了对交流电场(ATF)的限制，致力于降低电磁辐射、节省电力、防火和防电。TC095涉及的是个人电脑，如显示器、键盘以及人体工学、辐射、用电及环境保护。TC099是目前最新的标准，对显示器提出了更严格的要求，让用户感到最大程度的舒适，同时尽可能保护环境。测试项目包括电磁波外泄、人体工学、生态学、能源效应、阻绝有害电磁波、保障人体安全并减少环境污染。环保方面要求限制重金属、溴化和氯化阻燃剂、氟利昂及氯化溶剂的存在和使用。能源效能包括电脑或显示器在不工作一段时间后能分一步或几步将能源消耗降低到一个较低的水平，但重新激活电脑的时间在合理范围内。

2.2.3 液晶显示器

液晶显示器(LCD)是目前使用非常普遍的一种显示器，它与阴极射线管显示器的原理大不相同。下面简要介绍液晶显示器的结构、工作原理。

1. 液晶显示器的结构及工作原理

液晶是一种介于固体和液体之间的特殊物质，它是一种有机化合物，常态下呈液态，但是它的分子排列却和固体晶体一样非常规则，因此取名液晶。它的另一个特殊性质在于，如果给液晶施加一个电场，会改变它的分子排列，这时如果给它配合偏振光片，它就具有阻止光线通过的作用(在不施加电场时，光线可以顺利透过)，如果再配合彩色滤光片，改变加给液晶的电压大小，就能改变某一颜色透光量的多少，即在偏光板配合下，通过改变液晶两端的电压就能改变它的透光度。

液晶显示器采用分层结构，包括了背光源、上偏光板、IFT基板、彩色滤光片、下偏光板五个基本部分，如图2.11所示。因为液晶材料本身不发光，所以液晶显示器采用盘绕在

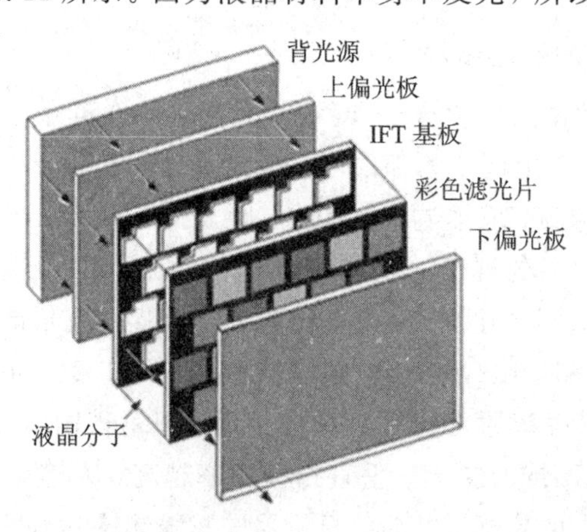

图2.11 液晶显示器的分层结构

其背后的荧光管提供均匀的背景光源(背光源)。IFT 基板由两块玻璃板构成，厚约 1 mm，其间为液晶(LC)材料的液晶层。液晶层中的水晶液滴被包含在细小的单元格中，一个或多个单元格构成屏幕上的一个像素。在玻璃板与液晶材料之间是透明的电极，电极分为行和列，在行与列的交叉点上，通过改变电压而改变液晶的旋光状态，液晶类似于一个个小的光阀。在液晶材料周边是控制电路部分和驱动电路部分。

液晶显示器工作时，背光源发出的光线穿过上偏光板(偏振过滤层)，之后进入包含成千上万水晶液滴的液晶层。液晶分子在电极产生的电场作用下产生扭曲，从而将穿越其中的光线进行有规则地折射，然后经过下偏光板的过滤在屏幕上显示出来。对于彩色显示器，还有一个专门处理彩色显示的色彩过滤层。彩色液晶显示器的每一个像素都是由三个液晶单元格构成的，其中每一个单元格前面都分别有红、绿、蓝过滤器，这样通过不同单元格的光线就可以在屏幕上显示出不同的颜色。

相对光栅扫描显示器，液晶显示器不存在聚焦问题，因为每个液晶单元都是单独开关的，这也正是同样一幅图在液晶显示器屏幕上显示更加清晰的原因。液晶显示器也不存在刷新频率和闪烁，液晶单元要么开或关。但是，液晶显示器也容易存在一些的问题，比如，液晶单元易出现瑕疵，对 1024×768 的屏幕，每个像素都由三个单元构成，分别负责红、绿、蓝的显示，所以总共约需 240 万个单元(1024×768×3＝2 359 296)，因此很难保证所有这些单元都完好无损。液晶显示器的背光源有时会使屏幕显示不均匀，一幅浅色或深色图像会影响相邻区域的显示。此外，一些相当精密的图案(比如经抖动处理的图像)可能在液晶显示屏上出现波纹或者干扰纹。因此，在进行图形图像显示处理时，阴极射线管显示器显示效果要优于液晶显示器。

2. 液晶显示器的性能参数

(1) 屏幕分辨率与大小。用于工业控制及仪器仪表中的 LCD 液晶显示器，有 320×240、640×480、800×600、1024×768 及以上的分辨率的屏，常用的大小有 3.9 英寸、4.0 英寸、5.0 英寸、5.5 英寸、5.6 英寸、5.7 英寸、6.0 英寸、6.5 英寸、7.3 英寸、7.5 英寸、10.0 英寸、10.4 英寸、12.3 英寸、15 英寸、17 英寸、19 英寸、21.5 英寸、22.1 英寸、23 英寸、24 英寸，20 英寸甚至现在的 50 英寸等。颜色有黑白、伪彩、512 色、16 位色，24 位色等。主流笔记本显示器尺寸有 10.1 英寸、12.2 英寸、13.3 英寸、14.1 英寸、15.4 英寸、17 英寸等。

(2) 响应时间。响应时间指 LCD 显示器对于输入信号的反应速度，也就是液晶由暗转亮或者是由亮转暗的反应时间。一般来说分为两个部分：Tr(上升时间)、Tf(下降时间)，通常说的响应时间指的就是两者之和，响应时间越小越好，如果超过 40 毫秒，就会出现运动图像的迟滞现象。目前液晶显示器的标准响应时间大部分在 25 毫秒左右，不过也有少数几种可达到 16 毫秒。

(3) 可视角度。液晶显示器属于背光型显示器件，其发出的光由液晶模块背后的背光灯提供，这必然导致液晶显示器只有一个最佳的欣赏角度——正视。当你从其他角度观看时，由于背光可以穿透旁边的像素而进入人眼，就会造成颜色的失真。可视角度是指液晶显示器不失真的范围。液晶显示器的视角还分为水平视角和垂直视角，水平视角一般大于垂直视角。目前来看，只要在水平视角上达到120度就可以满足大多数用户的应用需求。

(4) 点距与可视面积。点距指组成液晶显示屏的每个像素点之间的间隔大小，目前主流15英寸液晶显示器产品的标准点距一般为0.297毫米，对应的分辨率为1024×768。液晶显示器的可视面积是"实实在在"的，如15英寸液晶显示器的可视面积接近17英寸的CRT显示器。

(5) 刷新率。刷新率一般是60 Hz、75 Hz。

(6) 亮度。亮度一般以cd/m^2(流明/平方米)为单位，亮度越高，显示器对周围环境的抗干扰能力就越强，显示效果显得更明亮，亮度通常至少要达到200 cd/m^2、250 cd/m^2及以上。CRT显示器的亮度越高，它的辐射就越大，而液晶显示器的亮度是通过荧光管的背光来获得的，所以对人体不存在负面影响。

(7) 对比度。对比度指在规定的照明条件和观察条件下，显示器亮区与暗区的亮度之比。对比度是直接体现该液晶显示器能否体现丰富色阶的参数，对比度越高，还原的画面层次感就越好。目前液晶显示器的亮度标称有250∶1、300∶1、400∶1、500∶1。需要说明的是，对比度必须与亮度配合才能产生最好的显示效果。

(8) 屏幕坏点。最常见的屏幕坏点就是白点或者黑点。鉴别方法就是将整个屏幕调成白屏或者黑屏，则可发现黑点或白点。通常一般坏点不超过3个的显示屏也能算合格出厂，但价格和没有坏点的相差很大。

2.3 图形输出设备

图形输出设备是指将计算机的处理结果输出到介质(纸或胶片等)上的一类输出设备，主要包括打印机、绘图机。

2.3.1 打印机

打印机是由约翰·沃特、戴夫·唐纳德合作发明的。从1885年全球第一台打印机出现，到后来各种各样的针式打印机、喷墨打印机和激光打印机，在不同的年代它们各领风骚，目前打印机正向轻、薄、短、小、低功耗、高速度和智能化方向发展。

打印机按工作机构分为击打式打印机和非击打式印字机。击打式又分为点阵式打印机和字模式打印机，其中点阵式打印机是最常用的一种。非击打式分为喷墨打印机、激光打印机等；打印机按数据传输方式可分为串行打印机和并行打印机两类。串行点阵字符非击打式打印机主要有喷墨式和热敏式打印机两种。

1. 点阵式打印机

点阵式打印机利用精密机械和电路驱动原理，使打印针撞击色带和打印介质，进而打印出字符或图形。点阵式打印机结构简单，体积小，价格低，对打印介质要求不高，可以打印双联，因此在单据的打印方面至今仍在大量使用，如图2.12所示。但因其结构原因，点阵式打印机打印速度慢，噪声大，打印图形质量较差，很少用于图形输出。

图 2.12　点阵式打印机

2. 热敏式打印机

热敏式打印机的工作原理是打印头上安装有半导体加热元件，其加热是由与热敏材料相接触的打印头上的一个小电子加热器提供的。加热器排成方点或条的形式由打印机进行逻辑控制，当被驱动时，就在热敏纸上产生一个与加热元素相应的图形，控制加热元素的逻辑电路同时也控制着进纸，因而就在整个标签或纸张上印出图案，如图 2.13 所示。

图 2.13　热敏式打印机

热敏式打印机化学反应是在一定的温度下进行的，所以高温会加速这种化学反应。当温度低于 60℃时，纸需要经过相当长，甚至长达几年的时间才能变成深色。而当温度为 200℃时，这种反应会在几微秒内完成。

热敏打印技术的关键在于加热元件。热敏打印机芯上有一排微小的半导体元件，从 200 dpi 到 600 dpi 不等，排列很密，当这些元件通过一定电流时会很快产生高温，遇到热敏纸的涂层就会在极短的时间内使得涂层发生化学反应，出现颜色。工作时，热敏式打印机接收到打印数据后，将打印数据转换为位图数据，然后按照位图数据的点控制打印机芯上的发热元件通过电流，这样就把打印数据变成打印纸上的打印内容。

相对于点阵式打印机，热敏式打印机打印速度快，噪声低，打印清晰，使用方便。但热敏式打印机不能直接打印双联，打印出来的单据不能永久保存。

3. 喷墨打印机

喷墨打印机的工作原理是带电的喷墨雾点经过电极偏转后，直接在纸上形成所需字或者图形。若喷射多种颜色墨水则可实现彩色输出，如图 2.14 所示。

图 2.14　喷墨打印机

喷墨打印机的优劣，主要取决于喷墨的控制方法，即将墨点均匀且精确地喷在纸上的能力。目前广泛应用的有电荷控制型(高压型)和随机喷墨型(负压型)喷墨技术，现在还出现了干式喷墨印刷技术。其优点是分辨率高，字符和图形形成过程中无机械磨损，印字能耗小。打印速度可达500字符/秒。

喷墨打印技术早在1960年就有人提出，原始的BM4640采用欧洲瑞典路德工业技术学院教授Hertz所开发的连续式喷墨技术，即无论印纹或非印纹，都以连续的方式产生墨滴，再将非印纹的墨滴回收或分散，效果极为不理想。1976年IBM诞生的压电式墨点控制技术成为第一部商业化喷墨打印机。1979出现了Bubble Jet气泡式喷墨技术，该技术利用加热组件在喷头中将墨水瞬间加热产生气泡形成压力，从而墨水自喷嘴喷出接着再利用墨水本身的物理性质冷却热点使气泡消退，继而达到控制墨点进出与大小的双重目的。1991年，第一台彩色喷墨打印机、大幅面打印机出现，惠普HP deskjet 500C是全球第一台彩色喷墨打印机。

喷墨打印机分为连续式喷墨和随机式喷墨打印机两种。喷墨打印机在功能、品质、速度、效果等方面优于点阵式打印机，因此得到了很好的应用。普通喷墨打印机的分辨率为360～720点/英寸。

4. 激光打印机

激光打印机是将激光扫描技术和电子照相技术相结合的打印输出设备，如图2.15所示。其基本工作原理是由计算机传来的二进制数据信息，通过视频控制器转换成视频信号，再由视频接口/控制系统把视频信号转换为激光驱动信号，然后由激光扫描系统产生载有字符信息的激光束，最后由电子照相系统使激光束成像并转印到纸上。

图 2.15　激光打印机

激光打印机的主要技术指标是打印速度、分辨率、幅面。典型的激光打印机打印速度为 6 页/min，分辨率为 600 点/英寸，噪声小，可采用普通纸，可印刷字符、图形和图像，因此激光打印机是一种相对理想的输出设备。当前市场上出现了许多集打印、传真、扫描、复印等多功能于一体的多功能机，如图 2.16 所示。

图 2.16　激光扫描、复印、打印一体机

2.3.2　绘图机

绘图机是计算机辅助设计中广泛使用的一种外围设备，可绘制各种工程图。按绘图方式不同，绘图机分为笔式绘图机和扫描式绘图机等。

1. 笔式绘图机

目前笔式绘图机主要有滚筒式绘图机和平台式绘图机两大类。

1) 滚筒式绘图机

滚筒式绘图机由笔架、卷筒、走纸机构、驱动机构等几部分组成。这种绘图机是用两个电机(步进电机或伺服电机)分别带动绘图纸和绘图笔运动的。当 X 向步进电机通过传动机构驱动滚筒转动时带动图纸移动，从而实现 X 方向运动。Y 方向的运动是由 Y 向步进电机驱动笔架来实现的。其结构原理如图 2.17 所示。

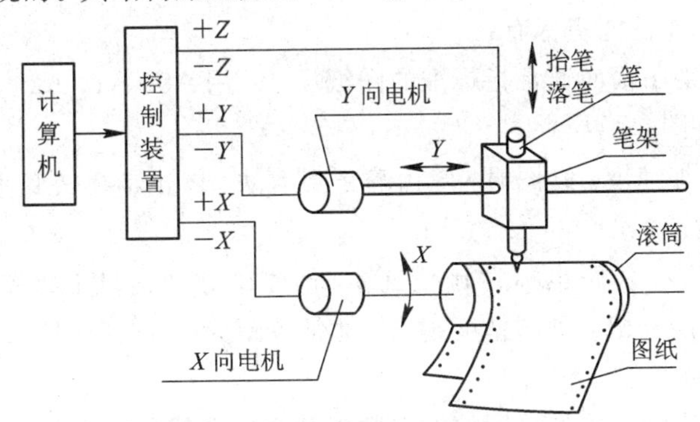

图 2.17　滚筒式绘图机的结构原理

滚筒式绘图机结构紧凑，绘图幅面大，图纸长度不受限制，绘图速度较高(低者二十几米每分，高者可达七八十米每分)，是目前笔式绘图机的主导产品(见图 2.18)。早期的滚筒式绘机使用滚筒安装纸，滚筒两边有链齿，图纸两边有链孔。现在的滚筒式绘图机用摩擦轮(或称压辊)代替滚筒，通过摩擦轮转动带动纸运动。

图 2.18　滚筒式绘图机

2）平台式绘图机

平台式绘图机由绘图平台、导轨、驱动机构、笔架等组成。平台板面有 200×3000(mm)、1800×5500(mm)，甚至长达十几米不等。其驱动方式分为步进马达、机械传动方式和平面电机驱动两种，如图 2.19 所示。图纸在平台上的固定方法有三种，即真空吸附、静电吸附和磁条压紧。平台式绘图机体积小，质量轻，绘图精度高，因此应用比较广泛，而且容易将绘图笔改为刻图刀具，实现平台式割图(见图 2.20)。但其缺点是结构复杂，价格较贵。

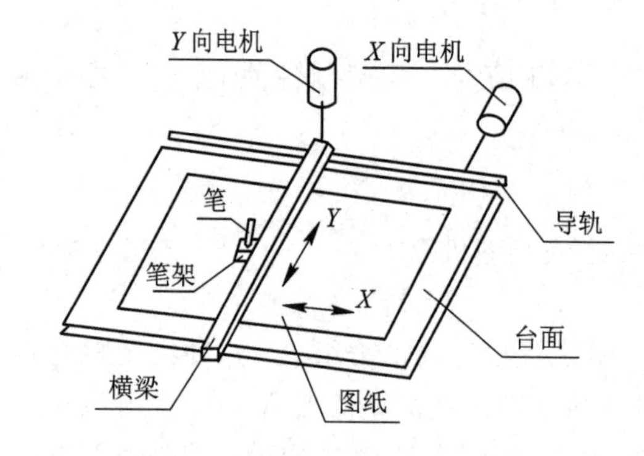

图 2.19　平台式绘图机的结构原理

图 2.20　平台式刻图机

笔式绘图机的主要性能指标有：

(1) 绘图幅面。绘图幅面通常指标准的图纸尺寸，用 A0、A1、A2、A3 等表示。许多滚筒式绘图机可加长绘图。

(2) 绘图速度与加速度。绘图时，笔由静止到运动、停止是在做变速运动，因此笔的加速度决定了绘图速度。

(3) 步距(分辨率)。步距也称为脉冲当量，即每个脉冲信号下绘图笔移动的距离。步距越小，绘制的图线越光滑，画图精度越高。通常步距为 0.1～0.01 mm，精密绘图采用比 0.01 mm 更小的步距。

(4) 绘图功能。绘图功能指绘图笔的个数以及生成图线的能力等。

2. 扫描式绘图机

扫描式绘图机包括喷墨绘图机、激光绘图机等。

(1) 喷墨绘图机。随着喷墨技术在绘图机上的应用，笔式绘图机因其结构复杂、消耗品及维护成本高等缺陷逐步退出绘图机市场。喷墨绘图机和喷墨打印机也没有太多的区别，实质上喷墨绘图机就是一台大幅面的喷墨打印机。

喷墨绘图机外形类似笔式滚筒绘图机，幅面有 A0、A1 两种，普通喷墨绘图机的分辨率一般为 600 点/英寸。机械结构包含喷头、墨盒、清洁单元、小车单元、送纸单元、传感器单元及辅助单元。

(2) 激光绘图机。激光打印机的功能类同激光绘图机。

目前喷墨绘图机和激光打印机已经全面替代笔式绘图机，成为最主要的输出设备。

1. 查阅资料，总结目前常用的输入设备和输出设备的种类、结构组成、工作原理及性能指标。

2. 光栅扫描图形显示器由哪几个主要部分组成？简述各部分的作用。

3. 比较光栅扫描图形显示器、液晶显示器和等离子显示器显像原理有什么不同？

4. 解释像素、屏幕分辨率、背景、前景的概念。

5. 帧缓存器容量如何计算？若要在 1920×1080 的屏幕分辨率下显示 256 种颜色(或灰度)，问帧缓存器容量至少是多少兆？

第3章 二维图形生成与图形处理

二维图形生成与图形处理是计算机图形学与CAD的重要基础。本章主要介绍点阵设备和矢量设备的基本图形(直线、圆弧)生成算法，二维图形处理的基本理论和算法。

3.1 图形坐标系

在计算机图形学与CAD系统中，各种几何元素的定义和图形的输入、输出都是在一定的坐标系下进行的。为了图形描述方便和提高计算机处理图形的效率，计算机图形学中提供了不同的坐标系。

1. 世界坐标系(World Coordinates，WC)

世界坐标系是指常用的笛卡儿直角坐标系，也称全局坐标系。世界坐标系可以是二维或三维的坐标系，坐标取值范围为整个实数域，也可根据需要设定。

在显示屏幕上，一般x轴正向朝右，y轴正向朝上，z轴正向按右手定则垂直于屏幕朝外，坐标系的原点由定义的作图范围来确定。

2. 局部坐标系(Local Coordinates，LC)

局部坐标系是指用户在世界坐标系或当前坐标系中定义的直角坐标系，它是为了方便形体建模而定义的坐标系。局部坐标系的坐标原点、坐标轴的方位是任意的。在有些图形系统(如AutoCAD)中，把局部坐标系称为用户坐标系(User Coordinates System，UCS)。

3. 设备坐标系(Device Coordinates，DC)

设备坐标系是与图形设备相关联的坐标系。图形的输出在设备坐标系下进行。一般情况下，设备坐标系是二维坐标系，个别的是三维坐标系。设备坐标系的取值范围受设备的输入、输出精度和有效幅面的限制，它的取值范围是某个整数域。对光栅扫描图形显示器和无笔绘图机而言，其常用单位是像素(也叫光栅单位)。对笔式绘图机而言，其单位是步距(也叫脉冲当量)。

4. 规范化设备坐标系(Normal Device Coordinates，NDC)

规范化的设备坐标系就是将设备坐标系中的取值范围统一规范为一个标准化的数据范围，通常取为$x\in[0.0, 1.0]$，$y\in[0.0, 1.0]$，x、y为实数。对每一个设备而言，规范化设备坐标系与设备坐标系只是坐标值相差一个比例因子。对于具有多种图形设备的图形系统，规范化设备坐标系可以看成是一个抽象的设备，要将图形输出到具体设备只要乘上该设备的规范化比例因子即可。

5. 圆柱面坐标系

在一些图形系统中使用圆柱面坐标系(见图 3.1)。设 $M(x, y, z)$ 为空间一点，点 M 在 xOy 面上的投影的极坐标为(r, φ)，则(r, φ, z)就是点 M 的柱面坐标。其中 r 为极径，φ 为极角，z 为空间点到 xOy 平面的距离。

6. 球面坐标系

在一些图形系统中还有使用球面坐标系(见图 3.2)。设 $P(x, y, z)$ 为空间一点，也可用球面坐标(r, θ, φ)来表示，其中 r 为空间点到原点的距离，θ 为以 z 轴正向起度量的纬度角，φ 为以 x 轴正向起度量的经度角。

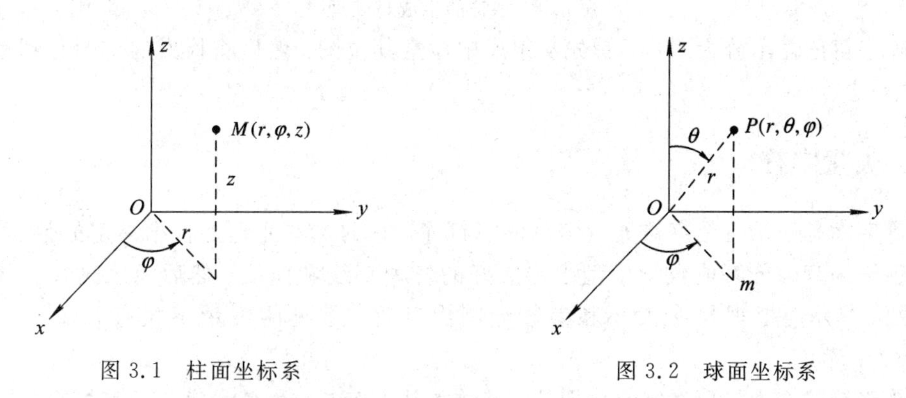

图 3.1　柱面坐标系　　　　图 3.2　球面坐标系

3.2 字符的生成

字符指数字、字母、汉字等符号，字符在计算机中由一个数字编码唯一标识。国际上最流行的字符集是“美国信息交换用标准代码集”，简称 ASCII 码。ASCII 码是用 7 位二进制数进行编码来表示 128 个字符，包括字母、标点、运算符以及一些特殊符号。我国除了采用 ASCII 码外，还另外指定了汉字编码的国家标准字符集(GB2312—1980)。该字符集分为 94 个区、94 个位，每个符号由一个区码和一个位码共同标识。区码和位码各用一个字节表示。为了能够区分 ASCII 码与汉字编码，采用字节的最高位来标识：最高位为 0 表示 ASCII 码，最高位为 1 表示汉字编码。为了在显示器等输出设备上输出字符，系统中必须装备有相应的字库，字库中包含了每个字符的形状信息。字库有矢量和点阵两种，如 Windows 使用的字库，在 FONTS 目录下，字体扩展名为 FON，表示该文件为点阵字库；字体扩展名为 TTF，表示该文件为矢量字库。

3.2.1 点阵字符

在点阵字符库中，每一个字符由一个位图表示。该位为 1 表示字符的笔画经过此位，对应于此位的像素应置为字符颜色。该位为 0 表示字符的笔画不经过此位，对应于此位的像素应置为背景颜色。在实际应用中，有许多字体(如宋体、楷体等)，每种字体又有多种大小和型号，因此字库的存储空间很庞大。解决该问题一般采用压缩技术，如黑白段压缩、部件压缩(以偏旁、部首作为汉字的基本描述单位)。点阵字符及点阵字库中的位图表示如图 3.3(a)、(b)所示。

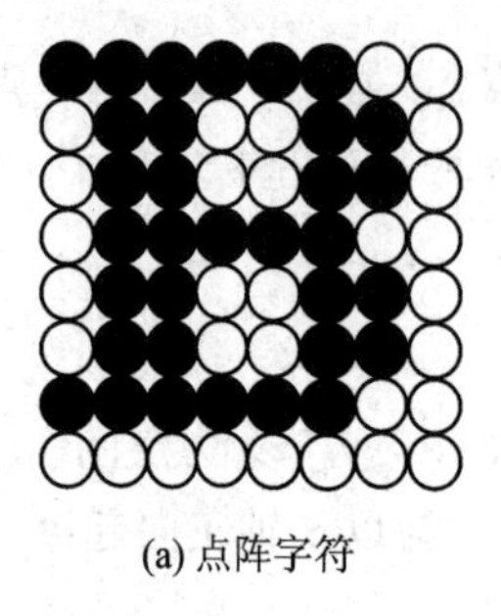

(a) 点阵字符

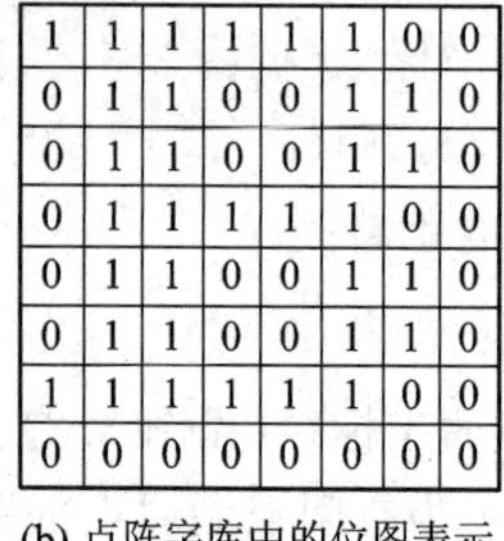

1	1	1	1	1	1	0	0
0	1	1	0	0	1	1	0
0	1	1	0	0	1	1	0
0	1	1	1	1	1	0	0
0	1	1	0	0	1	1	0
0	1	1	0	0	1	1	0
1	1	1	1	1	1	0	0
0	0	0	0	0	0	0	0

(b) 点阵字库中的位图表示

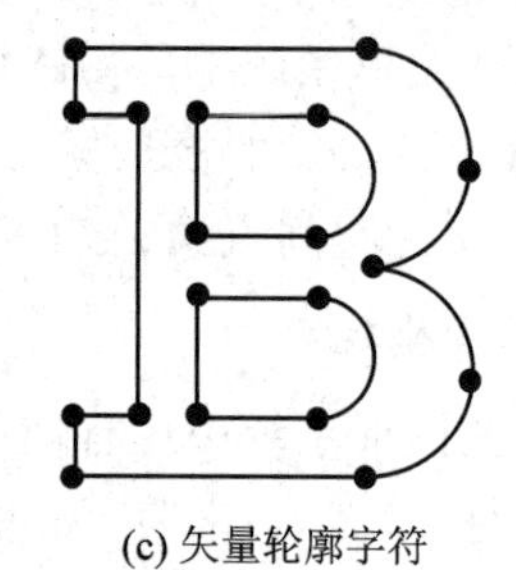

(c) 矢量轮廓字符

图 3.3　字符的生成与处理

点阵字符的显示分为两步。首先从字库中检索其位图，然后将检索的位图写到帧缓冲存储器中。

3.2.2　矢量字符

矢量字库是记录每个字符矢量信息的字符库。它的基本原理是根据一定的数学模型，把每个字符的笔画分解成数学模型中定义好的各种直线和曲线，然后记录这些直线和曲线的参数。显示时根据尺寸大小和参数绘制出字符。常见的矢量字库有 Type1 字库和 Truetype 字库。

点阵字符的变换需要对字符位图的每个像素进行变换，而矢量字符的变换只需对其笔画端点进行变换。矢量字符的显示也分为两步，首先从字库中取出字符信息(参数)、端点坐标，对其进行适当变换，然后根据各端点的标志显示出字符，如图 3.3(c)所示。相对而言，点阵字库存储量大、显示速度快，但在缩放的情况下容易出现锯齿；矢量字库存储量小，显示效果平滑，变换方便，但相对而言需要经过一系列的数学运算并光栅化后才能显示。

当今国际上最流行的一种字符表示方法是轮廓字型法，它是采用直线、B 样条曲线、Bezier 曲线的集合来描述一个字符的轮廓线。轮廓线构成一个或若干个封闭的平面区域，轮廓线定义加上一些指示横宽、竖宽、基点、基线等控制信息就构成了字符的压缩数据。轮廓字形法具有压缩比大、字符质量高的优点。

3.3　直线的生成算法

在计算机图形学领域，所有图形包括直线都是输出或显示在点阵设备上的点阵图形或光栅图形。以显示器为例，常见的显示器(包括 CRT 显示器和液晶显示器)可以看成是由各种颜色和灰度值的像素点组成的像素矩阵，因为这些像素点的大小、位置固定，常常只能用这些像素点近似地逼近显示各种图形。

由于曲线及其他复杂图形可以看成是由若干段直线段逼近而成的，因此直线生成算法是基础。目前直线的生成算法包括像素化算法和矢量化算法两类。其中，像素化算法用于点阵显示或绘制设备，如数值微分分析法(Digital Differential Analyzer，简称 DDA)、

Bresenham 算法等；矢量化算法用于笔式绘图机或者线切割机床、刻图机等设备，如逐点比较法、正负法等。

3.3.1　数值微分分析法(DDA)

像素化算法的基本思想就是用一系列靠近直线的像素点来逼近直线(用小圆点代表逼近的像素点)，如图 3.4 所示。

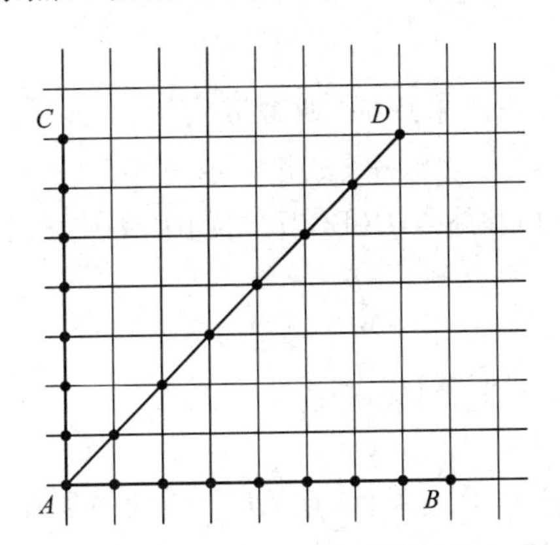

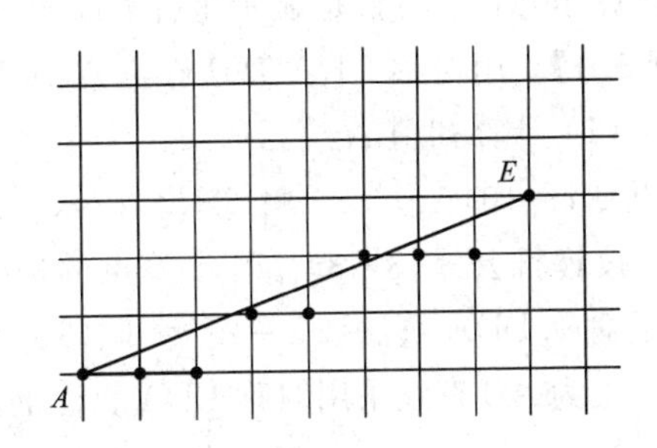

图 3.4　直线像素化

像素化算法对直线生成的要求是：

(1) 直线要尽可能直(逼近程度好)；

(2) 起点、终点位置尽可能准确；

(3) 直线上亮度尽可能均匀(即要求点的密度均匀，避免忽明忽暗现象；

(4) 画线速度快。

由图 3.4 可以看出，只有当直线是水平(如 AB)、垂直(如 AC)或者成 45°(如 AD)的直线时，由像素点构成的直线是真正的直线，符合直线生成的要求。而其他直线(如 AE)成阶梯形，直线段上会出现亮度不均、忽明忽暗的现象，而且直线的起点和终点位置有偏差、画图效率低，因此直线的生成算法就是要尽可能解决以上问题。

数值微分分析法也叫直线像素化算法，它主要分两步，一是在解析几何空间中根据坐标构造出平面直线，二是在点阵设备上输出一个最逼近于图形的像素点直线，即光栅图形扫描转换。该算法是在设备坐标系(此处为屏幕坐标系)下进行的，因此若已知点为世界坐标则需要转换到设备坐标下。下面介绍数值微分分析法。

首先，建立直线微分方程：

$$\frac{\mathrm{d}y}{\mathrm{d}x}=\frac{\Delta y}{\Delta x}=\frac{y_b-y_a}{x_b-x_a}\quad(\Delta x=x_b-x_a,\ \Delta y=y_b-y_a)\tag{3-1}$$

这里，(x_a, y_a)、(x_b, y_b)为直线起点和终点坐标。将上式数字化(即像素化)，便可得到下面的递推公式：

$$\begin{cases}x_{i+1}=x_i+\varepsilon\cdot\Delta x\\ y_{i+1}=y_i+\varepsilon\cdot\Delta y\end{cases}\tag{3-2}$$

当式(3-2)中 ε 取不同值时，便形成对称 DDA 算法和简单 DDA 算法。

1. 对称 DDA 算法

取 $\varepsilon=2^{-n}$，n 由下面关系式决定：

$$2^{n-1} \leqslant \max(|\Delta x|, |\Delta y|) \leqslant 2^n, \quad n \text{ 为正整数}$$

则点的计算公式为

$$\begin{cases} x_1 = x_a + 0.5,\ y_1 = y_a + 0.5 \\ x_{i+1} = x_i + \varepsilon \cdot \Delta x,\ y_{i+1} = y_i + \varepsilon \cdot \Delta y, \quad i = 1, 2, \cdots, 2^n \\ x_{is} = [x_i],\ y_{is} = [y_i] \end{cases} \tag{3-3}$$

式(3-3)中，x_1 和 y_1 加 0.5 是为了减少误差而采用的“四舍五入”法，x_i、y_i、x_{i+1}、y_{i+1} 是计算坐标，x_{is}、y_{is} 是显示坐标，即像素点的位置坐标，故进行取整操作。

【例 3.1】 用对称 DDA 算法在起点 $A(2, 1)$ 和终点 $B(12, 7)$ 之间生成一段直线。

解 (1) 计算初值 Δx、Δy、n。

这里 $\Delta x=10$，$\Delta y=6$，由 $2^{n-1}\leqslant\max(|\Delta x|, |\Delta y|)\leqslant 2^n$，可得 $n=4$。

(2) 按递推公式(3-3)循环计算点的坐标，并取整显示。

这里对称 DDA 算法取 $\varepsilon=2^{-n}=1/16$。

表 3.1 为 AB 直线采用对称 DDA 算法的计算结果。图 3.5 是 AB 直线的屏幕显示结果。

表 3.1　对称 DDA 算法的计算结果

i	计算坐标		显示坐标		i	计算坐标		显示坐标	
	x_{i+1}	y_{i+1}	x_{is}	y_{is}		x_{i+1}	y_{i+1}	x_{is}	y_{is}
	2.5	1.5	2	1	9	8.125	4.875	8	4
1	3.125	1.875	3	1	10	8.75	5.25	9	5
2	3.75	2.25	3	2	11	9.375	5.625	9	5
3	4.375	2.525	4	2	12	10.0	6.0	10	6
4	5.0	3.0	5	3	13	10.625	6.375	10	6
5	5.625	3.375	6	3	14	11.25	6.75	11	6
6	6.25	3.75	6	3	15	11.875	7.125	11	7
7	6.875	4.125	6	4	16	12.5	7.5	12	7
8	7.5	4.5	7	4					

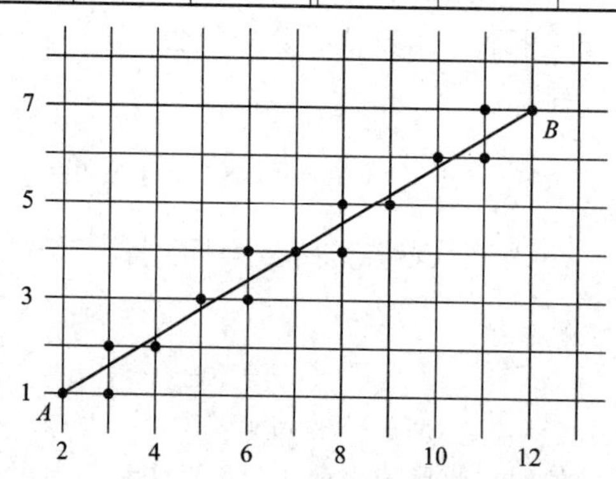

图 3.5　AB 直线的屏幕显示结果

对称 DDA 算法生成的直线比较精确，像素点位置偏离直线不超过半个像素，而且逻辑简单，用 2 的负指数幂作为 ε，意味着存放 Δx、Δy 的寄存器通过移位操作就可得到点与点间的坐标增量，不用除法计算，计算直线上每一点只用两次加法即可实现，所以适合用硬件和软件实现。

2. 简单 DDA 算法

取 $\varepsilon=1/l$，l 由下面关系式决定：

$$l = \max(|\Delta x|, |\Delta y|)$$

则点的计算公式为

$$\begin{cases} x_1 = x_a + 0.5, \ y_1 = y_a + 0.5 \\ x_{i+1} = x_i + \dfrac{\Delta x}{l}, \ y_{i+1} = y_i + \dfrac{\Delta y}{l}, \quad i = 1, 2, \cdots, l \\ x_{is} = [x_i], \ y_{is} = [y_i] \end{cases} \tag{3-4}$$

图 3.6 是例 3.1 利用简单 DDA 法生成的结果。

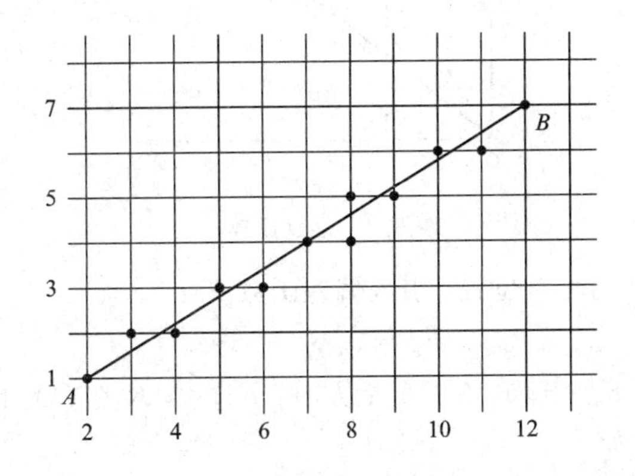

图 3.6　AB 直线利用简单 DDA 算法生成的结果

简单 DDA 算法是按照 Δx、Δy 绝对值较大的方向走步的。在这个方向上，每步走一个像素，再去确定另一个方向的走步。简单 DDA 算法与对称 DDA 算法生成直线的精度相同，但简单 DDA 算法在求一个点时要做两次除法确定坐标增量，因此简单 DDA 算法只适合于软件实现，而不适合硬件实现。

3.3.2　逐点比较法

逐点比较法属于矢量化算法，就是在输出直线(或圆弧)的过程中，每走完一步就与理论的直线(或圆弧)进行比较，确定当前点是在线(或弧)上，还是在线(或弧)的一侧，然后再决定下一步的走向，这样一步一步地逼近所画直线(或圆弧)。

以笔式绘图机为例。绘图机所画的直线和曲线，实际上是由许多小直线段所组成的折线来逼近的。根据绘图机的结构原理及数字控制原理，绘图机笔架的可能移动方向(称为走步方向)有八个：$+X$、$-X$、$+Y$、$-Y$、$+X+Y$、$-X+Y$、$-X-Y$、$+X-Y$。其中 $+X$、$-X$ 、$+Y$、$-Y$ 四个走步方向是一般绘图机都提供的，称为基本走步方向。可见，绘图机的基本绘图元素是与走步方向相对应的小直线段。

在介绍算法之前作两点说明：

(1) 算法中作为已知条件的点的坐标均为绘图机设备坐标。

(2) 为叙述简便并减少计算量，算法中建立了局部坐标系。转换成局部坐标方法很简单。对直线而言，各点坐标减去起点坐标就得到每点的局部坐标，直线的起点就是局部坐标系的原点；对下一节所述圆弧而言，各点坐标减去圆心坐标就得到每点的局部坐标，圆心就是局部坐标系的原点。

直线的生成运算按直线所在的象限进行。

若画第一象限的直线 OA，如图 3.7 所示，起点为 $O(0, 0)$，终点为 $A(x_a, y_a)$，设绘图笔当前的位置为 $K(x_k, y_k)$，这里坐标均为局部坐标。点 K 相对于直线 OA 的位置有三种情况：点 K 在 OA 上方，点 K 在 OA 上以及点 K 在 OA 下方。

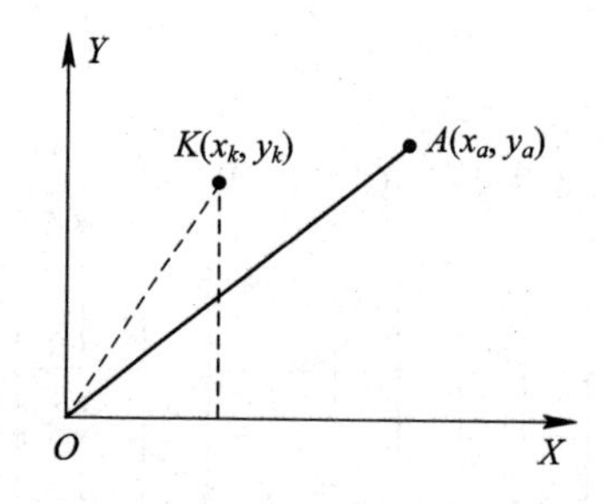

图 3.7　逐点比较法

为判断点 K 与 OA 的相对位置，引入偏差函数 F_k：

$$F_k = x_a y_k - x_k y_a$$

当 K 在 OA 上时，$F_k=0$；K 在 OA 上方时，$F_k>0$；K 在 OA 下方时，$F_k<0$。对第一象限内直线的生成规定如下：

当 $F_k \geqslant 0$ 时，绘图笔从当前位置沿 $+X$ 方向走一步，记作 $+\Delta x$；

当 $F_k<0$ 时，绘图笔从当前位置沿 $+Y$ 方向走一步，记作 $+\Delta y$；

在绘图笔到达新的位置时，应计算出新位置的偏差，为判断绘图笔下一步走向做准备。

绘图笔走 $+\Delta x$ 时，新点坐标为

$$x_{k+1} = x_k + 1,\ y_{k+1} = y_k$$

这时新点偏差为

$$F_{k+1} = x_a y_{k+1} - x_{k+1} y_a = x_a y_k - x_k y_a - y_a = F_k - y_a$$

绘图笔走 $+\Delta y$ 时，新点坐标为

$$x_{k+1} = x_k,\ y_{k+1} = y_k + 1$$

这时新点偏差为

$$F_{k+1} = x_a y_{k+1} - x_{k+1} y_a = x_a y_k + x_a - x_k y_a = F_k + x_a$$

根据新偏差 F_{k+1} 的正、负号再确定绘图笔的下一步走向，这样逐步进行，直到绘图笔到达直线的终点为止。终点判断可由 X 及 Y 向总走步数 J $(J=|x_a|+|y_a|)$ 来控制，每走一步 J 减去 1，当 $J=0$ 时即到达终点。

对其他象限内直线段生成计算走步方向的规定如图 3.8 所示。偏差的递推计算按以下两式进行：

当沿 X 方向走步时，$F_{k+1}=F_k-|y_a|$；当沿 Y 方向走步时，$F_{k+1}=F_k-|x_a|$。

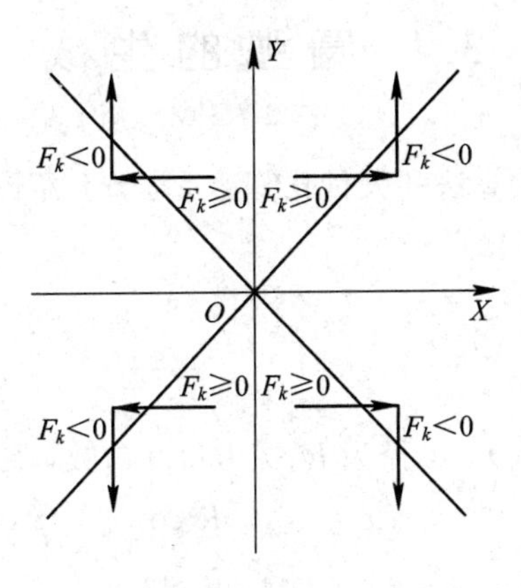

图 3.8　各象限内直线生成的走步方向

【例 3.2】 用逐点比较法画直线 OA，其起点为 $O(0, 0)$，终点为 $A(5, 3)$。

解　直线的生成计算从起点开始，总走步数 $J=8$，起点处 $F_0=0$，走步方向的规定按第一象限进行。直线的生成计算过程列于表 3.2，直线的生成结果如图 3.9 所示。

表 3.2　直线的生成计算过程

序号	偏差判别	走步方向	终点判断	计算偏差 F_{k+1}
1	$F_0=0$	$+\Delta x$	$J=8-1=7$	$F_1=0-3=-3$
2	$F_1<0$	$+\Delta y$	$J=7-1=6$	$F_2=-3+5=2$
3	$F_2>0$	$+\Delta x$	$J=6-1=5$	$F_3=2-3=-1$
4	$F_3<0$	$+\Delta y$	$J=5-1=4$	$F_4=-1+5=4$
5	$F_4>0$	$+\Delta x$	$J=4-1=3$	$F_5=4-3=1$
6	$F_5>0$	$+\Delta x$	$J=3-1=2$	$F_6=1-3=-2$
7	$F_6<0$	$+\Delta y$	$J=2-1=1$	$F_7=-2+5=3$
8	$F_7>0$	$+\Delta x$	$J=1-1=0$	

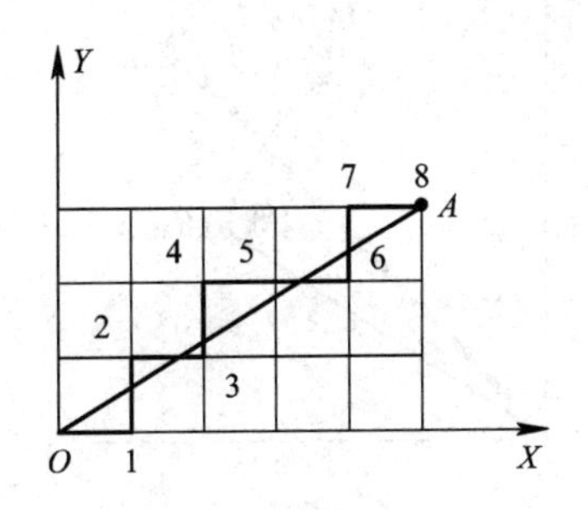

图 3.9　逐点比较法生成直线

3.4 圆弧的生成

圆弧的生成也分为像素化算法和矢量化算法。本节介绍圆弧生成的角度DDA算法(像素化算法)、逐点比较法(矢量化算法)。

3.4.1 角度DDA算法

若已知圆心坐标为(x_c, y_c)，半径为R、t为角度参数，则圆的参数方程可写为

$$\begin{cases} x = x_c + R\cos t \\ y = y_c + R\sin t \end{cases}$$

若t从0变化到2π时，上述方程表示一个整圆；当t从起始角t_s变化到终止角t_e，则产生一段圆弧。规定角度的正方向为逆时针方向，则圆弧是由从t_s到t_e逆时针画圆得到的。从t_s到t_e绘制圆弧的关键问题是离散化圆弧，即用小直线段逼近圆弧，这就需要求出从t_s到t_e所需运动的总步数n。可令：

$$n = \text{int}\,\frac{t_e - t_s}{dt + 0.5}$$

其中，dt为角度增量，即每走一步对应的角度变化。通常dt的选取根据半径R的大小取经验数据。在实际应用中，为了保证速度和精度适当调整dt的大小。如果用户给定的$t_s > t_e$，则令$t_e = t_e + 2\pi$，以保证从t_s到t_e逆时针画弧。如果是整圆，则令$n = 2\pi/dt + 0.5$。为避免累计误差，最后应使得$t = t_e$，即强迫终止于终点。

3.4.2 逐点比较法

逐点比较法规定，圆弧的生成依据圆弧所在的象限以及画弧方向(逆时针还是顺时针)进行。若圆弧跨过几个象限，按象限分段生成。

如图3.10所示，若画第一象限的圆弧AB，起点为$A(x_a, y_a)$，终点为$B(x_b, y_b)$，圆心为$O(0, 0)$，设绘图笔当前位置为$K(x_k, y_k)$，这里的坐标为局部坐标。

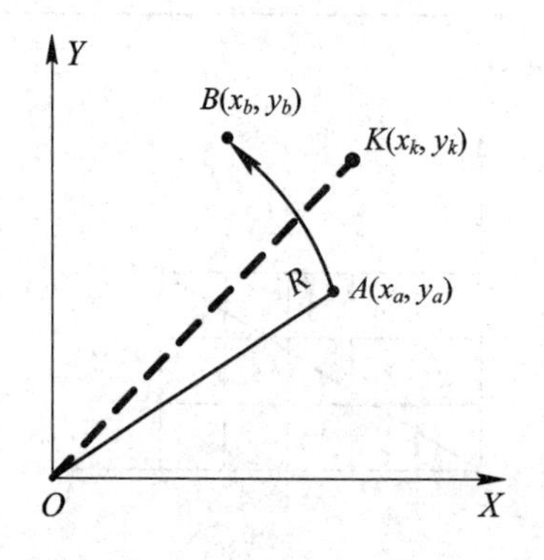

图3.10 逐点比较法画圆弧

K 点相对于圆弧 AB 的位置有三种情况：点 K 在 AB 外侧、点 K 在 AB 上以及点 K 在 AB 内侧。为判断点 K 与 AB 的相对位置，引入偏差函数 F_k：

$$F_k = x_k^2 + y_k^2 - R^2$$

其中 R 是为便于推导引入的半径。

当 K 在 AB 上时，$F_k=0$；K 在 AB 外侧时，$F_k>0$；K 在 AB 内侧时，$F_k<0$。

对第一象限的圆弧按照逆时针方向生成时，规定如下：

当 $F_k \geqslant 0$ 时，绘图笔从当前位置沿 $-X$ 方向走一步，记作 $-\Delta x$；

当 $F_k<0$ 时，绘图笔从当前位置沿 $+Y$ 方向走一步，记作 $+\Delta y$。

若绘图笔走 $-\Delta x$ 时，新点坐标为

$$x_{k+1} = x_k - 1,\ y_{k+1} = y_k$$

则新点的偏差为

$$\begin{aligned} F_{k+1} &= x_{k+1}^2 + y_{k+1}^2 - R^2 \\ &= (x_k - 1)^2 + y_k^2 - R^2 \\ &= x_k^2 + y_k^2 - R^2 - 2x_k + 1 \\ &= F_x - 2x_k + 1 \end{aligned}$$

若绘图笔走 $+\Delta y$ 时，新点坐标为

$$x_{k+1} = x_k,\ y_{k+1} = y_k + 1$$

则新点的偏差为

$$\begin{aligned} F_{k+1} &= x_{k+1}^2 + y_{k+1}^2 - R^2 \\ &= x_k^2 + (y_k + 1)^2 - R^2 \\ &= x_k^2 + y_k^2 - R^2 - 2y_k + 1 \\ &= F_x + 2y_k + 1 \end{aligned}$$

显然，新点偏差 F_{k+1} 由当前点的坐标值及偏差来计算。根据 F_{k+1} 的正、负号再确定绘图笔的下一步走向，这样逐步进行，直到绘图笔到达圆弧的终点为止。终点判断可由总走步数 $M(M=|x_b-x_a|+|y_b-y_a|)$ 来控制，每走一步 M 减去 1，当 $M=0$ 时即到达终点。

对其他象限内圆弧生成的走步方向按图 3.11(a)、(b)进行。

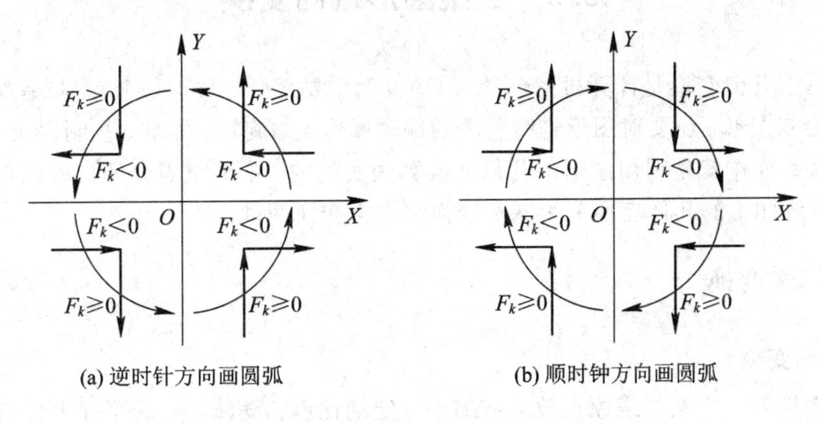

图 3.11　各象限内圆弧生成的走步方向

【例 3.3】 用逐点比较法逆时针画圆弧 AB，设起点为 $A(4, 3)$，终点为 $B(0, 5)$，圆心为 $O(0, 0)$。

解 从圆弧起点开始生成，计算总走步数 $J=|0-4|+|5-3|=6$，起点处 $F_0=0$，走步方向的规定按第一象限进行。表 3.3 为圆弧生成计算结果。生成结果如图 3.12 所示。

表 3.3 *AB* 圆弧生成计算结果

序号	偏差判别	走步方向	终点判断	x_k	y_k	计算偏差 F_{k+1}
1	$F_0=0$	$-\Delta x$	$J=6-1=5$	4	3	$F_1=0-2\times4+1=-7$
2	$F_1<0$	$+\Delta y$	$J=5-1=4$	3	3	$F_2=-7+2\times3+1=0$
3	$F_2=0$	$-\Delta x$	$J=4-1=3$	3	4	$F_3=0-2\times3+1=-5$
4	$F_3<0$	$+\Delta y$	$J=3-1=2$	2	4	$F_4=-5+2\times4+1=4$
5	$F_4>0$	$-\Delta x$	$J=2-1=1$	2	5	$F_5=4-2\times2+1=1$
6	$F_5>0$	$-\Delta x$	$J=1-1=0$			

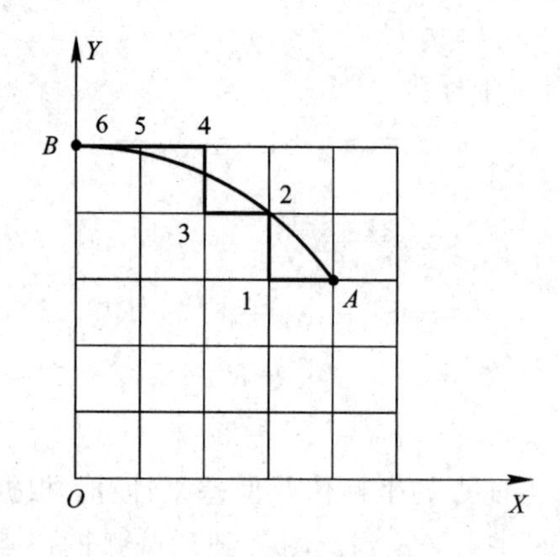

图 3.12 逐点比较法生成的圆弧

3.5 二维图形几何变换

二维图形几何变换是计算机图形学与 CAD 的重要部分。对于一个 CAD 系统来说，用户不仅要绘制图形，还要对图形进行若干的编辑操作，如旋转、缩放、复制以及交、并、差等运算，这些操作就是利用图形的几何变换算法实现的。本节重点介绍二维图形常用的几何变换。二维图形的几何变换分为基本变换和组合变换两种。

3.5.1 基本变换

1. 比例变换

比例变换就是将图形绕原点放大或缩小一定的比例。设(x, y)为平面上任意一点的坐标，经比例变换后该点的坐标为(x^*, y^*)，比例变换因子为 a 和 d，则变换后坐标可以表

示为

$$\begin{cases} x^* = ax \\ y^* = dy \end{cases}$$

用矩阵运算表示为

$$[x \quad y] \cdot \begin{bmatrix} a & 0 \\ 0 & d \end{bmatrix} = [ax \quad dy] = [x^* \quad y^*]$$

因此，$\boldsymbol{T}=\begin{bmatrix} a & 0 \\ 0 & d \end{bmatrix}$称为比例变换矩阵。

比例变换分两种情况，下面以三角形变换为例加以说明。

(1) 当 $a=d$ 时，点的 x、y 坐标按等比例放大或缩小，这种比例变换叫等比变换(或相似变换)。如图 3.13 所示，变换前后的图形是以坐标原点为中心的相似形，变换后的 $\triangle A^* B^* C^*$ 离开了原来的位置成比例地放大。

(2) 当 $a \neq d$ 时，点的 x、y 坐标按不等比例变换。如图 3.13 所示，$\triangle A_1^* B_1^* C_1^*$ 是按不等比变换后的结果。

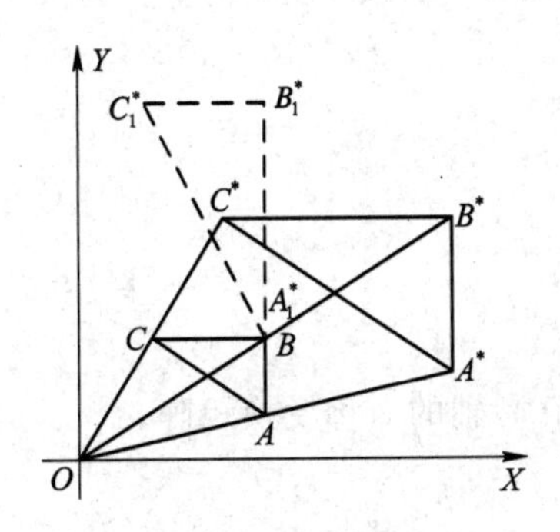

图 3.13　平面图形的比例变换

2. 旋转变换

平面上一点 $P(x, y)$ 绕原点逆时针旋转 θ 角后变为 $P^*(x^*, y^*)$，如图 3.14 所示。由几何关系推导出变换前后的关系式为

$$\begin{cases} x^* = x\cos\theta - y\sin\theta \\ y^* = x\sin\theta + y\cos\theta \end{cases}$$

用矩阵运算表示为

$$[x \quad y] \cdot \begin{bmatrix} \cos\theta & \sin\theta \\ -\sin\theta & \cos\theta \end{bmatrix} = [x\cos\theta - y\sin\theta \quad x\sin\theta + y\cos\theta]$$

$$= [x^* \quad y^*]$$

因此，$\boldsymbol{T}=\begin{bmatrix} \cos\theta & \sin\theta \\ -\sin\theta & \cos\theta \end{bmatrix}$称为旋转变换矩阵。规定逆时针方向旋转时，$\theta$ 角取正值，顺时针旋转时，θ 角取负值。

如图 3.15 所示，$\triangle A^* B^* C^*$ 就是将原 $\triangle ABC$ 绕原点逆时针旋转 45°后的结果。图形绕原点旋转后，形状不变。

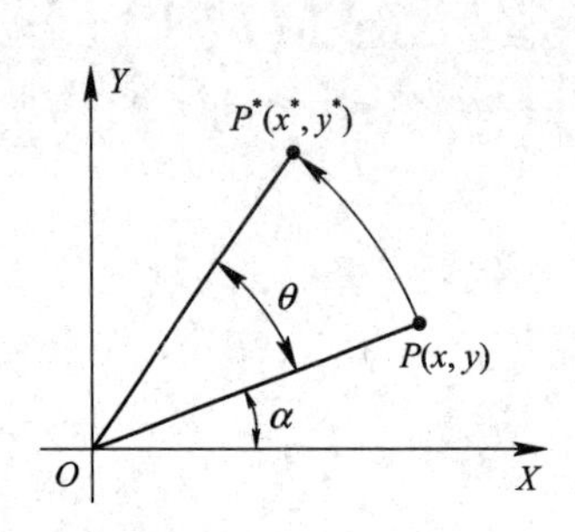

图 3.14　点 P 绕原点 O 旋转

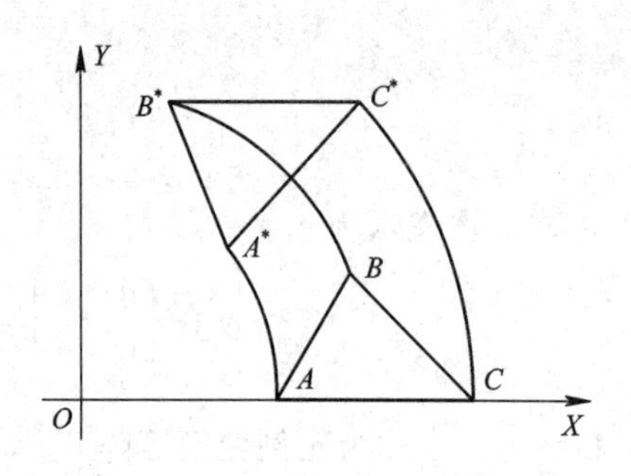

图 3.15　平面图形的旋转变换

3. 对称(反射)变换

对称变换是指图形相对于某一条线或原点作对称的变换。相对于一条线的对称变换也称镜像变换。下面以点为例推导对称(反射)变换矩阵。

(1) 相对于 Y 轴的对称变换(见图 3.16(a))。

点相对于 Y 轴作对称变换后，x 坐标改变符号，y 坐标不变，即

$$\begin{cases} x^* = -x \\ y^* = y \end{cases}$$

用矩阵运算表示为

$$[x \quad y]\cdot\begin{bmatrix} -1 & 0 \\ 0 & 1 \end{bmatrix} = [-x \quad y] = [x^* \quad y^*]$$

因此，$\boldsymbol{T}=\begin{bmatrix} -1 & 0 \\ 0 & 1 \end{bmatrix}$称为相对于 Y 轴的对称变换矩阵。

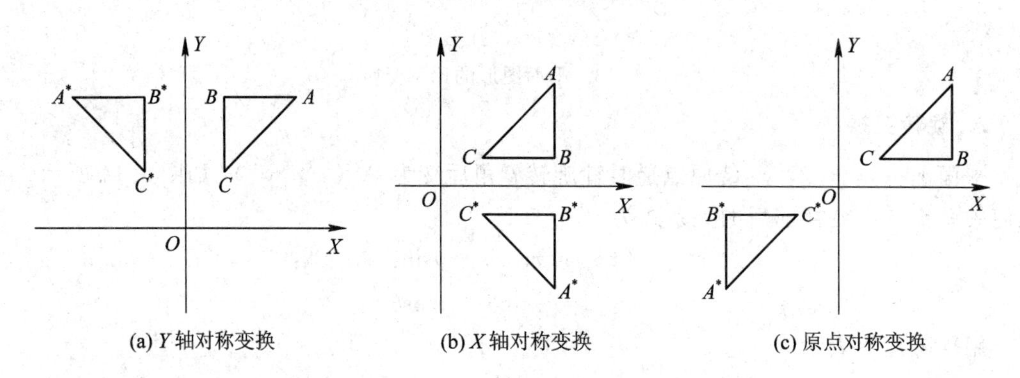

图 3.16　平面图形的对称变换

(2) 相对于 X 轴的对称变换(见图 3.16(b))。

点相对于 X 轴作对称变换后，x 坐标不变，y 坐标改变符号，即

$$\begin{cases} x^* = x \\ y^* = -y \end{cases}$$

用矩阵运算表示为

$$[x \quad y]\cdot\begin{bmatrix} 1 & 0 \\ 0 & -1 \end{bmatrix} = [x \quad -y] = [x^* \quad y^*]$$

因此，$\boldsymbol{T}=\begin{bmatrix}1 & 0\\0 & -1\end{bmatrix}$称为相对于 X 轴的对称变换矩阵。

(3) 对称于原点的变换(见图 3.16(c))。

点相对于原点作对称变换后，仅改变 x、y 坐标值的符号，即

$$\begin{cases}x^* = -x\\y^* = -y\end{cases}$$

用矩阵运算表示为

$$[x \quad y]\cdot\begin{bmatrix}-1 & 0\\0 & -1\end{bmatrix}=[-x \quad -y]=[x^* \quad y^*]$$

因此，$\boldsymbol{T}=\begin{bmatrix}-1 & 0\\0 & -1\end{bmatrix}$称为相对于原点的对称变换矩阵。

4. 错切变换

错切变换就是图形沿某一坐标方向产生不等量的移动，使图形变形，如图 3.17 所示，正方形错切成平行四边形。错切变换分为沿 X 方向错切变换和沿 Y 方向错切变换两种。

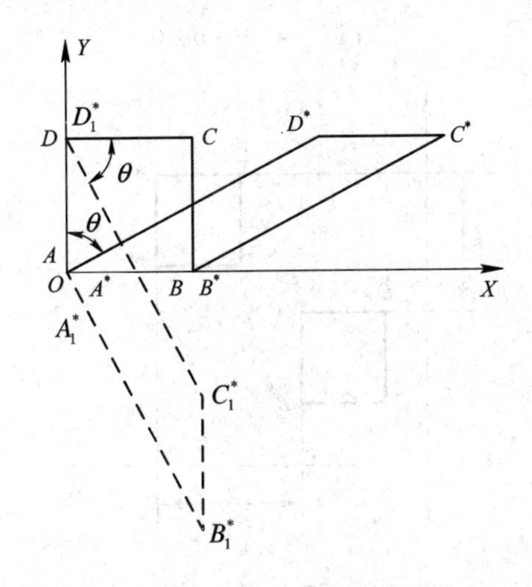

图 3.17　平面图形的错切变换

(1) 沿 X 方向错切变换。

在图 3.17 中，使正方形 $ABCD$ 沿 X 方向错切成平行四边形 $A^*B^*C^*D^*$，错切后图形与 Y 轴间有一错切角 θ。根据图中的几何关系可得到错切前后点的坐标关系为

$$\begin{cases}x^* = x + y\tan\theta = x + cy \quad (c = \tan\theta)\\y^* = y\end{cases}$$

用矩阵运算表示为

$$[x \quad y]\cdot\begin{bmatrix}1 & 0\\c & 1\end{bmatrix}=[x+cy \quad y]=[x^* \quad y^*]$$

因此，$\boldsymbol{T}=\begin{bmatrix}1 & 0\\c & 1\end{bmatrix}$称为沿 X 轴方向的错切变换矩阵。

(2) 沿 Y 方向错切变换。

图形沿 Y 方向错切后与 X 轴之间形成错切角 θ，如图 3.17 中的正方形沿 Y 方向错切成平行四边形 $A_1^* B_1^* C_1^* D_1^*$，同样可推导错切前后的坐标关系为

$$\begin{cases} x^* = x \\ y^* = y + bx \quad (b = \tan\theta) \end{cases}$$

用矩阵运算表示为

$$[x \quad y] \cdot \begin{bmatrix} 1 & b \\ 0 & 1 \end{bmatrix} = [x \quad y+bx] = [x^* \quad y^*]$$

因此，$\boldsymbol{T} = \begin{bmatrix} 1 & b \\ 0 & 1 \end{bmatrix}$ 称为沿 Y 轴方向的错切变换矩阵。

5. 平移变换

平移变换就是图形沿 X 方向移动 l，沿 Y 方向移动 m(见图 3.18)，其形状不变。各点的坐标在 X 方向和 Y 方向分别增加了平移量 l 和 m，即

$$\begin{cases} x^* = x + l \\ y^* = y + m \end{cases}$$

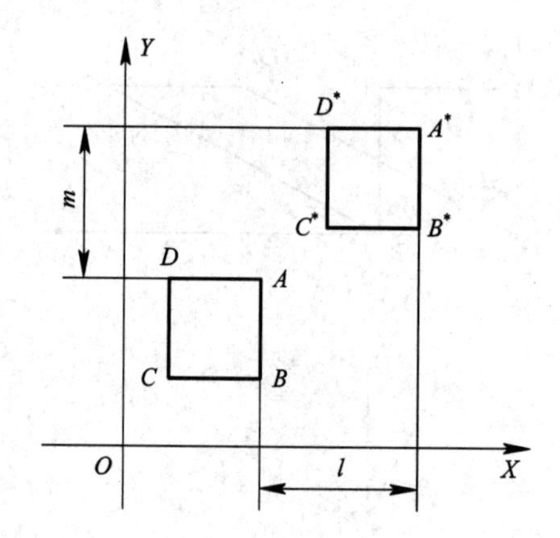

图 3.18　平面图形的平移变换

平移变换不能用 $[x \quad y] \cdot \begin{bmatrix} a & b \\ c & d \end{bmatrix}$ 的矩阵运算形式得到，需要把 $\boldsymbol{T}_{2\times2}$ 矩阵扩展为 $\boldsymbol{T}_{3\times3}$ 的方阵。

根据矩阵乘法定义，把二维点用三维向量表示为 $[x \quad y \quad 1]$，则平移变换可用矩阵运算表示为

$$[x \quad y \quad 1] \cdot \begin{bmatrix} 1 & 0 & 0 \\ 0 & 1 & 0 \\ l & m & 1 \end{bmatrix} = [x+l \quad y+m \quad 1] = [x^* \quad y^* \quad 1]$$

因此，$\boldsymbol{T} = \begin{bmatrix} 1 & 0 & 0 \\ 0 & 1 & 0 \\ l & m & 1 \end{bmatrix}$ 为平移变换矩阵。

至此，为了方便表示二维图形的几何变换，可统一采用 $\boldsymbol{T}_{3\times3}$ 变换矩阵，写成一般式如下：

$$\boldsymbol{T}=\begin{bmatrix}a & b & 0\\ c & d & 0\\ l & m & 1\end{bmatrix}$$

其中，a、b、c、d 四个元素产生比例、旋转、对称、错切变换，l、m 两个元素产生平移变换。只要改变矩阵中相应元素的取值，将会得到不同的变换矩阵。请读者自行推导出产生比例、旋转、对称、错切变换的 $\boldsymbol{T}_{3\times3}$ 矩阵。

前面用$[x\quad y\quad 1]$表示平面上的一点，解决了平移变换的矩阵表示，使各种变换矩阵形式统一为 $\boldsymbol{T}_{3\times3}$ 的方阵。这种用 $n+1$ 维向量表示 n 维向量的方法称为齐次坐标表示法。$[x\quad y\quad 1]$就是二维点(x, y)的齐次坐标形式。

$[HX\ HY\ H]$（$H\neq0$）是二维点用齐次坐标表示的一般形式。如$[12\quad 8\quad 4]$、$[6\quad 4\quad 2]$、$[3\quad 2\quad 1]$均表示同一个二维点。

通常将$[HX\ HY\ H]$（$H\neq0$）$\Rightarrow[X/H\ \ Y/H\quad 1]$的过程，称为齐次坐标正常化。其几何意义如图 3.19 所示。

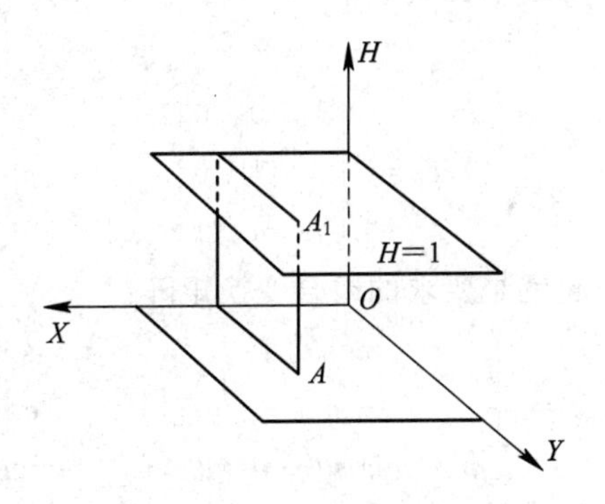

图 3.19　齐次坐标正常化

3.5.2　组合变换

实际情况下的图形变换，通常是由若干基本变换组合而成的相对复杂的组合变换。解决这一类问题的关键，首先要确定组合变换是由哪些基本变换并按照什么样的变换顺序组成的，然后按变换顺序求出基本变换矩阵的乘积就可得到组合变换矩阵。

【例 3.4】　如图 3.20 所示，$\triangle ABC$ 绕原点之外的任意点 $P(m, n)$逆时针旋转 θ 角到 $\triangle A^*B^*C^*$，求其变换矩阵。

解　该图形变换为组合变换，它可分解为以下基本变换：

(1) 把旋转中心 P 平移到坐标原点，$\triangle ABC$ 也作同样的平移，变换至 $\triangle A_1B_1C_1$，其变换矩阵为

$$\boldsymbol{T}_1=\begin{bmatrix}1 & 0 & 0\\ 0 & 1 & 0\\ -m & -n & 1\end{bmatrix}$$

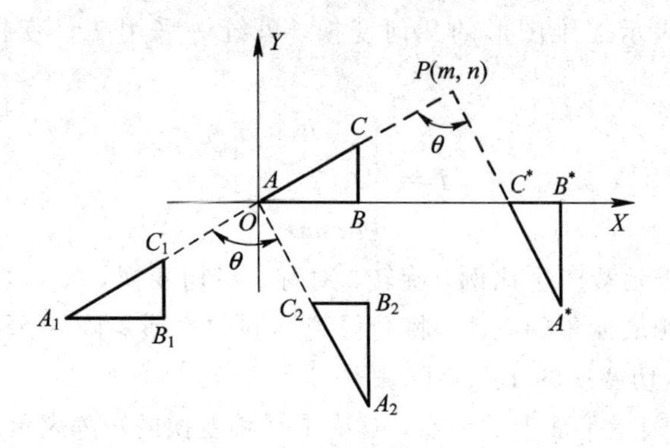

图 3.20　组合变换

(2) 使平移后的图形绕原点逆时针旋转 θ 角到$\triangle A_2B_2C_2$，其变换矩阵为

$$T_2 = \begin{bmatrix} \cos\theta & \sin\theta & 0 \\ -\sin\theta & \cos\theta & 0 \\ 0 & 0 & 1 \end{bmatrix}$$

(3) 再把旋转中心平移回原来位置 $P(m, n)$处，$\triangle A_2B_2C_2$也作同样的平移，变换至$\triangle A^*B^*C^*$，变换矩阵为

$$T_3 = \begin{bmatrix} 1 & 0 & 0 \\ 0 & 1 & 0 \\ m & n & 1 \end{bmatrix}$$

以上三种变换组合在一起就是要求的组合变换矩阵：

$$T = T_1 \cdot T_2 \cdot T_3 = \begin{bmatrix} \cos\theta & \sin\theta & 0 \\ -\sin\theta & \cos\theta & 0 \\ m - m\cos\theta + n\sin\theta & n - m\sin\theta - n\cos\theta & 1 \end{bmatrix}$$

组合变换由一系列的矩阵相乘得到，而矩阵乘法不满足交换律，因此组合变换中，变换的先后顺序不同，结果也不同。如图 3.21 所示，$\triangle ABC$ 先进行平移变换然后再进行旋转变换，与先进行旋转变换再进行平移变换的结果完全不同。

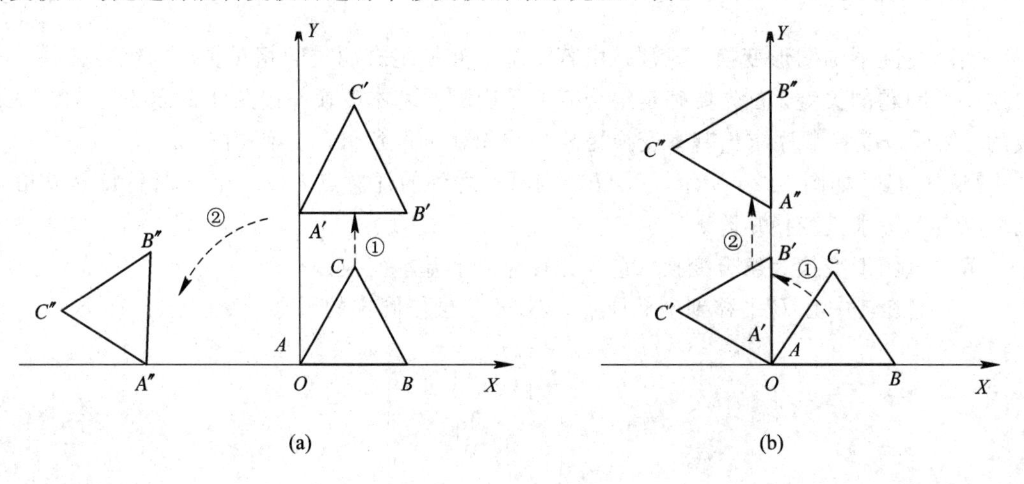

图 3.21　组合变换的顺序

【例 3.5】 推导图形关于镜像线 $ax+by+c=0$ 镜像变换前后坐标之间的关系式。

解　设 $P(x, y)$ 为二维图形上的任一点，它关于镜像线 $ax+by+c=0$ 的镜像点为 $P^*(x^*, y^*)$，如图 3.22 所示。为了便于推导，引入镜像线的倾角 α，α 满足 $\tan\alpha=-a/b$。

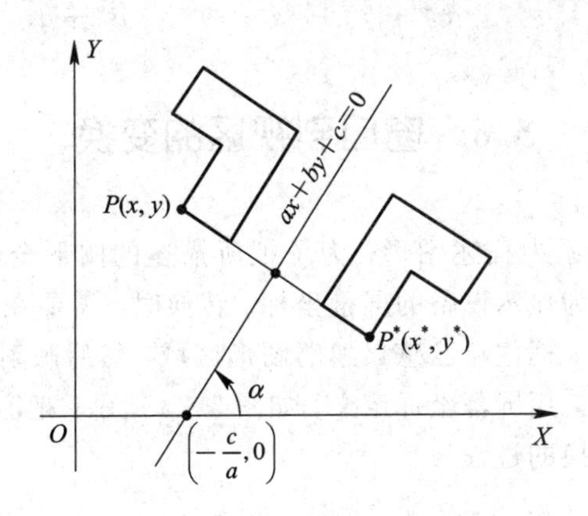

图 3.22　镜像变换

从图 3.22 可看出，P 到 P^* 的变换为由以下序列的组合变换得到：① 沿 X 轴负向移动的平移交换；② 绕原点 O 顺时针转 α 角的旋转变换；③ 关于 X 轴的对称变换；④ 绕原点 O 逆时针转 α 角的旋转变换；⑤ 沿 X 轴正向移动的平移变换。

设上述五个变换的变换矩阵依次为 $\boldsymbol{T}_1$、$\boldsymbol{T}_2$、$\boldsymbol{T}_3$、$\boldsymbol{T}_4$、$\boldsymbol{T}_5$，即

$$\boldsymbol{T}_1=\begin{bmatrix}1 & 0 & 0\\ 0 & 1 & 0\\ \dfrac{c}{a} & 0 & 1\end{bmatrix},\ \boldsymbol{T}_2=\begin{bmatrix}\cos\alpha & -\sin\alpha & 0\\ \sin\alpha & \cos\alpha & 0\\ 0 & 0 & 1\end{bmatrix},\ \boldsymbol{T}_3=\begin{bmatrix}1 & 0 & 0\\ 0 & -1 & 0\\ 0 & 0 & 1\end{bmatrix}$$

$$\boldsymbol{T}_4=\begin{bmatrix}\cos\alpha & \sin\alpha & 0\\ -\sin\alpha & \cos\alpha & 0\\ 0 & 0 & 1\end{bmatrix},\ \boldsymbol{T}_5=\begin{bmatrix}1 & 0 & 0\\ 0 & 1 & 0\\ -\dfrac{c}{a} & 0 & 1\end{bmatrix}$$

组合变换矩阵为

$$\boldsymbol{T}=\boldsymbol{T}_1\cdot\boldsymbol{T}_2\cdot\boldsymbol{T}_3\cdot\boldsymbol{T}_4\cdot\boldsymbol{T}_5=\begin{bmatrix}\cos2\alpha & \sin2\alpha & 0\\ \sin2\alpha & -\cos2\alpha & 0\\ \dfrac{c}{a}(\cos2\alpha-1) & \dfrac{c}{a}\sin2\alpha & 1\end{bmatrix}$$

将 $\cos2\alpha=\dfrac{1-\tan^2\alpha}{1+\tan^2\alpha}$、$\sin2\alpha=\dfrac{2\tan\alpha}{1+\tan^2\alpha}$ 及 $\tan\alpha=-\dfrac{a}{b}$ 代入 $\boldsymbol{T}$ 得

$$\boldsymbol{T}=\begin{bmatrix}\dfrac{b^2-a^2}{a^2+b^2} & -\dfrac{2ab}{a^2+b^2} & 0\\ -\dfrac{2ab}{a^2+b^2} & -\dfrac{b^2-a^2}{a^2+b^2} & 0\\ -\dfrac{2ac}{a^2+b^2} & -\dfrac{2bc}{a^2+b^2} & 1\end{bmatrix}$$

镜像后坐标 x^* 和 y^* 可由 $[x^*\ \ y^*\ \ 1]=[x\ \ y\ \ 1]\cdot\boldsymbol{T}$ 求出，结果为

$$\begin{cases} x^* = -\dfrac{a^2-b^2}{a^2+b^2}x - \dfrac{2ab}{a^2+b^2}y - \dfrac{2ac}{a^2+b^2} \\ y^* = -\dfrac{2ab}{a^2+b^2}x + \dfrac{a^2-b^2}{a^2+b^2}y - \dfrac{2bc}{a^2+b^2} \end{cases}$$

3.6　窗口到视区的变换

通常人们在世界坐标系中描述图形，为了把所描述的图形全部或部分地显示在屏幕上，必须将世界坐标转换为显示设备的屏幕坐标。转换时，需要在世界坐标系中定义一个平行于坐标轴的矩形窗口，框住自己感兴趣的图形区域，然后映射到屏幕视区中显示。屏幕视区也是一个矩形区域，用屏幕坐标定义。如图3.23所示，把窗口内的图形映射到视区中显示，实质上是图形变换的过程。

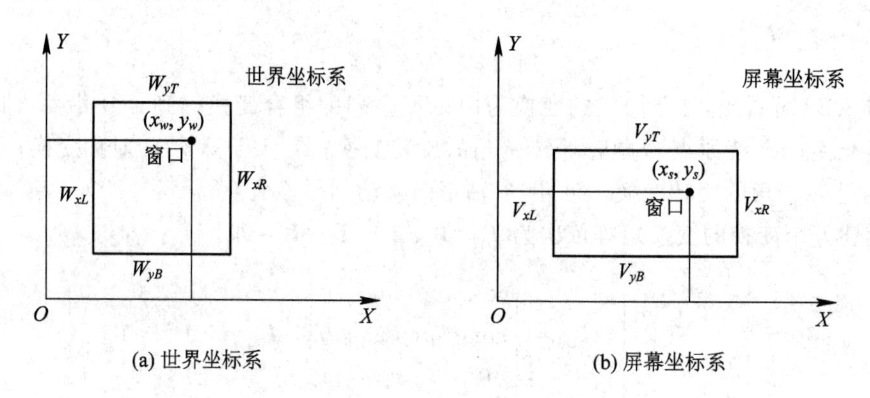

图3.23　窗口到视区的变换

设世界坐标系下的点为(x_w, y_w)，映射到屏幕视区中为(x_s, y_s)，由图3.23可以看出，存在以下关系式：

$$\frac{x_w - W_{xL}}{x_s - V_{xL}} = \frac{W_{xR} - W_{xL}}{V_{xR} - V_{xL}},\quad \frac{y_w - W_{yB}}{y_s - V_{yB}} = \frac{W_{xT} - W_{yB}}{V_{yT} - V_{yB}}$$

$$\begin{cases} x_s = \dfrac{(x_w - W_{xL})(V_{xR} - V_{xL})}{(W_{xR} - W_{xL})} + V_{xL} \\ y_s = \dfrac{(y_w - W_{yB})(V_{yT} - V_{yB})}{(W_{yT} - W_{yB})} + V_{yB} \end{cases}$$

设

$$a = \frac{V_{xR} - V_{xL}}{W_{xR} - W_{xL}},\quad m = V_{xL} - \frac{W_{xL}(V_{xR} - V_{xL})}{W_{xR} - W_{xL}}$$

$$d = \frac{V_{yT} - V_{yB}}{W_{yT} - W_{yB}},\quad n = V_{yB} - \frac{W_{yB}(V_{yT} - V_{yB})}{W_{yT} - W_{yB}}$$

则(x_s, y_s)与(x_w, y_w)间的变换关系为

$$\begin{cases} x_s = a \cdot x_w + m \\ y_s = d \cdot y_w + n \end{cases}$$

由此可见，窗口到视区的变换是比例与平移变换的组合变换。

变换时，若视区的长宽比与窗口的长宽比保持一致，则图形才不会失真。通常通过改变窗口的位置以及大小，可以观察到不同部位的图形以及被缩放后的图形。

3.7　二维图形的裁剪算法

在许多实际应用中，常常需要用一个窗口框住画面中的一部分，保留窗口内的图形，裁剪掉窗口外的图形。这种使图形恰当地显示到屏幕上的处理技术称为图形裁剪技术。

图形裁剪算法是计算机图形学的基本问题之一，裁剪效率是其关键。如对一条直线段而言，裁剪算法要求能快速而准确地判定直线与窗口的关系，继而作出合理的裁剪操作。裁剪的边界(即窗口)可以是任意多边形，但常用的是矩形。被裁剪的对象可以是线段、字符、多边形等，其中直线段的裁剪是图形裁剪的基础。

3.7.1　直线段裁剪算法

设矩形窗口的四条边界如图 3.24 所示，点 $P(x, y)$在窗口内的条件为

$$\begin{cases} x_L < x < x_R \\ y_B < y < y_T \end{cases}$$

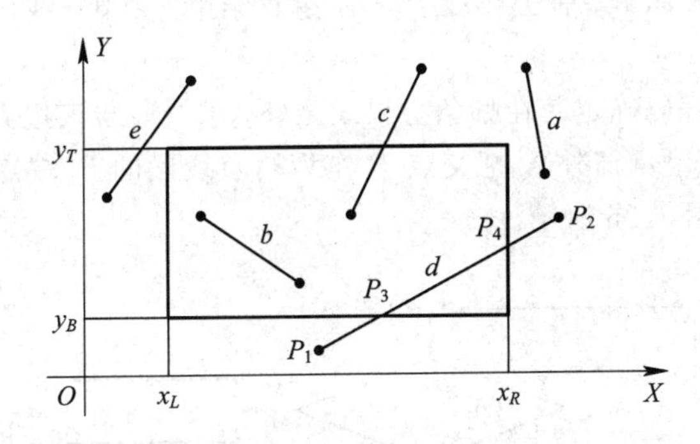

图 3.24　线段与窗口的位置

直线段相对于窗口的位置有下面三种情况：

(1) 线段在窗外同侧，如线段 a，应舍去。

(2) 线段在窗口内，如线段 b，应保留。

(3) 线段与窗口边界相交，或线段在窗外两侧，如线段 c、d 和 e。它们可能有一部分在窗口内，也可能全部在窗口外。

裁剪掉窗外线段、保留窗内线段的算法有多种，这里仅介绍两种常用的直线裁剪算法，即编码裁剪算法和中点再分裁剪算法。

1. 编码裁剪算法

编码裁剪算法是由 Cohen 和 Sutherland 两人提出的算法。该算法主要分三步进行。

(1) 设矩形窗口的四条边界为 $x_L = x_{\min}$，$x_R = x_{\max}$，$y_T = y_{\max}$，$y_B = y_{\min}$，延长后，将图形所在的平面分成九个区域，如图 3.25 所示。

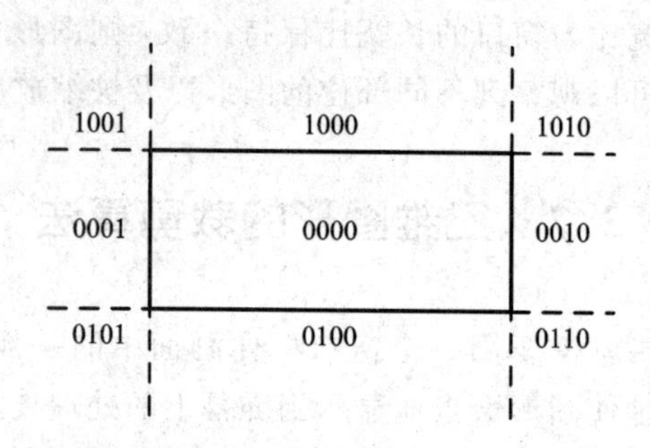

图 3.25　区域划分及编码

将每个区域内的点采用一个四位二进制编码，即 $C_4C_3C_2C_1$。其含义为

点在窗口的左边界之左，即 $x<x_{min}$，则 $C_1=1$，否则 $C_1=0$。

点在窗口的右边界之右，即 $x>x_{max}$，则 $C_2=1$，否则 $C_2=0$。

点在窗口的底边界之下，即 $y<y_{min}$，则 $C_3=1$，否则 $C_3=0$。

点在窗口的顶边界之上，即 $y>y_{max}$，则 $C_4=1$，否则 $C_4=0$。

根据要裁剪线段 P_1P_2 的端点坐标，就可得出相应的编码值。

(2) 判断 P_1、P_2 是否都在窗内，即 P_1、P_2 的编码是否全为零，若是，保留线段 P_1P_2，过程结束。否则，判断 P_1、P_2 是否在窗外同侧，即 P_1、P_2 编码的逻辑与是否为非零，若是，表示 P_1、P_2 在窗外同侧，舍去线段 P_1P_2，过程结束。否则，线段必有一点在窗外，令窗外点为 P_1，进行下一步。

(3) 根据 P_1 点的编码确定其在哪条边界线之外，求线段与该边界的交点 P，交点把线段分成两段，舍去 P_1P 段(窗外)，把交点 P 作为剩余线段的 P_1 端点重新进行第二步。其编码裁剪算法流程如图 3.26 所示。

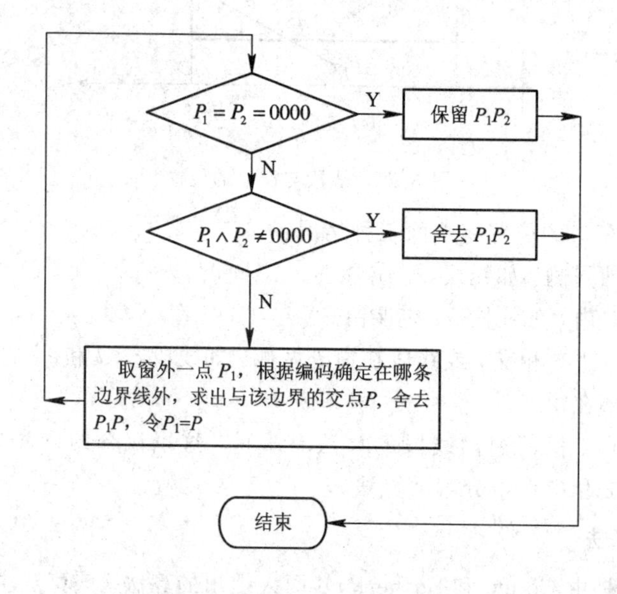

图 3.26　编码裁剪算法流程

在图 3.24 中，线段 b 经第一步测试为窗内线段，保留。线段 a 经第二步测试为窗外同侧线段，舍去。线段 d 需要在第三步求出与窗口边界的交点 P_3，舍去 P_1P_3 段。P_3P_2 段重新定义为 P_1P_2 再进行第二轮测试，又到了第三步求出与窗口边界的交点 P_4，舍去 P_4P_2 段，剩余 P_3P_4 段重新定义为 P_1P_2 再经过第二轮测试为窗内线段，保留该线段。线段 e 也要进入到第三步测试，通过求交运算，再进入第二轮的第二步，最后全部舍去。

2. 中点再分裁剪算法

中点再分裁剪算法是采用不断对分线段、排斥线段在窗口外的部分、最后求出离线段一个端点最远的在窗内的点(可见点)的方法。该算法分别从线段的两个端点出发作相同的处理。得到的两个最远可见点之间的线段在窗内，应保留。

以线段是 P_1P_2 为例，求离 P_1 最远的可见点的算法步骤：

(1) 测试 P_2 是否在窗口内，若是，则 P_2 就是离 P_1 最远的可见点，结束。否则，进行下一步。

(2) 测试 P_1P_2 是否在窗外同侧，若是，P_1P_2 全部不可见，结束。否则，进行下一步。

(3) 取 P_1P_2 的中点 P_m，若 P_mP_2 在窗外同侧，舍去，剩余段以 P_2 代替 P_m 重复步骤(2)。否则，以 P_1 代替 P_m 重复步骤(2)。直到线段不能再分为止。

图 3.27 中，对于线段 a，算法在第一步结束；对于线段 b，算法在第二步结束；对于线段 c，算法进入第三步后开始对分线段，最终进入第二步结束。

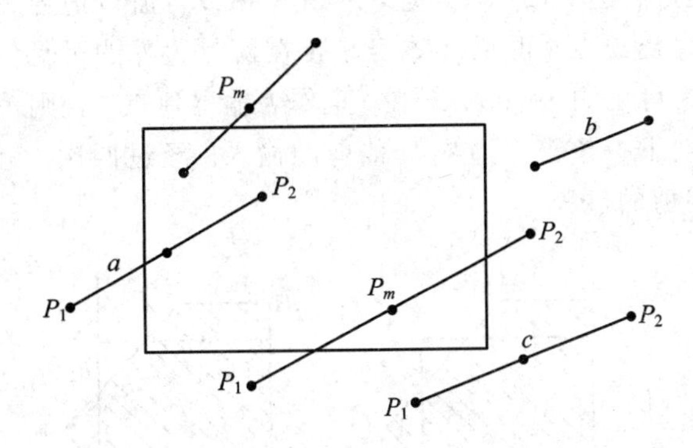

图 3.27　中点再分裁剪算法

取中点的目的是用中点逼近线段与边界的交点。这种方法没有求交计算，适合于不宜作乘除运算的硬件实现。

3.7.2　多边形区域裁剪算法

用直线段裁剪法可以解决折线以及封闭折线围成的多边形的裁剪问题，但对多边形区域(如需进行多边形区域填充时)的裁剪则不适用。因为多边形区域裁剪后应该仍然是多边形区域，如图 3.28 所示，裁剪后多边形区域的边界由原来多边形经裁剪的线段及窗口区域的若干段边界组成。用计算机处理时，如何选择窗口边界线段去形成封闭的多边形区域是算法需要考虑的问题，选得不当会产生错误，如图 3.29(a)是正确的连接，图 3.29(b)是不正确的连接。

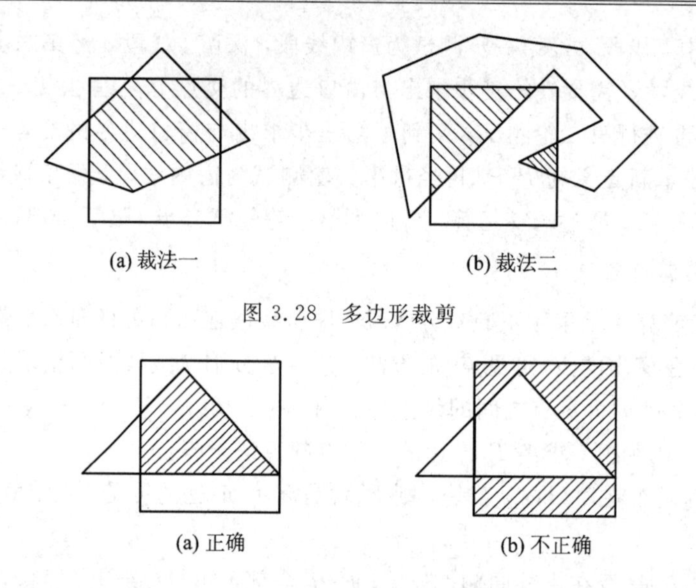

(a) 裁法一　　(b) 裁法二

图 3.28　多边形裁剪

(a) 正确　　(b) 不正确

图 3.29　边界线段的连接

这里介绍用于区域裁剪的 Sutherland-Hodgman 算法，该算法又称为逐边裁剪法。

该算法假定裁剪区域是矩形窗口区域，被裁剪的多边形顶点序列为 $A_1A_2\cdots A_n$。算法的思想是用窗口的四条边界直线 $L_j(j=1, 2, 3, 4)$依次裁剪四次。对多边形的各个顶点 $A_i(i=1, 2, \cdots, n)$测试各边 $A_{i-1}A_i$(注意，令 $A_0=A_n$)与窗口边界 L_j是否相交，若相交，求出交点 B_{i-1}，作为输出顶点。再判 A_i本身是否在窗口边界的可见侧(窗口左边界之右为可见侧，右边界之左为可见侧 ……)，若在，也作为输出顶点，否则舍去该点。对窗口边界 L 裁剪的输出又作为对下一条窗口边界 L 裁剪的输入。经过四次，就得到了所要的结果。图 3.30 所示为这种裁剪的过程。

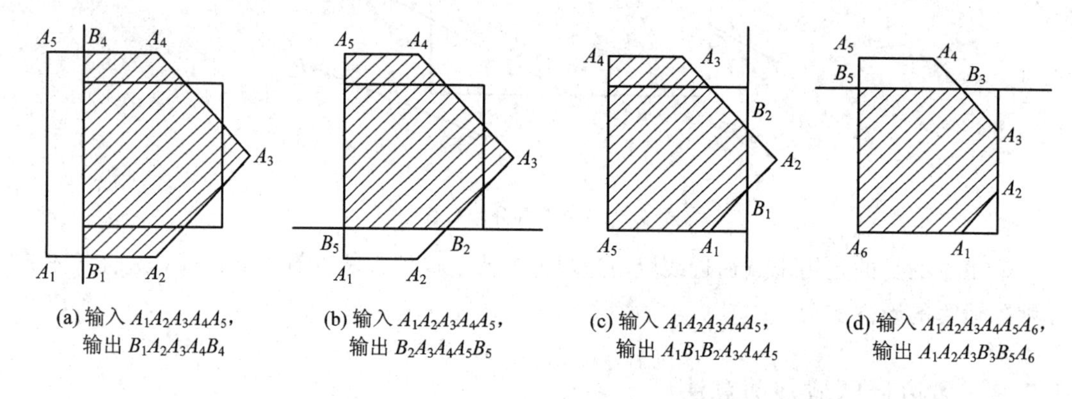

(a) 输入 $A_1A_2A_3A_4A_5$，输出 $B_1A_2A_3A_4B_4$　　(b) 输入 $A_1A_2A_3A_4A_5$，输出 $B_2A_3A_4A_5B_5$　　(c) 输入 $A_1A_2A_3A_4A_5$，输出 $A_1B_1B_2A_3A_4A_5$　　(d) 输入 $A_1A_2A_3A_4A_5A_6$，输出 $A_1A_2A_3B_3B_5A_6$

图 3.30　Sutherland-Hodgman 算法

3.8　区域填充算法

区域填充是指在给出的封闭区域内填充某种颜色或者图案，例如，剖视图中的剖面符号的填充。区域填充算法分为基于像素的填充算法和基于矢量的填充算法两类。其中，基于像素的填充算法包括扫描线算法、种子填充算法以及由这两种算法派生的一些算法，这类算法可实现图案和颜色的填充；基于矢量的填充算法是指如剖面线填充算法以及由此派生的算法，这类算法适用于图案填充。本节介绍以基于矢量填充算法为基础的剖面线填充算法，也是复杂图案填充的基础。

1. 剖面线填充需解决的问题

剖面线是一簇同方向、间隔相等的细实线。用计算机模拟人工绘制，每画一条剖面线必须解决以下问题：

(1) 剖面线的端点坐标。即剖面线与填充区域轮廓的交点。如图 3.31 中，剖面线 l_1 与轮廓的交点为①、②、③、④。

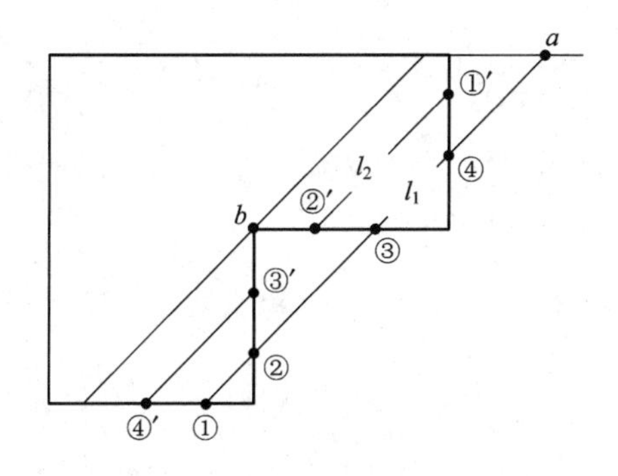

图 3.31　剖面线填充

(2) 剖面线的连线顺序。按交点的 x 坐标由小到大排序确定。如剖面线 l_1 的连线顺序为①→②、③→④。

(3) 连线时各交点处的抬、落笔状态。依照画线规律，规定从奇数点落笔画线；从偶数点抬笔空走。这样绘制 l_1 时，①、③点处为落笔画线，②、④点处抬笔空走，空出了中间段②→③。

2. 剖面线填充算法

本节介绍的填充算法对填充区域中封闭轮廓的个数(一个或多个)、轮廓之间的相互关系(并列、内含、多重内含)没有限制，是一种通用的剖面线填充算法。算法把填充区域轮廓线的有关数据、剖面线的倾角 α 及剖面线间距 d 作为已知量输入。

填充区域轮廓线可看成是由直线段、圆弧或圆组成。直线段采用过起点和终点的两点式方程表示。圆及圆弧用起点、圆心、终点及画圆弧方向来表示。

剖面线采用斜截式方程，一簇剖面线的方程为

$$y = kx + b_i, \quad i = 1, 2, \cdots, m$$

其中，$k=\tan\alpha$，b_i是剖面线在 Y 轴上的截距，其值在一定范围变动。

1) 确定剖面线的填充范围

剖面线画在轮廓区域内，因此过填充区域轮廓线的各个端点引剖面线的平行线，分别求出它们在 Y 轴上的截距，从中选出最大、最小截距，分别用 b_{max}和 b_{min}表示，如图 3.32 所示。剖面线簇的截距应在最大、最小截距之间，即任一条剖面线的截距 b_i应满足下面的不等式：

$$b_{min} < b_i < b_{max}$$

2）计算剖面线的总根数

由剖面线间距 d、倾角 α 求出两相邻剖面线在 Y 轴上的截距间隔 Δb，由图3.33可得出：$\Delta b=|d/\cos\alpha|$，则剖面线总根数 m 为

$$m=\text{int}\left(\frac{b_{\max}-b_{\min}}{\Delta b}\right)-1 \qquad (\text{“int”表示取整})$$

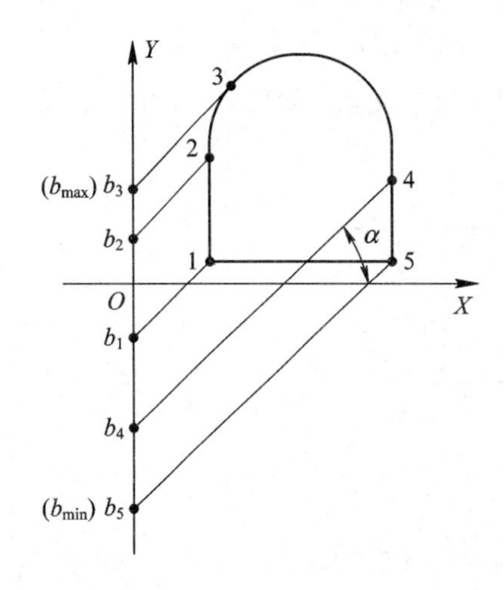

图3.32 最大、最小截距

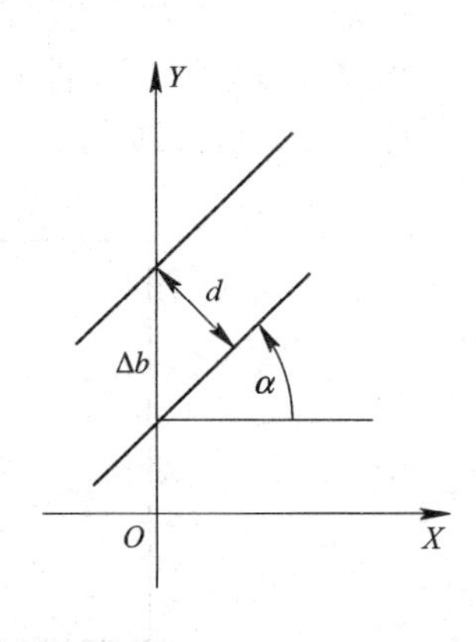

图3.33 剖面线的截距间距

3）求剖面线的端点

将剖面线方程与填充区域轮廓线方程联立求解可获得交点，求出的交点有三种情况：

（1）交点在轮廓线的延长线上，处于填充区域之外，称为无效交点。

（2）交点在轮廓线的端点上，称为重交点。

（3）交点在轮廓线上，处于剖面域之内，称为有效交点。

在图3.31中，交点 a 是无效交点，b 为重交点，其余的交点①、②等均为有效交点。显然有效交点是绘制剖面线的端点。

无效交点直接舍去，而重交点是当剖面线截距与过某一轮廓线端点的剖面线截距相等时出现的，重交点应该避免。因为按照抬、落笔相间绘制剖面线的规律，任一条剖面线的端点数必须是偶数才能保证连线正确，即由奇数点落笔画至偶数点，由偶数点抬笔到奇数点，但重交点会使交点总数出现奇数，造成绘制剖面线时连线混乱。处理重交点的方法是把该根剖面线的截距加上或减去一个 Δd，以便避开端点。

求有效交点的方法可以采用先求交点（有效交点、无效交点），然后判断各交点是否为有效交点；也可采用先判断是否存在有效交点，若存在就求交，否则就不求交。后一种方法避免了一些无用的求交计算。

4）端点排序及连线

对于每一根剖面线，求出有效交点后，需要把有效交点排序，以提供连线顺序。为使绘制剖面线时少走空程（对笔式绘图机而言存在这种情况），可规定第奇数根剖面线从左到右画，有效交点按 x 坐标从小到大排序。第偶数根剖面线从右到左画，有效交点按 x 坐标由大到小排序。如图3.31中，剖面线 l_1 的画线顺序是①→②，③→④，l_2 的画线顺序为①′→②′，③′→④′。这样，每画一条剖面线重复上述过程一次，逐条绘出全部剖面线。

上述填充算法为基本算法，将其稍作修改便可得到新的填充算法。比如AutoCAD软件采用的填充算法是：不从b_{min}或b_{max}处开始填，而是从某一固定位置如坐标原点处开始，计算此位置处的剖面线平行线之截距，若截距在b_{min}和b_{max}之间，则往上、往下填剖面线分别至b_{max}、b_{min}；若此截距小于b_{min}，则按剖面线间距算出第一条剖面线截距，再从下往上填至b_{max}；若此截距大于b_{max}，则按照剖面线间距算出第一条剖面线的截距，再从上往下填至b_{min}。这种填充算法的优点是不论在几个区域上进行几次填充，所填剖面线具有一致性。

习　题

1. 简述计算机图形学中采用的坐标系。

2. 分别用简单DDA和对称DDA法在起点(1，1)、终点(17，14)之间生成直线，并比较两种直线生成算法的优劣。

3. 剖面线填充算法对填充区域有什么限制？请简述剖面线填充的基本步骤。

4. 什么是图形变换？图形变换的实质是什么？

5. 什么是齐次坐标？为什么引入齐次坐标？

6. 二维图形基本变换的一般形式是什么？各元素的作用是什么？

7. 二维图形的基本变换都有哪些？请写出它们的变换矩阵。

8. 什么是组合变换矩阵？若一个二维图形绕平面上一个点$A(x, y)$顺时针旋转α角度，其经历了什么样的变换过程？请写出其变换矩阵。

9. 窗口到视区的变换属于什么变换？请写出其变换矩阵。

10. 直线段裁剪算法和多边形裁剪算法的本质区别是什么？

第4章 AutoCAD的参数化绘图技术

AutoCAD(Autodesk Computer Aided Design)是Autodesk公司首次于1982年开发的计算机辅助设计软件，主要用于二维绘图、三维绘图和三维设计，现已成为国际上广泛应用的绘图工具。AutoCAD提供了良好的交互界面，方便用户通过菜单或命令行方式进行各种绘图、编辑等操作。AutoCAD具备不同用途的接口，如TIFT、GIF、BMP等，便于不同软件平台间的信息交换，具有良好的可移植性。AutoCAD具有开放式结构，允许用户进行全方位的二次开发，从而增强软件的应用能力。本章主要介绍基于AutoCAD的二次开发——AutoLISP参数化绘图技术。

4.1 概　　述

参数化绘图是通过变化参数从而驱动图形绘制的一种方法。参数化绘图中，参数驱动的基本特征是直接对参数数据进行操作。

4.1.1 参数化绘图

1. 参数化绘图分类

按照绘图的方式，参数化绘图可分为程序参数化绘图和交互参数化绘图两大类。

1) 程序参数化绘图

程序参数化绘图是用一组约束参数描述图形对象，并将其约束关系记录在程序中，然后通过调用一系列的绘图命令绘制图形。运行时，只需输入约束参数值，就可以自动绘制出符合结构形状要求的图形。程序参数化绘图因需要编制相应的程序，编程工作量大、柔性和直观性较差，在实际应用中受到一定限制，但是对于系列化和标准化程度比较高的一些图形，通过程序实现参数化绘图，用户只需提供合适的约束参数值，而无需关注图形绘制细节，图形绘制便捷快速，因此在一些行业仍具有良好的应用前景。AutoCAD提供的AutoLISP参数化绘图就是一种程序参数化绘图，本章重点介绍这种图形绘制技术。

2) 交互参数化绘图

交互参数化绘图是20世纪80年代中期发展起来的，其特点是使用者在屏幕上直接采用交互方式绘制图形草图，通过标注设定图形大小、形状、位置等(或设定尺寸代码)，系统就可以自动根据尺寸值驱动来生成符合尺寸要求的图形。这种方法直观、方便，不需编制程序，比如 AutoCAD 2010 版本及更高版本中提供了一定的交互式参数化绘图功能、Pro/Engineering 软件中的草图模块也属于此类绘图。但该方法需要用户掌握软件绘制和尺寸标注的方法才能较好完成参数化绘图。实现交互参数化绘图的算法较多，如数学求解算法，即通过建立图形的设计变量(顶点坐标值)和尺寸约束参数之间的数学模型，借助于求解线性或非线性方程组来确定变量值。除此之外，还有作图规则匹配法、几何作图局部求解法等。

2. AutoCAD 的程序参数化绘图

AutoCAD 的程序参数化绘图是利用其二次开发工具——AutoLISP 语言开发参数化绘图程序。应用时，通过改变参数值就可以快速实现系列化或标准化的一类(簇)图形绘制，如机械工程图(轴、法兰盘、标准件、常用件等工程图样)、建筑用工程图。另外，还可以绘制一些参数化曲线与曲面，如渐开线、螺旋线、自由曲线与曲面等。

程序参数化绘图的一般流程如图 4.1 所示。首先，分析图形，确定决定图形大小、形状、位置等的约束参数；其次，利用约束参数编制参数化绘图程序，调试代码直至成功；然后，加载并调用程序，输入约束参数值，实现图形的自动生成；最后，从绘图环境中查看生成的图形是否符合要求，若不符合，修改参数值或者参数化程序，直至输出的图形符合要求为止。

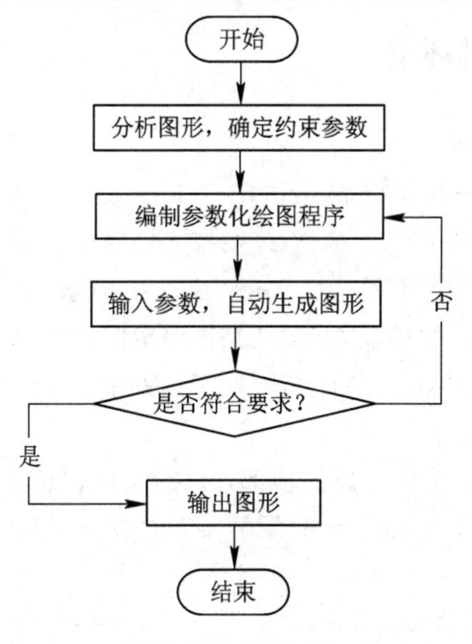

图 4.1 程序参数化绘图的一般流程

4.1.2 LISP、AutoLISP 与 Visual LISP

LISP(List Processing)是人工智能领域中广泛采用的一种程序设计语言，主要用于人工智能、机器人、专家系统、博弈、定理证明等领域。LISP 语言处理的对象是符号表达式，因此也称为符号式语言。LISP 语法简单，数据类型丰富，程序编写简洁、灵活，利用 LISP 语言可以很容易实现新函数的定义和调用。在 LISP 的发展过程中产生了多种版本，如 MacLISP、InterLISP、ZetalLISP 和 CommonLISP 等，其中 CommonLISP 是美国的几所大学(如麻省理工、斯坦福等)和工业界(如 Bell 实验室、DEC 公司、HP 公司等)的人工智能研究人员协同推出的，它兼具 MacLISP、InterLISP、ZetalLISP 等版本的特点，因此功能强大，是目前LISP语言较完整的版本。

AutoLISP是为AutoCAD二次开发专门设计的编程语言，它起源于LISP语言，嵌入在AutoCAD内部，是AutoCAD和LISP语言相结合的产物。AutoLISP采用了和CommonLISP最相近的语法和习惯约定，具有CommonLISP的特性，但又针对AutoCAD增加了许多功能，因此它既有LISP语言的人工智能特性，又具有AutoCAD强大的图形编辑功能，还可以实现对AutoCAD图形数据库的直接访问和修改。利用AutoLISP语言可以进行复杂图形的自动化绘制、各种工程的分析计算，还可以通过定义新的AutoCAD命令、驱动对话框、控制菜单，为AutoCAD的功能扩充提供了基础。

Visual LISP是为加速AutoLISP程序开发而设计的一个软件集成开发环境。Visual LISP包括文本编辑器、格式编排器、语法检查器、源代码调试器、检验和监视工具、文件编译器、工程管理系统、上下文相关帮助与自动匹配功能，以及智能化控制台等。在Visual LISP集成环境下可以便捷、高效地开发AutoLISP程序。

在AutoCAD环境下，AutoLISP程序可以直接加载、调用，也可以在Visual LISP环境下经过编译得到运行效率更高、代码更加紧凑、源代码受到保护的应用程序，后者具有良好的保密性。

4.1.3 AutoLISP的调试环境

1. Visual LISP工作界面

启动AutoCAD，在命令提示“Command：”下键入命令VLIDE，可进入图4.2所示的Visual LISP工作界面，也可用菜单方式来打开Visual LISP。不同AutoCAD版本的Visual LISP编辑器菜单项位置不同，如AutoCAD 2010版本中，Visual LISP编辑器在管理菜单里，AutoCAD 2017版本中，Visual LISP编辑器在工具菜单里。

当使用Visual LISP时，AutoCAD必须处于运行状态。Visual LISP窗口界面包含菜单栏、工具栏、控制台和状态栏。

Visual LISP菜单栏位于工作界面的顶部，包括文件、编辑、搜索、视图、调试、工具、窗口和帮助等菜单，每个菜单包括若干子菜单。菜单被点击选中时，其功能描述显示在状态栏中。

Visual LISP工具栏包含调试、编辑、查找、检查和运行五部分，使用时可以方便快捷地调用Visual LISP命令。

控制台窗口是一个独立的窗口。控制台提示符“$”后可以输入AutoLISP表达式或Visual LISP命令，如(setq x 12)等。控制台窗口会显示Visual LISP运行的诊断信息和运行一些AutoLISP函数的结果，如图4.2所示的控制台输出信息“；1 表格 从 ＃＜editor "D:/CAD/AutoLISP-ex/pl.LSP"＞ 加载”。

状态栏位于工作窗口的底部，能够显示出鼠标所在的位置坐标或者鼠标长时间停留在某一工具栏菜单处的相关信息。

Visual LISP文本编辑器是一个专门的书写工具，除了有常规文本编辑功能，还提供了与AutoLISP程序代码相关的语法结构分色、代码格式设置、括号匹配和语法检查等功能。当新建或打开文件时，文本编辑器会被激活，可用来编写AutoLISP程序。

退出 Visual LISP 时，单击“关闭”按钮，或在文件下拉菜单下选择“文件”→“退出”。注意：此时 AutoCAD 并没有完全卸载 Visual LISP，而只是把所有的 Visual LISP 窗口关闭。在下一次启动 Visual LISP 任务时，Visual LISP 将自动打开上次退出时打开的文件和窗口。

2. Visual LISP 环境下的程序加载与运行

运行 AutoLISP 程序前首先需加载 AutoLISP 程序。

在 Visual LISP 环境下，打开已编写好的 AutoLISP 程序文件(图 4.2 中的 pl.lsp 文件)进行加载。加载方式有两种：完整地加载 AutoLISP 程序文件和局部地加载文件中的部分程序。

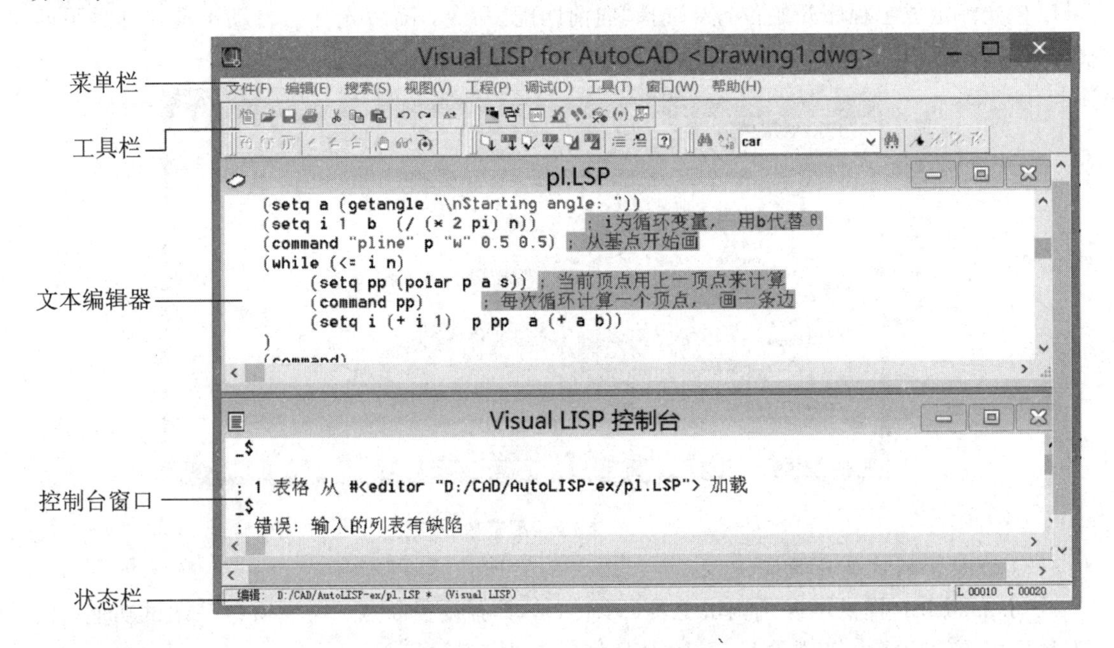

图 4.2　Visual LISP 工作界面

完整加载 AutoLISP 程序文件时，选择菜单“工具”→“加载编辑器中的文字”，即可加载活动窗口内的 AutoLISP 程序文件，也可点击 Tools 工具栏的按钮。

局部加载 AutoLISP 程序时，选中文本编辑窗口中的 AutoLISP 程序或一些表达式，选择菜单“工具”→“加载选定代码”或点击 Tools 工具栏的按钮，即可加载所选内容。

若程序没有语法错误，在控制台中显示信息，提示加载成功。若程序存在语法错误，则会在控制台窗口的程序中显示出错的信息，加载失败。该操作与在 AutoCAD 环境下用 load 函数加载 AutoLISP 文件的操作是等效的。

要运行程序，可在提示符 $ 后输入函数名，函数名必须包含在圆括号中。也可以切换到 AutoCAD 工作界面加载运行程序，自定义函数和自定义命令的加载与运行方法见 4.4 节。程序执行完毕后，返回 Visual LISP 窗口。

3. Visual LISP 环境下的程序调试

初学者编写的 AutoLISP 程序，在加载和运行时一般不会一次成功，常常会出现如语法错误、括号不匹配、函数名称拼写错误、函数调用时参数类型或数量不对等问题。Visual LISP 提供了方便实用的调试工具。

1）括号或双引号配对检查

AutoLISP 是表处理语言，括号不匹配是其常见的语法错误。

当出现“(_>”、“((_>”、“(((_>”等错误提示时，表示缺少相应的右括号，个数是出现的左括号的个数。

当出现“;错误：输入的列表有缺陷”时，也表示括号不配对，可利用 Visual LISP 编辑菜单下的括号匹配来检查，如图 4.3 所示。向前匹配是将光标移至光标所在的括号中表达式的结尾；向后匹配则是将光标移至括号中表达式的开始；向前选择是从当前光标位置选择到括号中表达式的结尾位置；向后选择则是选择至相应的开始位置。例如，缺少右括号，可以将光标定位至程序开始位置，选择“向前匹配”命令，随后光标会自动出现在括号不匹配的位置。

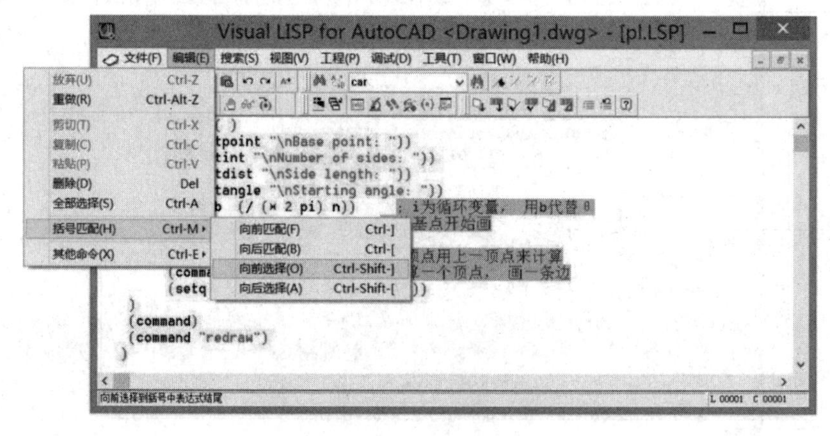

图 4.3　括号匹配菜单项

2）可视化调试工具调试

Visual LISP 提供可视化调试工具(图 4.4)，具有设置断点、监视窗口等调试功能。该工具栏相应的功能也出现在 Visual LISP 窗口中的“调试”菜单中。

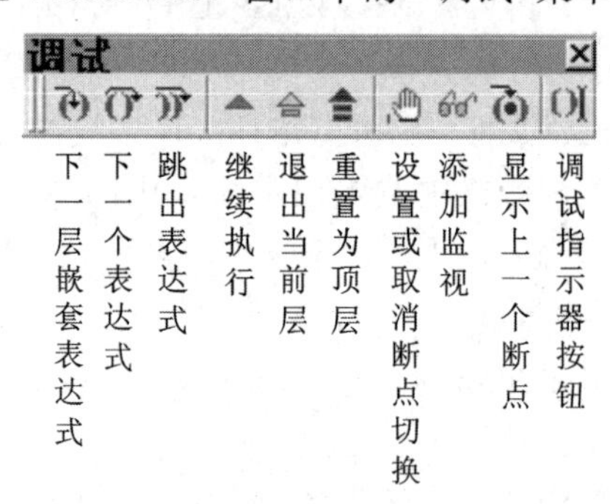

图 4.4　Visual LISP 可视化调试工具栏

以 4.4 节例 4.4 绘制正多边形为例，当 Visual LISP 调试时，通过设置断点来控制程序的运行过程，通过监视程序中变量的值来观察函数在程序运行过程中的结果。其程序调试过程如下：

(1) 在 Visual LISP 环境下，编写绘图程序，并将其保存为 pl.lsp；

(2) 多边形的顶点求解和多边形边绘制是绘制多边形的关键。在图 4.5 中(command pp)语句处设置断点控制多边形绘制过程，其操作是将光标置于该语句处，直接点击图标。为了观察角度增量和多边形顶点的坐标的变化，对变量 b 和 pp 添加“监视”(AutoLISP 内部统一大写为 B 和 PP)，其操作是点击图标，在出现的监视窗口中，添加监视变量。

(3) pl.lsp 加载成功后，在 AutoCAD 工作界面下运行 POLYG 自定义命令，并通过人机交互方式输入所需图形约束参数(如边数 5、起始边角度 0、边长 30)。输入完成，程序会自动运行到断点处中断，从图 4.5 中可以看出，此时绘制出第一边，监视窗口中的变量 b 和 pp 的值也发生了变化。

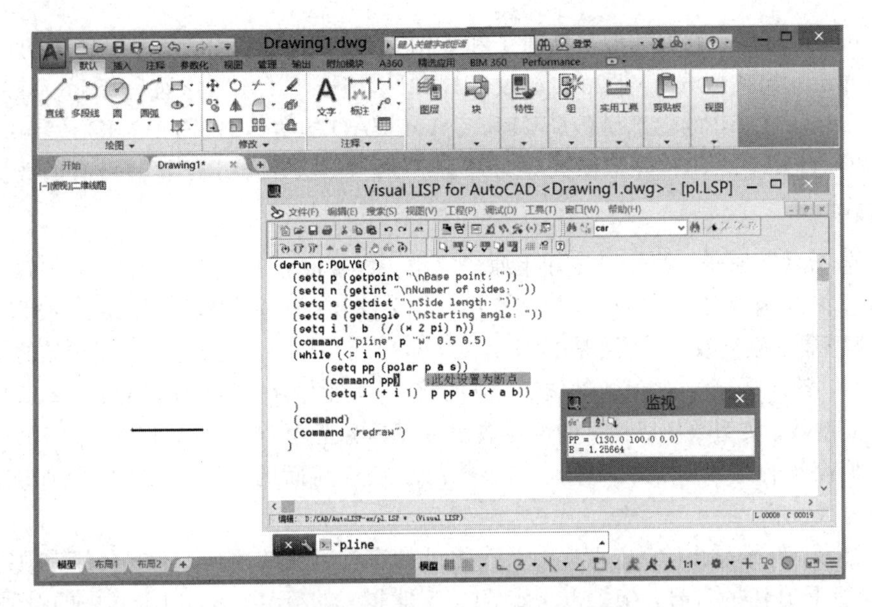

图 4.5　设置断点后的执行情况

(4) 连续单击“下一嵌套表达式”或“下一表达式”，程序会运行到下一个断点，本例中程序会依次在绘制多边形的一条边后中断。图 4.6 是程序执行的最后结果。

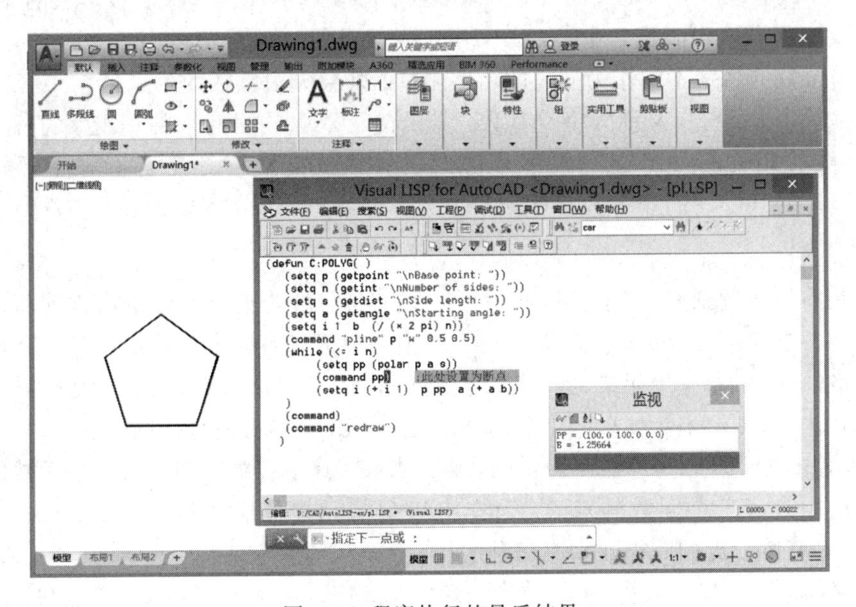

图 4.6　程序执行的最后结果

4.2 AutoLISP 语言基础

AutoLISP 是一种表处理语言，通过对表求值来完成程序的运行，也称为求值型语言。

4.2.1 数据类型

AutoLISP 语言的数据类型包括原子和表两大类。原子是程序处理中最小的、不可再分的数据单元，如整型数(INT)、实型数(REAL)、符号(SYM)、字符串(STR)、文件描述符(FILE)、AutoLISP 的内部函数(SUBR)、AutoCAD 的实体名(ENAME)、AutoCAD 的选择集(PICKSET)、ARX 外部函数等均属于原子。表是 AutoLISP 语言特有的数据类型。

1. 原子

原子包括数字原子、符号原子和串原子三类。数字原子是指某一个整数或实数，符号原子指变量名或函数名，串原子是指字符串，如文件名。这里介绍常用的原子类型。

(1) 整型数。整型数即整数，是由 0，1，2，…，9，+，－字符组成的。表示正数的+号可有可无，如 12，－34，0 等。整数为 32 位带符号的数字，其范围从－2147483648 到＋2147483647。

(2) 实型数。实型数用双精度的浮点数表示并具有至少 14 位有效精度，如 1.23，－0.5 等。与其他高级程序设计语言不同，纯小数的小数点前面的 0 不能省略。例如.5 是错误的，应该写成 0.5。

(3) 符号。符号是由除（、）、.、′、″、；之外的字符组成的序列，不能全部为数字，例如 a1、b2、c_3 是合法的符号，(a、)b、.c、′4、″5 是非法的符号。AutoLISP 中的符号不区分大小写，符号可以理解为标识，用来作为变量、函数的名字。符号作为变量、函数名时，长度尽量不要超过 6 个。

AutoLISP 中有一些预定义的符号，即常数 PI、T 和 NIL。PI 代表数学上的 π，它的值是 3.141593。T 代表逻辑真，即成立。NIL 代表逻辑假，即不成立。NIL 还代表空，即无值。这三个常数的名字不能作为变量的名字用，否则会失去常数的意义。

(4) 字符串。字符串又称为字符常数，是由两个双引号引起来的一组字符序列。双引号是字符串的定界符，字符串中字母的大、小写和空格符都是有意义的，如“abc”、“ABC”、“14.5” 等。字符串最大长度为 132 个字符，超出部分将被截去。

2. 表

表是带有一对圆括号(一个左括号，一个右括号)、由若干个元素依次排列而成的一种数据类型。表中的元素与元素之间至少用一个空格隔开，而元素与表、元素与字符串之间可不用空格；表中的每一个元素可以是任何类型，包括表，即表可以嵌套。例如(a (b c) d)、(1 2)、(A B C)、(+ x y) 、(A B) C (C D))、(0 ″LINE″)都是合法的表。

AutoLISP 中，点也是用表来表示的，称为点表。其中二维点用含有两个元数的点表表示，三维点用含有三个元数的点表表示。点表中的元素依次代表 x、y、z 坐标。在编写 AutoLISP 程序时，点的获得通常有三种途径：

(1) 由单引号引出的表来表示，如′(4.5 2)和′(4.5 2 5)分别表示二维点和三维点。需要注意的是，“′”称为禁止运算符，用这种方式表示点时，表内的元素应该是具体的数，而不宜是变量或表达式，如'(x y)不能表示一个具体的点。

(2) 由 list 函数构造点，list 使用方法参见附录 A.1.4。

(3) 由 getpoint 函数获取点，getpoint 使用方法参见附录 A.3。

4.2.2 变量

变量用符号表示。在 AutoLISP 程序中，不需要事先定义变量类型，变量类型由被赋值类型决定。变量通常通过 setq 函数赋值。例如：

```
(setq a 10)
(setq b 4.5)
(setq c "ABC")
```

赋值后的结果是：变量 a 是整型数 10，b 是实型数 4.5，c 是字符串类型"ABC"。

在程序运行过程中，同一变量在不同时刻可以被赋予不同类型的值。例如：

```
(setq a 10)      当前的变量 a 是整型。
(setq a "123")   当前的变量 a 是字符串类型。
```

可以用 type 函数了解变量的类型。例如：

```
(type a )        返回 INT，说明此时变量 a 是整型数；
(type b)         返回 REAL，说明此时变量 b 是实型数；
(type c)         返回 STR，说明此时变量 c 是字符串类型。
```

4.2.3 表达式

原子和表统称为表达式。表达式是 AutoLISP 一个应用范围较广的概念。单个原子可以构成表达式，如 5、12.5、"ABC"。但在多数情况下，表达式以表的形式存在。例如：

```
(setq x 15.0)
(* a (+ b c))
```

在上述表达式中，左圆括号之后的第一个元素是函数名，如 setq、*。函数名可以是系统内部函数，也可以是后续学习的自定义函数。除函数名之后的所有项称为变元，变元个数取决于具体函数，可以是多个，也可以是 0。变元也还可以是表，组成嵌套表，如(* a (+ b c))中第二个变元(+ b c)就是表。

AutoLISP 语言中，表达式的计算顺序是由最内层依次向外层进行。例如表达式：

```
(+ (* 2 3) (/ 50 3))
```

先计算最内层的表达式(* 2 3)和 (/ 50 3)，将结果 6 和 16 返回给其外层表达式，原表达式变为(+ 6 16)，继续计算表达式(+ 6 16)，返回 22。

4.2.4 AutoLISP 的程序结构

1. 前缀表示法

大多数程序设计语言采用"中缀表示法"。"中缀表示法"是将运算符放在两个操作数中间，如在高级程序设计语言中，给变量 x 赋值 25.1，写成如下语句：

```
x=25.1
```

AutoLISP 语言采用“前缀表示法”，即把运算符放在操作数之前。如给变量 x 赋值 25.1，用 AutoLISP 表示为

(setq x 25.1)

运算符 setq 放在操作数 x 和 25.1 之前。

在 AutoLISP 中，没有其他程序设计语言中的“语句”、“子程序”等术语。AutoLISP 的“表达式”等同于高级程序设计语言的“语句”，AutoLISP 的“函数”等同于高级程序设计语言的“子程序”。

2. 程序的书写规则

AutoLISP 程序一般是由一个或一系列按顺序排列的表达式组成的。下面是实现在屏幕上书写字符的一个自定义函数程序。

```
;This program prints the ASCIIs(30－90) to the screen.
(defun C:PASCII (/ as)
      (setq as 30)
      (while (<= as 90)
        (princ (chr as))
        (princ "\n")
        (setq as (+ as 1))
      )
)
```

(1) 第一行以分号(;)开始的内容代表注释。AutoLISP 程序中根据需要可以使用注释，注释是为了增加可读性，便于自己和别人阅读程序。

(2) AutoLISP 程序中，除字符串外，字母大、小写等效。

(3) AutoLISP 程序中，表与表之间可以有空格，也可以没有空格。加上空格会使程序结构清晰，便于阅读，上述程序中表与表之间都采用了空格。

(4) 函数名后一般应至少留一个空格，但当函数名后为一个表或字符串时可不留空格。如(defun C:PASCII (/ as)中，PASCII 后跟的是表(/ as)，因此空格可有可无。而(setq as 30)中，setq 与 as 之间必须有空格。

(5) 表内元素之间应至少留一个空格作为元素分隔符，但元素与子表或字符串之间也可不留空格。

4.3 AutoLISP 的常用函数

AutoLISP 函数分为内部函数和外部函数两大类。其中，AutoLISP 提供的系统函数或用 AutoLISP 定义的自定义函数为内部函数，例如 sin、cos、sqrt 为内部函数；而用 ADS、ADSRX 或 ARX 定义的函数为外部函数。本书仅介绍常用的 AutoLISP 系统内部函数。

4.3.1 基本函数

1. 算术运算函数

算术运算函数包括加、减、乘、除等运算函数，函数的参数(即变元)值类型可以是整

型数或实型数。算术运算函数的运算结果类型由以下规则确定：若所有参数都是整型数，则结果是整型数；若其中有一个参数是实型数，则结果为实型数。表 4.1 为常用的算术运算函数及功能说明，函数使用方法详见附录 A.1.1。

表 4.1　算术运算函数

函数	说　明
+	加函数：计算加号右边所有操作数的总和
−	减函数：计算第一个操作数逐次减去后面所有操作数的差
*	乘函数：计算所有操作数的乘积
/	除函数：计算第一个操作数逐次除以后面操作数的商
1+	增量函数：返回操作数加 1 的结果
1−	减量函数：返回操作数减 1 的结果

2. 标准函数

AutoLISP 中提供的标准函数包括三角函数、指数函数等。表 4.2 为常用的标准函数及功能说明，函数使用方法详见附录 A.1.2。

表 4.2　标 准 函 数

函数	说　明
abs	绝对值函数求出所列操作数的绝对值
sin	求出给定角度的正弦值
cos	求出给定角度的余弦值
atan	若只给一个操作数，则求出该数的反正切值；若给出两个操作数，则求出第一个操作数除以第二个操作数之商的反正切值
sqrt	求出所给操作数的平方根
expt	求出〈底数〉的〈幂〉次方
exp	求出 e 的〈数〉次方(即 e^x 值)
log	求出给定操作数的自然对数
gcd	求出所列操作数的最大公约数
max	求出所列操作数的最大值
min	求出所列操作数的最小值
rem	求出第一个操作数除以第二个操作数的余数

3. 赋值与求值函数

AutoLISP 中提供的赋值函数、求值函数等见表 4.3，详见附录 A.1.3。

表 4.3　赋值与求值函数

函　数	说　　明
setq	按照变量和表达式出现的顺序依次把表达式的值赋给变量
distance	求出两点之间的距离
angle	求出由点1到点2的向量与 X 轴正向的夹角
polar	求出一个点
osnap	捕捉屏幕上可见实体上的特殊点，如端点、圆心、交点、中点等

4. 表处理函数

表处理函数主要是对表进行构造、分离、访问与修改。表处理函数及功能说明见表4.4，使用方法详见附录A.1.4。

表 4.4　表处理函数

函数	说　　明
list	形成一个表，该表的元素按一定顺序排列而成
cons	表构造函数
append	将所列表中的元素放在一起，得到一个表
reverse	将给定表的元素顺序倒置，得到一个表
length	求出给定表中元素的个数(即表的长度)
car	求出给定表中第一个元素
cdr	求出给定表中除第一个元素之外的所有元素组成的表
cadr	求出给定表中第二个元素
last	求出给定表中的最后一个元素
nth	求出给定表中第 n 个元素。注意序号 n 从0开始

5. command 函数

command 函数是 AutoLISP 调用 AutoCAD 绘图命令的唯一接口函数。

command 函数的调用格式为

(command　〈变元〉…)

这里的变元代表 AutoCAD 命令名及命令执行时所需要的数据。其中，命令包含 AutoCAD 内部命令和外部命令。在 command 函数中，命令名、字母选项都需要用双引号引起来，且引号内不能有空格。命令名执行时所需要的数据可以是整型、实型、点表或字符串型，具体由 AutoCAD 命令决定。

以 AutoCAD 2010 中文版本为例，采用命令行方式绘制线宽 0.5、起点为 A(100，100)、终点为 B(100，150)的一段线段。其交互过程如下(↙代表回车，带下画线代表用户输入项，后面类同)：

命令：PLINE↙
指定起点：100，100↙
当前线宽为 0.0000
指定下一个点或［圆弧(A)/半宽(H)/长度(L)/放弃(U)/宽度(W)］：w↙
指定起点宽度 <0.0000>：0.5↙
指定端点宽度 <0.5000>：0.5↙
指定下一个点或［圆弧(A)/半宽(H)/长度(L)/放弃(U)/宽度(W)］：100，150↙
指定下一点或［圆弧(A)/闭合(C)/半宽(H)/长度(L)/放弃(U)/宽度(W)］：↙

其对应 AutoLISP 程序可写成：

```
(setq  p1 '(100 100) p2 '(100 150))
(command "pline" p1 "w" 0.5 0.5 p2 "")
```

使用 command 函数时要注意以下几点：

(1) 变元为两个连着的双引号，即""表示键盘中的回车。

(2) 不带变元的 command 函数，即(command)，等效于键盘中 Esc 键，用来中止命令。

(3) 几个命令及其数据可以写在一个 command 函数中。

(4) 一个命令及其数据可分开写在两个或两个以上的 command 函数中。例如：

```
(command "pline" p1 p2 p3)
(command p4 p5 p6 "")
```

等效于

```
(command "pline" p1 p2 p3 p4 p5 p6 "")
```

(5) 对于重复执行的命令，必须写出命令名，不能用回车代替。

(6) 除命令名外，像 LAYER 命令中的层名、线型名以及 TEXT 命令注写的字符串等也需用双引号引起来。

(7) 人机交互以对话框形式执行的命令，在用 command 函数调用时，该命令会以命令行方式执行，command 函数的变元按命令提示来确定(这一点对命令组文件、菜单文件也是适用的)。例如，将图层名为 2 的图层设置为当前层，可写成：

```
(command "layer" "s" "2" "")
```

显然，正确使用 command 函数，必须熟练掌握 AutoCAD 命令，才可以写出正确的变元格式。

4.3.2　程序控制函数

AutoLISP 提供的程序控制函数有判断函数、条件函数、顺序处理函数和循环函数。利用这些函数可以实现程序的顺序结构、分支结构和循环结构。

1. 判断函数

判断函数包括关系函数和逻辑函数。关系函数也叫比较函数，常用于数之间的大小比较。比较式成立时，函数结果为 T，否则结果为 NIL；逻辑函数包括与、或、非三种逻辑关系，一般为关系表达式，结果返回 T 或 NIL。AutoLISP 提供的判断函数及功能见表 4.5，使用方法详见附录 A.2.1。

表 4.5　判 断 函 数

函　数		说　　明
关系函数	＝	等于函数，计算加号右边所有操作数的总和
	/＝	不等于函数
	＜	小于
	＞	大于
	＜＝	小于等于
	＞＝	大于等于
逻辑函数	and	求出所列〈表达式〉的逻辑“与”
	or	求出所列〈表达式〉的逻辑“或”
	not	求出所列〈项〉的逻辑“非”

2. 条件函数和顺序处理函数

条件函数中的测试表达式的值决定了其执行的操作。AutoLISP 提供了 if 和 cond 两个条件函数，分别实现单分支和多分支结构的流向。

1）if 函数的格式

(if〈测试式〉〈式 1〉[〈式 2〉])

在 if 函数中，〈测试式〉为具有逻辑值的判断函数，〈式 1〉、〈式 2〉限于单个表达式。若〈测试式〉结果为真，执行〈式 1〉，否则执行〈式 2〉。例如：

```
(if (> a 1) (setq b 2) )
```

该表达式的含义是：如果 a 大于 1，则 b 等于 2，否则不作任何工作，求值结束。

```
(if (> a 1) (setq b 2) (setq b 3) )
```

该表达式的含义是：如果 a 大于 1，则 b 等于 2，否则 b 等于 3，求值结束。

注意：该函数最多只有 3 个变元，即测试式、式 1 和式 2。

2）cond 函数的格式

```
(cond (测试表达式 1  结果表达式 1)
      [(测试表达式 2  结果表达式 2)]
      …
)
```

该函数从第一个子表起，计算每一个子表的测试表达式，直至有一个子表的测试表达式成立为止，然后计算该子表的结果表达式，并返回这个结果表达式的值。

例如，根据学生的成绩划分学生等级，90～100 为优秀，80～89 为良，70～79 为中，60～69 为及格，59 及以下为不及格。用 AutoLISP 可写成：

```
(setq level (cond ((>= i 90) "优秀")
                  ((>= i 80) "良")
                  ((>= i 70) "中")
                  ((>= i 60) "及格")
```

```
            (T "不及格")
        )
    )
```

3) progn 函数的格式

(progn 〈表达式〉…)

Progn 函数称为顺序控制函数。该函数将若干表达式组合起来，按顺序计算每一个〈表达式〉。它常用在只能用一个表达式来完成需要有多个表达式运算的场合，如 if 函数中的〈式 1〉、〈式 2〉中。例如：

```
( if (> a 1)
    (progn (setq b 2)
           (printc (+ b a))
    )
    (progn (setq b 4)
           (printc b)
    )
)
```

该程序段的执行过程是，若 a 大于 1，条件成立，则 b 等于 2，打印 a 与 b 之和，并返回 a 与 b 之和；若条件不成立，b 等于 4，打印 4，并返回 4。

3. 循环函数

1) repeat 函数的格式

(repeat 〈数〉〈表达式〉…)

此函数循环计算后面的〈表达式〉(即循环体)，循环次数由〈数〉来指定。其中，〈数〉必须是一个正整数，返回最后一个表达式的计算结果。例如：

```
(setq a 1 b 100)
    (repeat 10
        (setq a (+ a 1))
        (setq b (+ b 10))
    )
```

上述程序运行结果：a 为 11，b 为 200。

2) while 函数的格式

(while 〈测试式〉〈表达式〉…)

此函数先计算〈测试式〉，若其值为 T，则计算后面的若干个〈表达式〉(即循环体)，然后再计算〈测试式〉，这样循环反复，直到〈测试式〉的值为 NIL 结束循环。while 函数的循环流程如图 4.7 所示。

例如：

```
(setq i 1 a 10)
(while (<= i 10)
    (setq a (+ a 10))
    (setq i (1+ i )
)
```

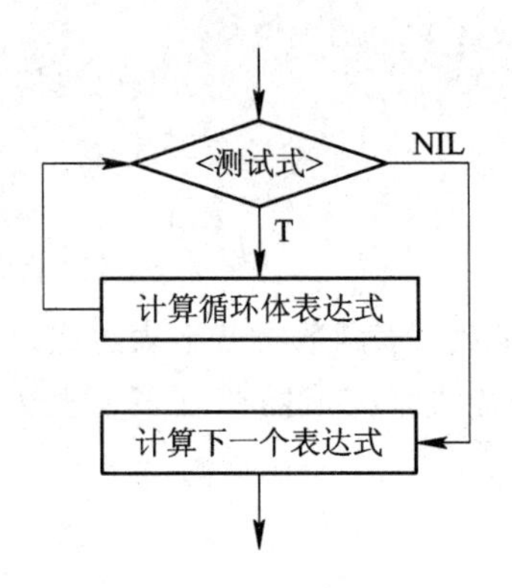

图 4.7 while 循环流程

该程序的执行结果：a 等于 110，i 等于 11。

需要注意的是，while 循环是由循环变量来控制循环的，如上例中的 i，因此循环变量必须有初值如(setq i 1)，而且循环变量在循环体内要有变化如(setq i (1+ i))，否则会出现死循环。

4.3.3 交互输入函数

AutoLISP 语言提供了一类交互输入函数，方便用户通过键盘、数字化仪或鼠标器交互性地输入各种数据(包括数值、点、角度、字符串)。AutoLISP 常用的交互输入函数及功能说明见表 4.6，使用方法详见附录 A.2。

表 4.6 交互输入函数

函 数	说 明
getint	等待用户输入一个整型数，函数结果是整型数
getreal	等待用户输入一个数，函数结果是由该数转换而成的实型数
getangle	等待用户输入一个角度。若用户输入一个数，函数结果是得到由该数代表的角度度数转化而成的弧度值。若用户输入一个点，系统会询问第二个点，函数结果得到由第一点到第二点构成的向量与 X 轴正向的夹角，单位为弧度
getdist	等待用户输入一个距离值
getstring	等待用户输入不含空格的字符串，函数执行结果是得到一个字符串
getpoint	等待用户输入一个点，函数执行结果是得到一个点表

交互输入函数的基本格式为

(〈函数名〉[〈提示〉])

其中，〈函数名〉为 get 族函数，〈提示〉为字符串，用于函数执行时的屏幕提示，通常会在提示的字符串加控制符"\n"(小写)，其目的是使提示信息单独成行显示在屏幕上。通常交互输入函数与赋值函数配合使用。这类函数执行时暂停下来等待用户输入。例如：

```
(setq n (getint "\nEnter a number:"))
```

当执行包含函数 getint 的表达式时，屏幕上出现：

```
Enter a number:
```

系统暂停下来等待用户输入数值，如输入 2：

```
Enter a number：2↙
```

回车后系统将 2 赋值给 n，即 n=2。再例如：

```
(setq ang (getangle "\nAngle:"))
Angle：45↙
```

用户输入 45 度(以度为单位)，结果 ang 为 0.785398(π/4 的值)，即角度值自动转化为弧度值。

4.3.4　其他函数

AutoLISP 还提供了文件管理类、输出类、系统变量修改与访问类等功能函数。具体函数及调用方法参见附录 A.4～A.6。

4.4　AutoLISP 参数化绘图程序设计

用 AutoLISP 实现程序参数化绘图，可以用 defun 函数定义自定义函数和自定义命令。

4.4.1　自定义函数

1. 自定义函数格式

```
(defun 〈函数名〉〈变元表〉
       〈表达式 1〉
       〈表达式 2〉
       …
)
```

自定义函数中各项的含义如下：

(1)〈函数名〉是用户自定义的函数名称。函数名和变量名的命名规则相同，不能与 AutoLISP 内部函数名、常量名(如 PI、T、NIL)相同。若与内部函数同名，则内部函数会失效。

(2)〈变元表〉是一个函数的参数表。变元表由形式参数(简称：形参)和局部变量组成，它们之间用"/"隔开。形参与局部变量的个数根据实际需要定义，也可以没有。〈变元表〉有以下四种形式：

- (〈形参 1〉〈形参 2〉…)
- ( )
- (〈形参 1〉〈形参 2〉… /〈局部变量 1〉〈局部变量 2〉…)
- (/〈局部变量 1〉〈局部变量 2〉…)

四种形式中：① 只定义了形参，没有定义局部变量。② 既没有形参也没有局部变量，是个空表，但不能省略一对括号"()"。③ 形参和局部变量都有定义。④ 没有形参，只定义了局部变量。书写时，形参与局部变量之间用斜杠"/"隔开。即使没有形参，也可以有局部变量。只有局部变量也不能省略前面斜杠"/"。另外，斜杠"/"与局部变量之间要有一个空格隔开。

(3)〈局部变量1〉〈局部变量2〉…是指定义函数时，除了形参之外表达式所用到的一些变量。若在此处声明这些变量，则这些变量变成局部变量。局部变量是指局限于该函数内部所用的变量，函数调用一旦结束，局部变量的值变为NIL，同时释放其所占存储空间；若在此处不声明这些变量，则它们为全局变量。全局变量是指无论该函数被调用还是退出，系统会一直保留该变量的值；全局变量也可被其他函数使用。只有退出当前的图形文件，全局变量的值才变为NIL。合理地声明局部变量，不仅可以节省存储空间，也可以避免函数之间参数相互干扰。

(4)〈表达式1〉、〈表达式2〉、…是函数的定义体，函数执行时依次进行运算完成所需的功能。这些表达式可以是内部函数，也可以是对其他自定义函数的调用(即函数嵌套)，还可以是对自定义函数本身的调用(即递归定义)。在书写程序时，表达式可以单独成行，也可以首尾相连书写，格式比较自由。

(5) 函数的返回值是指最后一个表达式的返回值。

2. 自定义函数程序编写步骤

利用AutoLISP实现程序参数化绘图的具体步骤如下：

1) 分析图形，确定约束参数

图形的约束参数分为三类：形状参数、位置参数和控制参数。形状参数是指确定图形形状、大小的参数，如轴类零件的直径、长度等；位置参数是指确定所绘制图形位置的参数，一般为点坐标；控制参数是为了获得众多的派生子图形而增加的参数，如表示齿轮类型的参数。

2) 由约束参数描述绘制图形的参数

图形是由直线、圆(圆弧)、曲线等几何图形组成的，坐标、半径、角度等是绘制直线、曲线、圆弧的图形参数。通过约束参数推导出绘制图形所需的图形参数，如点坐标、半径等。

3) 调用绘图命令绘制图形

AutoCAD为AutoLISP提供了调用其内部或者外部绘图命令的接口函数，在AutoLISP中按照要求的书写格式调用绘图函数实现图形绘制。

下面举例说明自定义函数的程序编写。

【例4.1】 编写一个自定义函数，用于绘制带导线的电阻符号，如图4.8所示。图中电阻符号的有关参数设为定值，其长为8、宽为3、线宽取0.4。

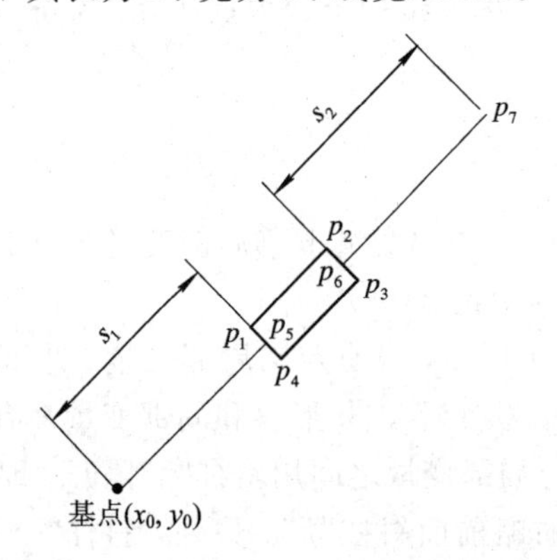

图4.8 带导线的电阻符号及其参数

解　由图4.8可以看出，该自定义函数的位置参数包括：图形位置的基点(x_0，y_0)、导线的方位角a(为便于调用函数，单位取为度)；形状参数包括：导线有关的长度为s_1、s_2。编写的自定义函数程序如下：

```
(defun res (x0 y0 s1 s2 a)
    (setq a (* a (/ pi 180)))；把a化为弧度
    (setq p5 (polar (list x0 y0) a s1))
    (setq p6 (polar (list x0 y0) a (+ s1 8)))
    (setq p7 (polar (list x0 y0) a (+ s1 8 s2)))
    (setq p1 (polar p5 (+ a (* 0.5 pi)) 1.5))
    (setq p2 (polar p1 a 8))
    (setq p3 (polar p2 (+ a (* 1.5 pi)) 3))
    (setq p4 (polar p3 (+ a pi) 8))
    (command "line" (list x0 y0) p5 "")
    (command "line" p6 p7 "")
    (command "pline" p1 "w" 0.4 0.4 p2 p3 p4 "c")
    (command "redraw")
)
```

3. 自定义函数的加载与调用

1）加载

首先在Visual LISP环境下输入编写的自定义函数，并保存成以lsp为扩展名的文件(如resdraw.lsp)，然后加载入内存。加载方式有两种，一是在Visual LISP开发环境中加载(见4.1节)，二是在AutoCAD环境下利用加载函数load加载。如：

Command：(load "resdraw.lsp")↙

2）调用

自定义函数加载成功后，就可以调用自定义函数。调用方式有命令行和文件两种方式。命令行方式是在AutoCAD环境“Command：”下调用，而文件方式是在AutoLISP文件、菜单文件或命令组文件中调用。

自定义函数调用格式为

(〈函数名〉〈变元表〉)

其中，〈函数名〉为用户自定义的函数名称，本例中为res。

〈变元表〉是指与自定义函数中与形参一一对应的参数序列。下面是例4.1的自定义函数以命令行方式的调用过程：

Command：(res 50 50 15 15 0)↙

Command：(res 50 50 15 15 90)↙

调用结果如图4.9所示。

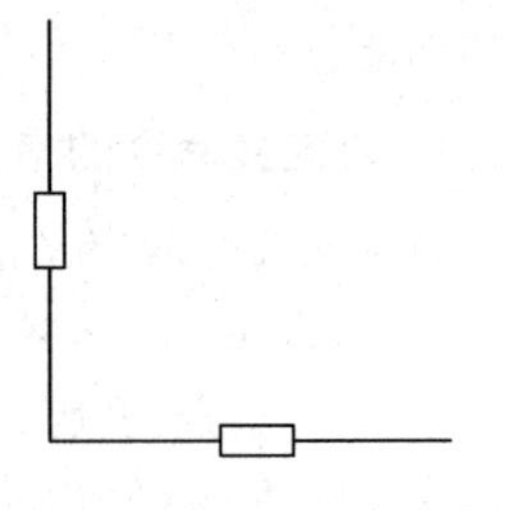

图4.9　例4.1调用结果

4. 其他类型自定义函数

自定义函数不仅可以用于绘制屏幕图形，还可以用来获取某些数据。下面例4.2和例4.3就是用来求值的自定义函数。

【例4.2】　定义一个将度化为弧度的函数。

解　自定义函数程序如下：

```
(defun rad (ang / tp)
    (setq tp (/ pi 180))
    ( * ang tp)
)
```

最后一个表达式的结果就是自定义函数的执行结果。

函数调用：

```
(rad 45)              结果为 0.785398
```

或

```
(setq a (rad 135))    结果 a 为 2.35619
```

【例 4.3】 求 m^n(n 为大于或等于 0 的整数)。

解　当 $n \geqslant 0$ 时，$m^n = m \cdot m^{n-1}$；当 $n=0$ 时，$m^0=1$。可见，求 m^n 和 m^{n-1} 的过程是一样的，只是自变量 n 换成 $n-1$，而且 $n=0$ 时的最简单情况是确定的。因此，求 m^n 可采用递归定义的方法编程。

自定义函数程序如下：

```
(defun power (m n)
    (cond ((= n 0) 1)
          (t ( * m (power m (1- n))))
    )
)
```

函数调用：

```
(power 2 12)          结果为 4096
(power -3 5)          结果为-243
```

4.4.2　自定义命令

AutoLISP 还可以编制自定义命令。与自定义函数一样，自定义命令可以实现参数化绘图，也可以完成某种操作。但与自定义函数不同的是，自定义命令的参数数据是通过人机交互的方式得到。一旦自定义命令在 AutoCAD 系统中加载成功，就像 AutoCAD 软件自含的命令一样可直接使用，因此开发 AutoCAD 自定义命令可以扩充和完善 AutoCAD 系统的功能。

1. 自定义命令的格式

自定义命令的定义格式如下：

```
(defun C:×××(  )
        〈表达式 1〉
        〈表达式 2〉
        …
)
```

或

```
(defun C:××× (/〈局部变量 1〉 〈局部变量 2〉…)
        〈表达式 1〉
```

```
    〈表达式 2〉
    ...
)
```

自定义命令中，“C:”是固定格式，“×××”代表自定义命令的名称，书写时二者之间无空格。自定义命令无变元表，但可以有局部变量。自定义命令的名称大小写等效，但不要与 AutoCAD 系统的命令名相同，否则 AutoCAD 系统命令名失效。

【例 4.4】 编写绘制正 n 边形的自定义命令。

解　如图 4.10(a)所示，正 n 边形的参数包括：基点 p、边数 n、边长 s、起始角度 a（为方便用户输入，单位为度），根据这些参数，可利用求点函数 polar 求解正多边形的顶点坐标，其中相邻顶点间的角度递推关系如图 4.10(b)所示。

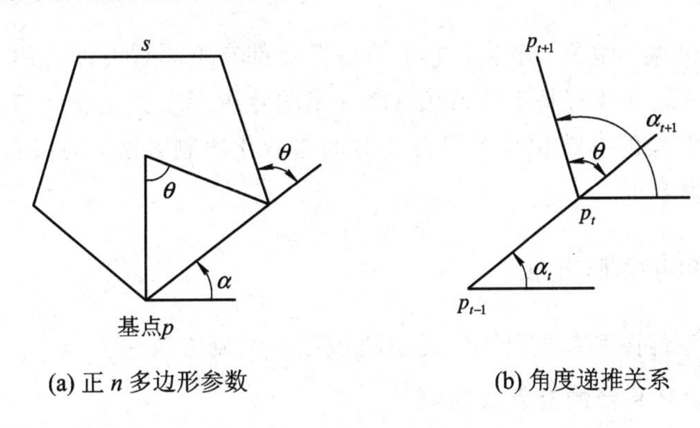

图 4.10　绘制正多边形

自定义命令程序如下：

```
(defun C:POLYG()
    (setq p (getpoint "\nBase point:"))          ；输入基点
    (setq n (getint "\nNumber of sides:"))       ；输入边数
    (setq s (getdist "\nSide length:"))          ；输入边长
    (setq a (getangle "\nStarting angle:"))      ；输入起始角度
    (setq i 1 b (/ (* 2 pi) n))                  ；i 为循环变量，用 b 代替图中的 θ
    (command "pline" p "w" 0.4 0.4)              ；从基点开始画，线宽 0.5
    (while (<= i n)
        (setq pp (polar p a s))                  ；当前顶点用上一顶点来计算
        (command pp)                             ；每次循环计算一个顶点，画一条边
        (setq i (+ i 1) p pp a (+ a b))
    )
    (command)                                    ；结束 pline 绘图命令
    (command "redraw")
)
```

2. 自定义命令的加载与调用

自定义命令编辑与加载过程与自定义函数相同。命令行方式调用自定义命令时，只要在“Command:”下键入自定义命令的名字即可。

例 4.4 的多边形自定义命令保存为文件 pl.lsp，该命令的加载与运行过程如下：

```
Command：(load "pl") ↙          ;加载自定义命令
Command：POLYG↙                ;调用自定义命令
Base point：100，100↙
Number of sides：6↙
Side length：30↙
Starting angle：0↙
```

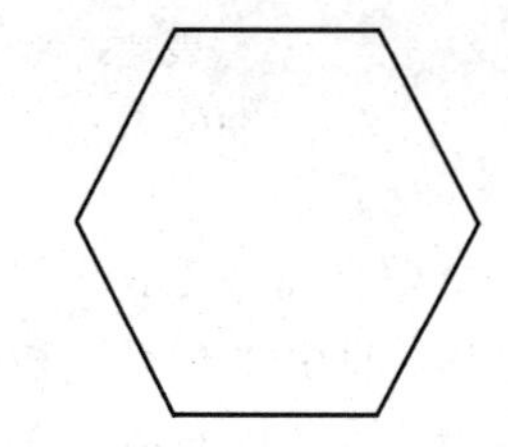

图4.11　POLYG 命令绘图结果

图 4.11 为执行 POLYG 命令的绘图结果。

4.5　AutoLISP 参数化绘图应用

参数化绘图在机械、建筑、服装、电子等各行业都有不同程度的应用，比如机床 CAD、服装 CAD、建筑 CAD 等都有基于 AutoCAD 开发的专用于参数化设计与绘图的应用软件。本节主要介绍机械图样的参数化绘图以及曲线的参数化绘制方法，为参数化设计与绘图的应用软件开发奠定基础。

4.5.1　机械图样的绘制方法

机械图样包括零件图和装配图。常用的机械图样绘制方法有：

1. 基于 AutoCAD 平台的交互式绘制

用户利用 AutoCAD 软件提供的绘图、编辑等命令进行机械图样的交互式绘制，有时还会采用面素间的布尔运算(并、交、差)生成一些相对复杂的图形。

交互式绘图是最常用的一种绘图方法，但是在 AutoCAD 环境下，对于标准化和系列化程度高的图形，其绘制效率相对较低。对于一些规则曲线(如正弦曲线、平摆线等)以及自由曲线与曲面(如参数样条曲线、B 样条曲线与曲面)，做到准确、快速的绘制还是有一定难度。

2. 由三维物体通过投影变换生成视图

通过三维建模系统建立零件的几何模型，然后进行正投影变换得到主视图、俯视图或左视图等。这种方法得到的视图准确、快速，但视图类别单一，不能满足复杂零部件的图样表达，也不便于编辑修改。

3. 基于参数化绘图的子图形组合法

该方法主要是通过分析零件视图，从中归纳出一些具有代表意义的子图形，然后编写各子图形的参数化绘图程序，经过参数赋值调用即可拼画出零件图和装配图。

该方法对于系列化程度高的零部件图样绘制非常适用。利用该思路可以构建机械图样的常见子图形参数化程序库，如标准件图形程序库、常见零件结构图形程序库、基本图形程序库等，以提高机械图样的绘制效率。下面重点介绍该方法。

4.5.2　基于参数化绘图的子图形组合法

下面以图 4.12 所示的轴零件视图为例，介绍基于参数化绘图的子图形组合法实现零件图的参数化绘制方法。

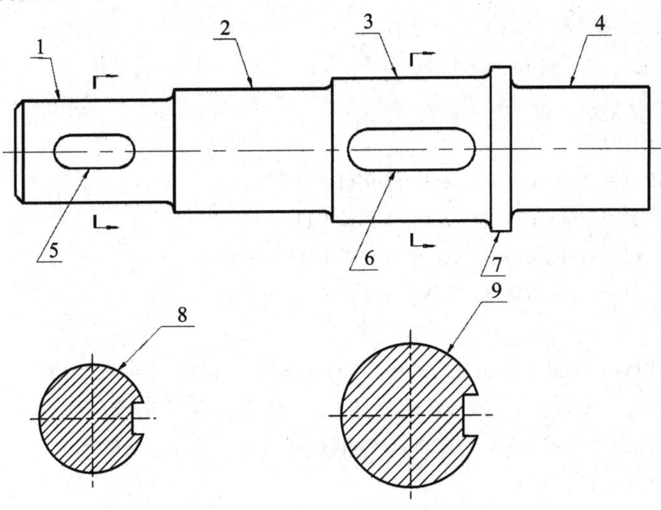

图 4.12　轴零件视图

首先，需提取子图形，即对零件和其他相关零件视图对照分析，从中提取若干个子图形。提取的子图形应尽量具有一般性，以便通过改变其参数可以派生出多种图形。如图 4.12 所示，轴的零件视图是由 9 个基本图形(子图形)组合而成的，其中 1、2、3、4 部分可以看成是由图 4.14 轴端子图形派生出来的，5、6、7 部分可以看成是由图 4.13 带圆角矩形的子图形派生出来的，8、9 部分是把图 4.15 子图形调用两次形成的。其次，编写子图形程序。程序编写的基本要求是尽可能简练、调用方便(参数不能太多、太复杂)、功能强(派生图形多)。这三者是相互矛盾和相互制约的，编程时应权衡考虑。编写参数化绘图程序时，应先绘制程序流程图，以提高编程效率，避免出错。

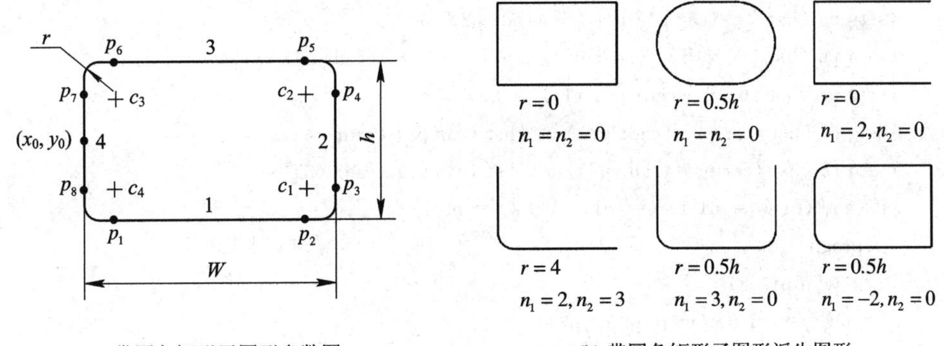

(a) 带圆角矩形子图形参数图　　(b) 带圆角矩形子图形派生图形

图 4.13　带圆角矩形子图形

下面介绍图 4.12 所示的三个子图形的程序设计。

1. 带圆角矩形的子图形参数化绘图程序

从图 4.13(a)可看出，要确定该子图形的位置、大小和形状，需要 x_0、y_0、w、h、r 五个参数，此类参数称为几何参数。本例中设置了两个控制参数 n_1、n_2，用来控制该矩形子图形的派生图形，图 4.13(b)给出了 n_1、n_2 取不同值时对应的子图形，请读者自行分析 n_1、n_2 的含义。

绘制带圆角矩形子图形的AutoLISP程序如下：

```
(defun rectdraw (x0 y0 w h r n1 n2)
(setq r1 r r2 r r3 r r4 r)
(if (/= r 0)
  (if (= n2 0)
    (cond ((= (abs n1) 1) (setq r1 0 r4 0))
          ((= (abs n1) 2) (setq r1 0 r2 0))
          ((= (abs n1) 3) (setq r2 0 r3 0 ))
          ((= (abs n1) 4) (setq r3 0 r4 0))
    )
    (cond ((or (and (= n1 2) (= n2 3)) (and (= n1 3) (= n2 2)))
              (setq r1 0 r3 0) )
    ((or (and (= n1 3) (= n2 4)) (and (= n1 4) (= n2 3)))
        (setq r2 0 r4 0))
    ((or and (= n1 4) (= n2 1)) (and (= n1 1) (= n2 4)))
        (setq r3 0 r1 0))
    ((or (and (= n1 1) (= n2 2)) (and (= n1 2) (= n2 1)))
        (setq r2 0 r4 0))
    )
  )             ; end if ( n2=0)
)               ; end if (r≠0)
(setq p1 (list (+ x0 r4) (- y0 ( * 0.5 h))))
(setq p2 (list (- (+ x0 w) r1) (cadr p1)))
(setq p3 (list (+ x0 w) (+ (cadr p1) r1)))
(setq p4 (list (car p3) (- (+ y0 ( * 0.5 h)) r2)))
(setq p5 (list (- (car p4) r2) (+ (cadr p2) h)))
(setq p6 (list (+ x0 r3) (cadr p5)) p7 (list x0 (- (cadr p6) r3)))
(setq p8 (list x0 (+ (cadr p1) r4)))
(setq c1 (list (car p2) (cadr p3)) c2 (list (car p5) (cadr p4)))
(setq c3 (list (car p6) (cadr p7)) c4 (list (car p1) (cadr p8)))
(if (and (or (/= n1 1) (= n1 -1)) (/= n2 1))
  (progn
    (wlin p1 p2)
    (if (/= r1 0) (warc p2 c1 p3))
    (prompt "\n 第一条边与弧绘制成功")
    )
  )
(if (and (or (/= n1 2) (= n1 -2)) (/= n2 2))
  (progn
    (if (/= r ( * 0.5 h)) (wlin p3 p4))
    (if (/= r2 0) (warc p4 c2 p5))
    (prompt "\n 第 2 条边与弧绘制成功")
  )
```

```
)
(if (and (or (/= n1 3) (= n1 -3)) (/= n2 3))
  (progn
    (wlin p5 p6)
    (if (/= r3 0) (warc p6 c3 p7))
    (prompt "\n 第 3 条边与弧绘制成功")
  )
)
(if (and (or (/= n1 4) (= n1 -4)) (/= n2 4))
  (progn
    (if (/= r (* 0.5 h))(wlin p7 p8))
    (if (/= r4 0) (warc p8 c4 p1))
    (prompt "\n 第 4 条边与弧绘制成功")
  )
)
(command "redraw")
)

(defun wlin (s e)       ；画线子程序
   (command "pline" s "w" 0.4 0.4 e "")
)

(defun warc (s c e)       ；画弧
   (command "pline" s "w" 0.4 0.4 "a" "ce" c e "")
)
```

2. 轴端的子图形参数化绘图程序

根据图 4.14，可提取出其绘图参数：x_0、y_0、d、c、$w1$、w、r、α、k。其中 x_0、y_0、d、c、$w1$、w、r、α 为几何参数，k 为控制参数，$k=1$ 时画朝左的轴端(或轴段)并不画剖切符号；$k=2$ 时画朝右的轴端(或轴段)并不画剖切符号；$k=3$ 时画朝左的轴端(或轴段)并画剖切符号；$k=4$ 时画朝右的轴端(或轴段)并画剖切符号。$\alpha>0$ 时画外倒角，$\alpha<0$ 时画内倒角。

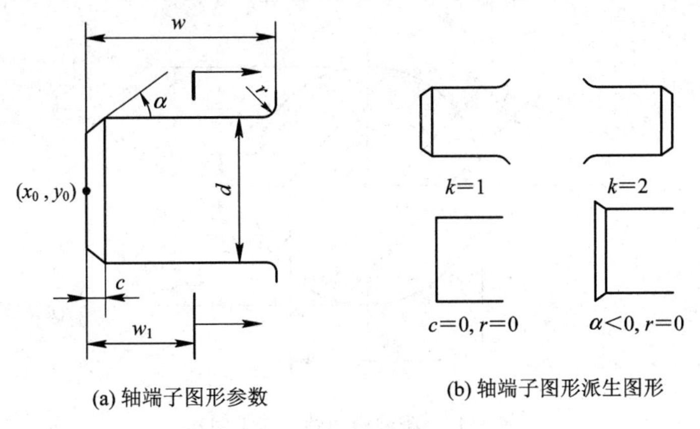

(a) 轴端子图形参数　　(b) 轴端子图形派生图形

图 4.14　轴端的子图形

设计程序时，充分考虑轴端子图形的对称结构，先画上半部分，再通过镜像得到整个子图形。在绘制上半部分时，考虑轴端有左、右之分，在程序中用 s 作标志。编写程序时，先计算有关点的坐标，然后绘制子图形上半部分外轮廓，若 k 为 3 或 4 时，需绘出剖切符号，最后用镜像命令绘出下半部分图形。

绘制轴子图形的 AutoLISP 程序如下：

```
(defun axleend (x0 y0 d c w w1 r a k)
    (if (or (= k 1) (= k 3)) (setq s 1) (setq s -1))
    (if (= r 0) (setq r 0.01))
    (setq a (* a (/ PI 180)) rd (* d 0.5) tg (/ (sin a) (cos a)))
    (setq y2 (+ y0 rd) y1 (- y2 (* c tg)) y3 (+ y2 r) y4 (+ y2 3))
    (setq x1 (+ x0 (* c s)) x3 (+ x0 (* w s)) x2 (- x3 (* r s)) x4 (+ x0 (* w1 s)))
    (command "pline" (list x0 y0) "w" 0.5 "" (list x0 y1) (list x1 y2) (list x2 y2) "a" (list x3 y3) "")
    (if (/= c 0.0)
      (command "pline" (list x1 y0) (list x1 y2) "")
      )
      (setq p1 (list (- x0 (* s 0.5)) (- y0 0.5))
            p2 (list (+ x3 (* s 0.5)) (+ y4 7))
      )
    (if (> k 2)
      (progn          ;画剖切符号
        (setq y5 (+ y4 3))
        (command "pline" (list x4 y4) (list x4 y5) "")
        (command "line" (list x4 y5) "@6, 0" "@-3, 0.3" "@0, -0.6" "@3, 0.3" "")
      )
    )
    (command "mirror" "w" p1 p2 "" (list x0 y0) (list x2 y0) "")
)
```

3. 带键槽的轴断面子图形参数化绘图程序

为保证程序的通用性，该子图形的绘图参数包括：x_0、y_0、d、w、h、ds、a，如图 4.15 所示。

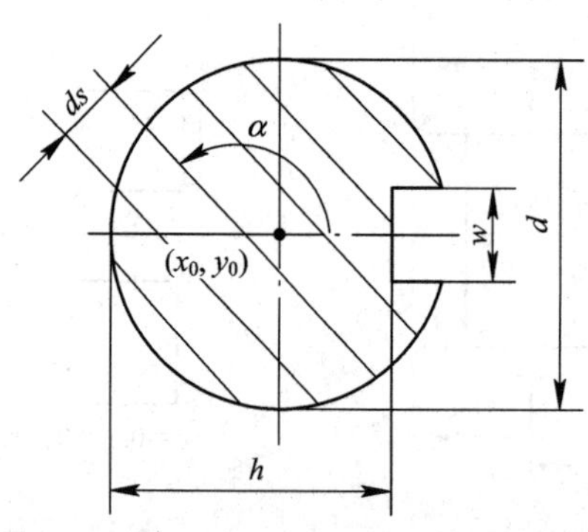

图 4.15　带键槽的轴断面子图形

绘制该子图形的 AutoLISP 程序如下：

```
(defun section (x0 y0 d w h ds a)
    (setq r (/ d 2.0) w1 (/ w 2.0))
    (command "layer" "s" "2" "")
    (command "line" (list (- x0 r 3) y0) (list (+ x0 r 3) y0) "")
    (command "line" (list x0 (- y0 r 3)) (list x0 (+ y0 r 3)) "")
    (command "layer" "s" "1" "")
    (setq p3 (list (- (+ x0 h) r) (+ y0 w1)))
    (setq p4 (list (+ x0 (sqrt (- (* r r) (* w1 w1)))) (cadr p3)))
    (setq p2 (list (car p3) (- y0 w1)))
    (setq p1 (list (car p4) (cadr p2)))
    (command "pline" p1 "w" 0.5 "" p2 p3 p4 "a" "ce" (list x0 y0) p1 "")
    (command "hatch" "ansi31" (/ ds 3.175) (- a 45) "L" "")
    (command "redraw")
)
```

三个子图形的程序编写并调试好后，就可以进行加载。加载成功后，就可以通过输入适当参数调用这些子图形程序，进而可以拼画出轴的零件视图。调用前需在 AutoCAD 绘图环境中设定 2 个图层(1—实线，2—细点画线)，以保证 layer 命令正常运行。调用时，可以直接在命令行逐步输入自定义函数名以及对应参数，也可以通过编写自定义命令，实现在自定义命令中调用绘制视图的各自定义函数。下面是绘制图 4.12 所示的阶梯轴自定义命令程序：

```
(defun C：shaftdraw ( )
    (command "layer" "s" "2" "")
    (command "line" (list 37 170 ) (list 203 170) "")        ；绘制点画线
    (command "layer" "s" "1" "")
    (axleend 40 170 25 2 40 20 2 45 3)
    (axleend 80 170 30 0 40 20 2 0 1)
    (axleend 120 170 35 0 40 20 2 0 3)
    (axleend 200 170 30 0 35 17 2 45 2)
    (rectdraw 160 170 5 40 0 0 0)
    (rectdraw 124 170 32 10 5 0 0)
    (rectdraw 50 170 20 8 4 0 0)
    (section 60 80 25 8 21 2 45)
    (section 140 80 35 10 31 2 45)
)
```

基于参数化绘图的子图形绘制方法也同样适合装配图的绘制。绘制时，也是按照一定顺序逐步调用组成装配图的子图形程序。调用顺序一般为先画确定视图位置的定位零件，再按零件装配顺序依次画出各个零件。需要注意的是，装配图中需要消除某些遮挡的线，这可以通过人机交互作图删除或通过编制零件子程序时利用控制参数来解决。

对于零件图和装配图中的尺寸及公差、形位公差、表面粗糙度等，可以通过开发参数化程序，也可以通过人机交互标注；图框及标题栏可通过图块功能插入图形中。

4.5.3　标准件的图形程序库设计

标准件是规格化、系列化的一类零件，不需要绘制其零件图，但在装配图中需给予必要的表示。因此通过建立标准件的参数化图形程序库，在绘制装配图时，只需调用对应标准件的参数化绘图程序，即可快速完成其在装配图中的图形绘制，因此建立标准件的参数化图形程序库具有重要现实意义。

标准件绘制可采用简化画法，即比例画法，也可以按照国家标准规定的标准件规格数据，如开槽圆柱头螺钉各尺寸数值可从GB65－2000中查取。若按照国家标准给定的标准件数据绘制，就需要解决标准件数据的存储及取值、参数化图形程序库、参数化图形的程序驱动三个问题。

目前，可用于标准件数据的存储及取值方法有：

(1) 利用AutoCAD支持的数据库管理系统构建标准件数据库，然后编写调用数据库接口程序来访问数据库文件，从而得到指定标准件的数据。

(2) 将标准件数据存放在数据文件中，编程实现指定标准件的数据存取。如AutoLISP语言提供了读写文件的函数(read-line，write-line等)，也可利用其他高级语言打开数据文件存取数据。

(3) 将标准件数据以联结表形式直接写入AutoLISP程序中，使用时从联结表中进行查表取值。

方法(1)可参考5.4节的内容，下面给出后两种的实现方法。

为了使程序编写和调用方便，设计了三组程序，主要包括：① 标准件视图的参数化绘图程序。② 与标准件规格对应的数据存储、读取及绘图程序调用程序。③ 人机交互输入参数的主程序。图4.16为其程序设计的逻辑关系图。

下面以绘制开槽圆柱头螺钉的视图(见图4.17)为例，介绍其参数化绘制方法。

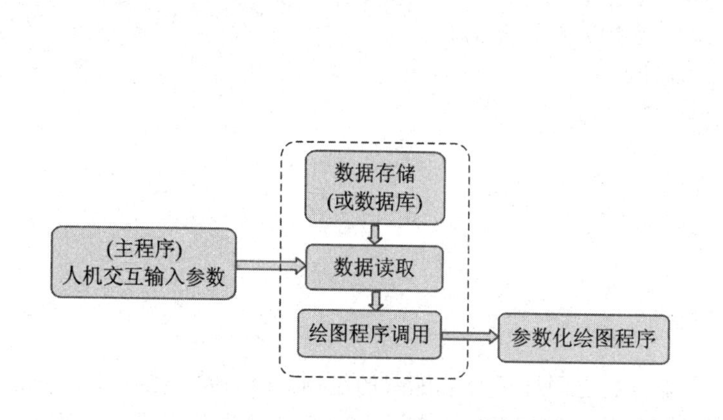

图4.16　标准件图形绘制的程序设计逻辑关系

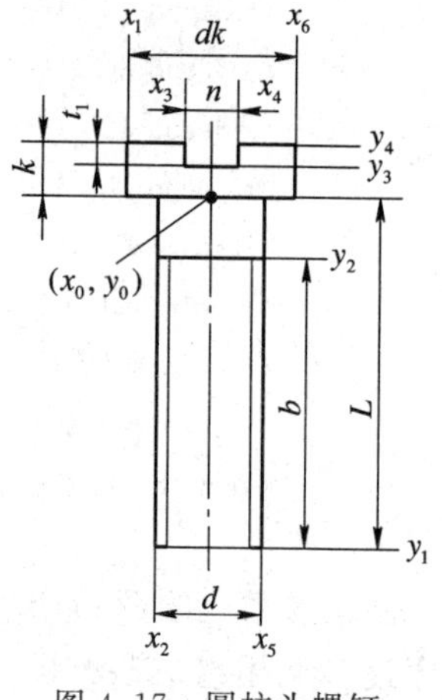

图4.17　圆柱头螺钉

1. 开槽圆柱头螺钉的参数化绘图程序

```
(defun screw_draw (x0 y0 d b dk k n t1 L a / x1 x2 x3 x4 x5 x6 y1 y2 y3 y4)
        ；a为螺钉不同方向的转角
```

```
  (setq x1 (— x0 (/ dk 2.0)) x2 (— x0 (/ d 2.0)) x3 (— x0 (/ n 2.0))
      x4 (+ x3 n) x5 (+ x2 d) x6 (+ x1 dk))
  (setq y1 (— y0 L) y2 (+ y1 b) y4 (+ y0 k) y3 (— y4 t1))
  (setvar "blipmode" 0)      ;不显示十字光标
  (setvar "cmdecho" 0)       ;不显示命令提示及输入
  (command "layer" "s" "2" "")
  (setq e (entlast)) ;选择最后绘制的图形实体，entlast的使用方法参见附录A.7
  (command "line" (list x0 (— y1 2)) (list x0 (+ y4 2)) "")
  (command "layer" "s" "1" "")
  (command "pline" (list x1 y0) "w" 0.5 0.5 (list x1 y4) (list x3 y4)
      (list x3 y3) (list x4 y3) (list x4 y4) (list x6 y4) (list x6 y0) "c" )
  (command "pline" (list x2 y0) (list x2 y1) (list x5 y1) (list x5 y0) "")
  (command "pline" (list x2 y2) (list x5 y2) "")
  (command "line" (list (— x0 (* 0.42 d)) y2) (list (— x0 (* 0.42 d)) y1) "")
  (command "line" (list (+ x0 (* 0.42 d)) y2) (list (+ x0 (* 0.42 d)) y1) "")
  (command "rotate" (selstuff e) "" (list x0 y0) a)  ;旋转绘制好的螺钉
  (command "redraw")
  (setvar "blipmode" 1)      ;恢复显示十字光标
  (setvar "cmdecho" 1)       ;恢复显示命令提示及输入
)
```

语句(selstuff e)是选择图形实体e之后绘制的图形。selstuff是一个自定义函数，其功能是把从指定图形实体之后所绘制的所有图形实体放入一个选择集中，并返回这个选择集。selstuff自定义函数的程序如下：

```
(defun selstuff (e / ss)      ;e是指定的图形实体名
  (setq ss (ssadd))
  (if (null e) (ssadd (setq e (entnext)) ss))
  (while (setq e (entnext e))
    (ssadd e ss))
```

2. 数据存储、读取及绘图程序调用

★方法一：数据文件形式的存储与读取。

将图4.17中开槽圆柱头螺钉的规格以及参数 d、b、dk、n 和 t_1 以下列格式存放screwdata.txt文件中。文件路径可设置为"D:\\CAD\\screwdata.txt"。

```
(M4 38 7 2.6 1.2 1.1)
(M5 38 8.5 3.3 1.2 1.3)
(M6 38 10 3.9 1.6 1.6)
(M8 38 13 5 2 2)
(M10 38 16 6 2.5 2.4)
```

下面是读取数据文件并通过参数调用开槽圆柱头螺钉的参数化绘图的程序：

```
(defun screw1(x0 y0 d L a / kwd Lst b dk k n t1)
    (if (= (fix d) d);生成规格关键字，如M10
      (setq kwd (strcat "M" (rtos d 2 0)))
```

```
    (setq kwd (strcat "M" (rtos d 2 1)))
  )
  (setq kwd (read kwd))
  (setq f (open "D:\\CAD\\screwdata.txt" "r"));
  (while (read-line f)
    (setq Lst (read (read-line f)))
    (if (eq kwd (nth 0 Lst))
      (setq b (nth 1 Lst) dk (nth 2 Lst) k (nth 3 Lst) n (nth 4 Lst)
      t1 (nth 5 Lst) )
    )
  )
    (close f)
    (if (<= L 40) (setq b L))
    (screw_draw x0 y0 d b dk k n t1 L a); 调用对应的参数化绘图程序绘制开槽圆柱头螺钉
)
```

★方法二：联结表形式的存储与读取。

定义一个生成联结表的函数。联结表中的数据对应图4.17中参数 d、b、dk、n 和 t_1 的值。

```
(defun screwdata()
    (setq data '((M4 38 7 2.6 1.2 1.1)
                 (M5 38 8.5 3.3 1.2 1.3)
                 (M6 38 10 3.9 1.6 1.6)
                 (M8 38 13 5 2 2)
                 (M10 38 16 6 2.5 2.4)
      )
  )
)
```

下面是按照标准件规格的参数关键字，查找联结表获取标准件数据，然后调用开槽圆柱头螺钉的参数化绘图程序：

```
(defun screw2 (x0 y0 d L a / kwd Lst b dk k n t1)
    (screwdata);调用数据表
    (if (= (fix d) d)
        (setq kwd (strcat "M" (rtos d 2 0)))
        (setq kwd (strcat "M" (rtos d 2 1)))
    )
      (setq kwd (read kwd))
      (setq Lst (assoc kwd data))
      (setq b (nth 1 Lst) dk (nth 2 Lst) k (nth 3 Lst) n (nth 4 Lst) t1 (nth 5 Lst))
      (if (<= L 40) (setq b L))
      (screw_draw x0 y0 d b dk k n t1 L a) ;调用对应的参数化绘图程序绘制开槽圆柱头螺钉
    )
)
```

3. 主程序——人机交互输入参数并绘制开槽圆柱头螺钉

```
(defun C:SCREW()
    (setq p (getpoint "\nBase point: ")) ；人机交互输入开槽圆柱头螺钉参数
    (setq d (getreal "\nDiameter: "))
    (setq L (getint "\nLength: "))
    (setq a (getreal "\nRotation angle: "))
    (screw1 (car p) (cadr p) d L a)    ；根据用户输入参数调用数据存储、读取及绘图程序
                                         调用的自定义函数
)
```

4.5.4　参数化曲线的程序设计

利用 AutoCAD 的交互式绘制方法，难以实现常见的规则曲线(如渐开线、螺旋线)、自由曲线(如 Bézier 曲线、B 样条曲线)的绘制，而利用曲线的参数方程，通过编写 AutoLISP 参数化绘图程序就可以方便地实现这类曲面(包括曲面)的绘制。通常采用的绘制方法有两种：一种是先计算出曲线上的点，然后利用 AutoCAD 提供的样条曲线功能拟合出曲线。绘制时，利用 AutoLISP 编程计算曲线上若干个点，通过 command 命令调用 AutoCAD 的 pline、3Dploy 或 3Dline 命令绘制平面或空间折线，再用其 PEDIT 命令的 F 选项或 S 选项进行曲线拟合；另一种是用直线段逼近的方法。

1. 阿基米德螺旋线绘制

【例 4.5】 编写绘制图 4.18 所示阿基米德螺旋线的程序，曲线方程为 $\rho=b+a\cdot\theta$。

解　绘图参数包括基点(x_0，y_0)、振幅 a、起点偏移量 b、包角 ang(单位为度)。由于曲线方程为极坐标形式，故曲线上的点用 polar 函数计算比较方便。

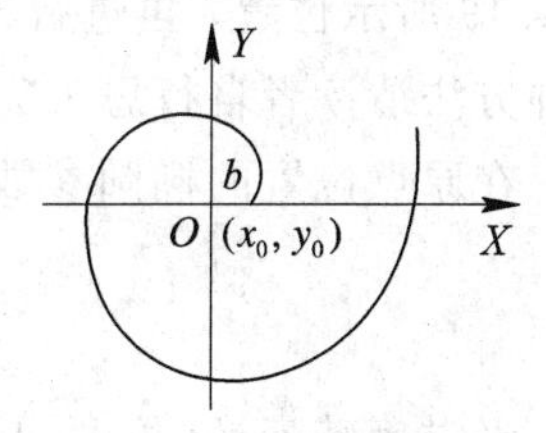

图 4.18　阿基米德螺旋线

参数化绘图程序如下：

```
(defun Archimedean_spiral (x0 y0 a b ang)
   (setq ang (* ang (/ pi 180)) dt (/ pi 36) tt 0)
   (command "pline")
   (while (<= tt ang)
      (command (polar (list x0 y0) tt (+ b (* a tt))))
      (setq tt (+ tt dt))
   )
   (command (polar (list x0 y0) ang (+ b (* a ang))))   ；强迫曲线通过终点
   (command)
   (command "pedit" "L" "f" "")
   (command "redraw")
)
```

2. 椭圆弧绘制

【例 4.6】 编写绘制图 4.19 所示椭圆弧的程序。椭圆弧的图形参数有：椭圆中心

(x_0，y_0)、长半轴长 a 及短半轴长 b(图中未注出)、长轴倾斜角 alf、椭圆弧起始参数角 as、终止参数角 ae。这里角度单位为度，且可正可负，逆时针度量取正、反之为负。画弧方向为逆时针。

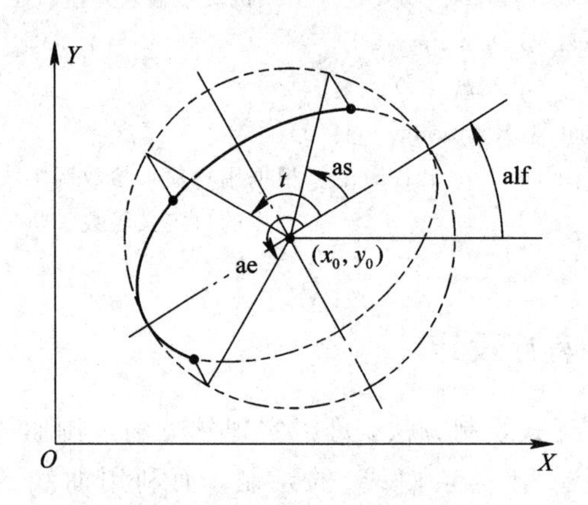

图 4.19 椭圆弧

解 本例中椭圆弧可以看作是原点处的椭圆弧进行旋转和平移之后形成的图形。在编写程序时有两种方法：① 绘制出原点的椭圆弧程序，采用 AutoCAD 的 ROTATE 和 MOVE 命令得到图 4.19 所示的椭圆弧；② 通过图形几何变换方法将原点处的图形变换至图 4.19 所示位置，再进行连接和拟合得到图 4.19 所示椭圆弧。本书采用第二种方法。第一种方法请读者自行思考完成。

在原点位置的椭圆参数方程为

$$\begin{cases} x = a\cos t \\ y = b\sin t \end{cases},\quad \text{as} \leqslant t \leqslant \text{ae}$$

经过旋转变换(角度 alf)和从坐标原点平移至(x_0，y_0)的坐标方程为

$$\begin{cases} x^* = x\cos(\text{alf}) - y\sin(\text{alf}) + x_0 \\ y^* = x\cos(\text{alf}) + y\sin(\text{alf}) + y_0 \end{cases}$$

椭圆弧的参数化绘图程序如下：

```
(defun eclipse (x0 y0 a b alf as ae n)
    (if (< as 0) (setq as (+ as 360)))
    (if (< ae 0) (setq ae (+ ae 360)))
    (if (< as 0) (setq as (+ as 360)))              ；以上三行将角度规范至 0～2π 之间
    (if (< ae as) (setq ae (+ ae 360)))             ；保证起始参数角始终小于终止参数角
    (setq anl ( * (/ (- ae as) (float n)) 0.017453))  ；n 为曲线分段数
    (setq si (sin ( * alf 0.017453)))
    (setq cs (cos ( * alf 0.017453)))
    (setq an ( * as 0.017453 ))                     ；an 代替参数 t，初值为 as
    (command "pline")
    (repeat (1+ n)
      (setq xl ( * a (cos an)))
      (setq yl ( * b (sin an)))
```

```
    (setq x (+ x0 (- (* x1 cs) (* y1 si))))
    (setq y (+ y0 (+ (* x1 si) (* y1 cs))))
    (command (list x y))
    (setq an (+ an anl))
  )
  (command)
  (command "pedit" (list x y) "f" "")
  (command "redraw")
)
```

3. 正弦曲线族绘制

【例 4.7】 编写绘制图 4.20 所示正弦曲线簇的程序。曲线方程为 $y=a\cdot\sin x$，$x\in[0, 2\pi]$。设曲线条数为 m，曲线位移量为 d。

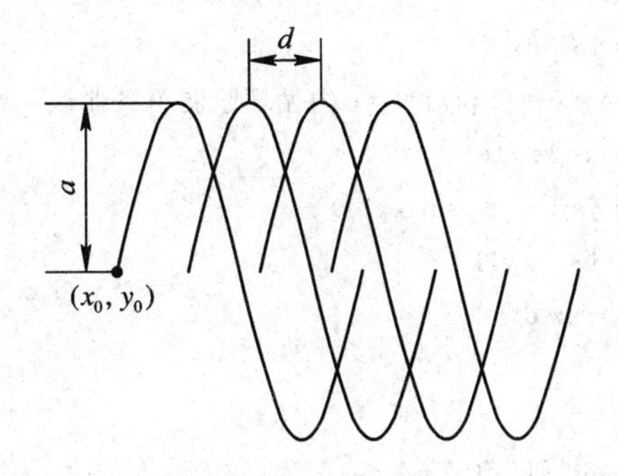

图 4.20　正弦曲线族

解　要完成正弦曲线簇的绘制，需要先绘制单条正弦曲线，然后循环绘制多条曲线。

在编写程序时有两种方法：函数嵌套法和两重循环法。函数嵌套法需要编写两个自定义函数，一个绘制单条曲线的自定义函数，另一个通过循环调用前者以完成多条曲线的绘制；两重循环法只需要编写一个自定义函数，此函数中需要使用两个循环函数，外循环控制曲线的条数，内循环实现单条曲线绘制。

下面介绍两种方法绘制正弦曲线族。

★方法一：函数嵌套法

```
(defun ssin (xs ys a)                ；绘单条曲线
    (setq dt (/ pi 18) xx 0)         ；计算点的角度间隔为10°
    (command "pline")
      (repeat 37
        (setq x (+ xs xx)
        (setq y (+ ys (* a (sin xx))))
        (command (list x y))         ；绘制折线
        (setq xx (+ xx dt))
      )
    (command)
    (command "pedit" "l" "f" "")
)
```

```
(defun msin (x0 y0 a d m)              ；绘多条曲线
    (setq xs x0 ys y0)
    (repeat m
      (ssin xs ys a)                   ；函数嵌套
      (setq xs (+ xs d))
    )
    (command "redraw")
)
```

★方法二：多重循环法

```
(defun msin (x0 y0 a d m)
    (setq n 1 xs x0 ys y0)
    (while (<= n m)                    ；外循环控制曲线的条数
      (command "pline ")
      (setq dt (/ pi 18) xx 0)
      (while (<= xx (* 2 pi))          ；内循环绘制单条曲线
        (setq x (+ xs xx))
        (setq y (+ ys (* a (sin xx))))
        (command (list x y))
        (setq xx (+ xx dt))
      )
      (command)
      (command "pedit" "L" "f" "")
      (setq xs (+ xs d) n (+ n 1))
    )
    (command "redraw")
)
```

1. 思考题

(1) 采用参数化绘图的意义是什么？

(2) AutoLISP 常用的数据类型有哪些？系统怎样识别程序中的表？

(3) AutoLISP 的表达式是按什么顺序求值的？

(4) AutoLISP 对变量、自定义函数、自定义命令的命名有什么要求？

(5) 在用自定义函数和自定义命令进行参数化绘图时，二者在程序设计及调用上有什么区别？

(6) 在 Visual LISP 的控制台中的 $ 提示符后，输入以下表达式，观察运行结果。

① (+ 23.33 235 (sin pi)

② (* 56 1.8 (cos (/ 2 pi)))

③ (/ 5.2 4.5 pi)

④ (< 24 56)

⑤ (>= −12.5 −4.5)

⑥ (setq p1 (getpoint "\n 输入正多边形的顶点："))

(7) 在 Visual LISP 编辑器中设置断点的作用是什么？如何设置？

2. 编程题

(1) 编写绘制题图 4.1 所示楼梯的 AutoLISP 自定义函数，参数包括楼梯的起点(x_0, y_0)、高度 h、宽度 w 和楼梯的阶数 n。

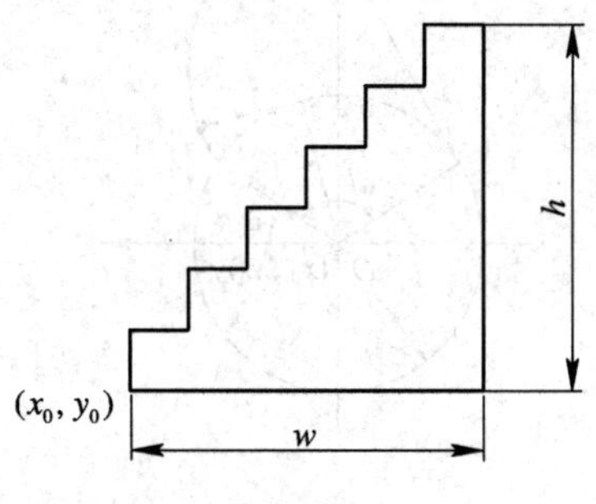

题图 4.1

(2) 编写绘制题图 4.2(a)的 AutoLISP 自定义函数(图中角度 α 的单位为度)，并将其调用三次绘出题图 4.2(b)(不标注尺寸)。

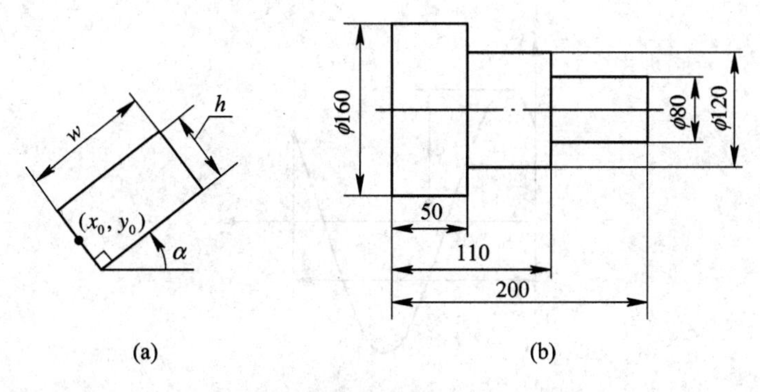

题图 4.2

(3) 编写绘制题图 4.3 的 AutoLISP 自定义函数和自定义命令(只画轮廓线)，参数见图，角度 α 的单位为度。取 $p(100, 100)$，$d=80$，$t=90$，$w=10$，$a=30°$，分别调用编写的自定义函数和自定义命令绘图。

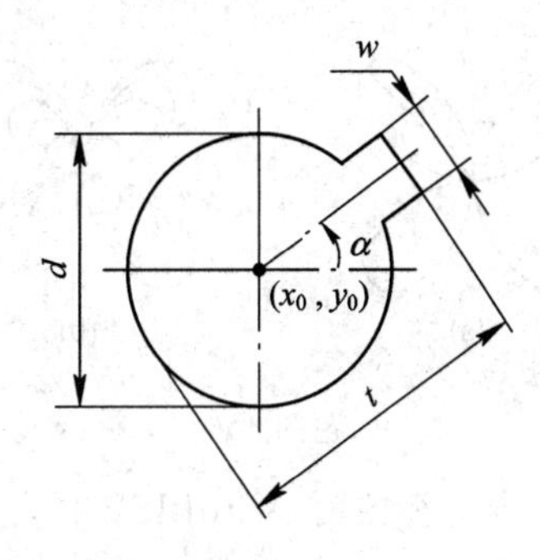

题图 4.3

(4) 编程绘制题图4.4中圆的渐开线(只绘制曲线)。起始角度α(α单位为度)，$\alpha=0°$时圆的渐开线标准方程为

$$\begin{cases} x = r(\cos t + t\sin t) \\ y = r(\sin t - t\cos t) \end{cases},\quad 0 \leqslant t \leqslant al$$

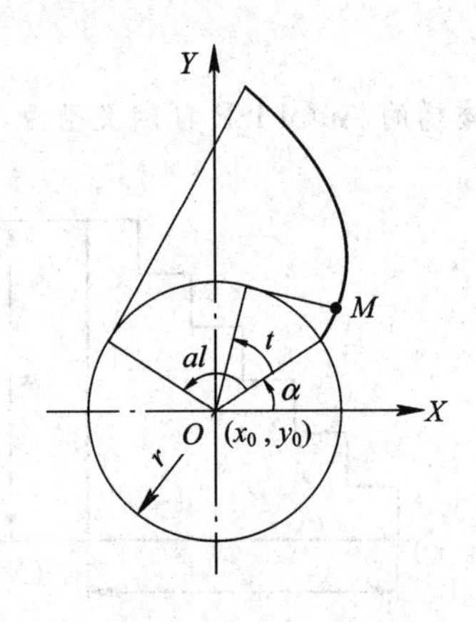

题图 4.4

(5) 编写绘制题图4.5所示的正弦曲线的AutoLISP自定义函数。设函数参数表为(x_0 y_0 a t_1 ph)，t_1为周期，ph为初相角(弧度)，其他参数见题图4.5。

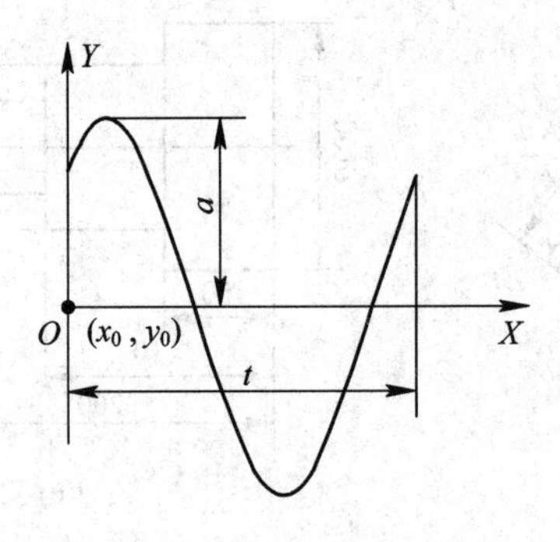

题图 4.5

(6) 分别采用函数嵌套法和两重循环法编写绘制题图4.6(b)所示玫瑰线的AutoLISP自定义函数。已知题图4.6(a)的玫瑰线曲线方程为$\rho=a\cdot\sin 2\theta$，其中，(x_0，y_0)为曲线中心，a为玫瑰线的半径。图4.6(b)的玫瑰线最小半径为am，半径增量为d，层(或条)数为n。

题图 4.6

(7) 编写绘制题图4.7所示齿轮视图的AutoLISP自定义函数，参数有x_0、y_0、m、z、b、c、α_1、ds、x_1、d_3、w、h、k。其中m、z分别为齿轮的模数和齿数；α_1、ds分别为剖面线

的倾角和间距；k 为控制参数，$k=1$ 时画零件图，$k=2$ 时画装配图。题图 4.7 中的 d、d_1、d_2 按下面关系式计算：$d=m\cdot z$，$d_1=d+2m$，$d_2=d-2.5m$。

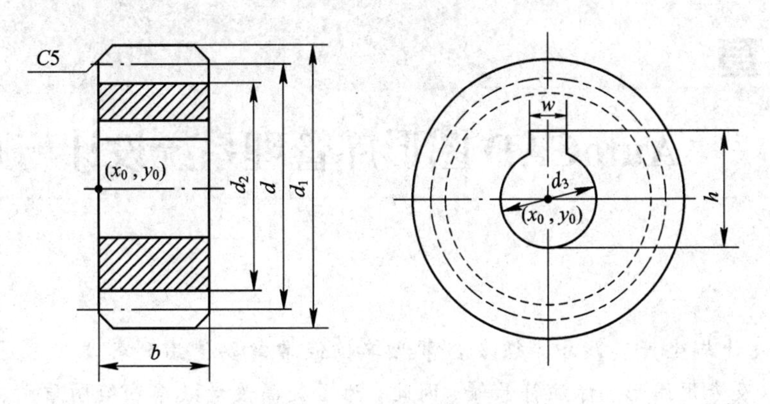

题图 4.7

(8) 编写绘制表面粗糙度、形位公差基准的自定义命令。

第5章 AutoCAD图形库管理系统设计与开发

在工业设计与生产实践中，很多企事业单位经常需要使用到各类工程图形，如标准件、常用件以及专用图形、标注符号等。因此，为了提高设计效率和绘图质量、节省图形文件的存储空间，建立具有良好人机交互性和可视化功能的图形库管理系统是一项具有工程实用价值的工作。本章主要介绍基于AutoCAD的图形库管理系统设计与开发方法。

5.1 概　　述

作为图形库管理系统，应具有实时查询、浏览、添加、删除、编辑和打印输出图形文件及其附属信息的基本功能。

5.1.1 图形库管理系统的组成

一个图形库管理系统至少包括用户交互界面、图形库以及数据库三部分。

1. 用户交互界面

用户交互界面是人与计算机之间传递、交换信息的媒介和对话接口，是计算机管理系统的重要组成部分，也是图形库管理系统的组成部分。用户交互界面设计应遵循以下原则：

(1) 以用户为中心的基本设计原则。在系统设计过程中，设计人员要抓住用户的特征，理解用户对系统的要求，发现用户的需求；在系统整个开发过程中要不断征求用户的意见，尽可能让真实的用户参与开发。

(2) 顺序原则。顺序原则是指按照用户处理事件顺序、访问查看顺序与控制流程等设计用户对话交互主界面及其二级界面。

(3) 功能原则。功能原则是指按照用户应用环境及场合中使用功能的要求，划分功能区及多级菜单、给出分层提示信息等，据此来设计相应的交互界面，从而使用户易于分辨和掌握交互界面的使用规律和特点，提高交互界面的友好性和易操作性。

(4) 一致性原则。一致性原则包括色彩的一致、操作区域的一致和文字的一致，比如界面的颜色、形状、字体与国家、国际或行业通用标准相一致，不同设备及其相同设计状态的颜色应保持一致。界面细节美工设计的一致性使用户看界面时感到舒适，从而不分散用户注意力。对于新运行人员或紧急情况下处理问题的运行人员来说，一致性还能减少他们的操作失误。

（5）频率原则。频率原则是指按照管理对象的对话交互频率高低来设计交互界面的层次顺序和对话窗口菜单的显示位置等。

（6）重要性原则。重要性原则是指按照系统管理对象的重要程度，来设计交互界面的主次菜单和对话窗口，从而有助于用户把握好系统的主次，实施好控制决策的顺序，实现最优调度和管理。

（7）面向对象原则。面向对象原则是指按照用户的身份特征和工作性质，来设计与之相适应的交互界面。

用户界面元素包括菜单、工具栏、状态栏、图标、光标、对话框等。本章对常用的界面元素如菜单、工具栏以及对话框的设计开发进行介绍（见本章 5.2 节～5.4 节）。

2. 图形库

图形库是工程 CAD 中必不可少的组成部分。除了专业 CAD 系统提供的标准图形库外，用户常常需要建立适合自己的图形库作为 CAD 系统的补充，常见的图形库如各类标准件、常用件、专用图形和标注符号等。用户将此类工作中常用的图形保存在图形库管理系统中，一旦需要即可从图库中调用，省略了重画图形的过程，提高了工作效率。根据不同需求以及图形特点，可采用不同的方法建立图形库。

（1）固定图形库。对于一些形状固定的图形，可用子图或符号的形式形成固定的图形库。此类图形可单独直接调用。AutoCAD 中的形和块，相当于此类图形库。

（2）程序图形库。对于标准件和常用件等在形状上相近的图形，可以利用参数化绘图方法编制相应的图形生成程序库。第 4 章中基于 AutoLISP 设计的图形绘制程序即属于此类图形库。

（3）交互式参数化设计图形库。交互式参数化设计图形库是通过非编程方法建立图形库的方法，是比较先进的建立方法之一，比如 Pro/Engineering 软件的草图绘制模块和 AutoCAD 2010 及更高版本都提供了参数化设计功能，用户可通过交互式方法直接建立参数化图形库。这种方法通用性好、效率高，但专业性不足，目前创建和使用还不很方便。

设计和创建图形库时，恰当地进行图形库分类是图形库管理的重要基础。为方便不同类型图形的查找，同一个图形库可以按照不同性质划分，如机械零件按照形状的不同可分为轴套类零件、叉架类零件等，按照功能的不同又可分为传动零件、支撑零件等。设计图形库时应根据图形库的特点以及应用场合来确定图形库分类标准。

3. 数据库

数据库是有一定逻辑联系的信息集合，通常以类似于典型电子表格的形式出现。数据库中的列称为字段，行称为记录，数据表中的项目称为元素。

数据库管理系统（DataBase Management System，DBMS）是一个用于管理数据库中数据的程序或程序集（软件）。常见的数据库管理系统，如 ACCESS、ORACLE、Microsoft Access、dBase、Microsoft MS、SQL Server、Microsoft Visual FoxPro 等，都可以与 AutoCAD、Pro/Engineering 等绘图和建模系统链接，实现图形库管理系统中数据的增加、删除、修改、查询等管理。相对于 AutoCAD、Pro/Engineering 等软件系统而言，这些数据库管理系统建立的数据库称为外部数据库。

一个用于图形库管理系统的好的数据库，应具有冗余性少、数据完整性好、维护工作量低、数据添加便捷等特点。通常数据库设计分为概念结构设计、逻辑结构设计和物理结构设计三个阶段。

(1) 概念结构设计。概念结构设计就是建立系统概念数据模型的过程。此阶段根据系统需求分析已经得到的系统数据流程图和系统数据字典，结合数据规范化的理论，用一种数据模型将用户的数据需求明确地表示出来。概念结构设计方法可采用自顶向下、自底向上、逐步扩张以及自顶向下和自底向上相结合的混合策略。

(2) 逻辑结构设计。根据已经建立的概念数据模型以及所采用的某个数据库管理系统软件的数据模型特性，按照一定的转换规则，把概念数据模型转换为数据库管理系统所能够接受的逻辑数据模型。不同的数据库管理系统提供了不同的逻辑数据模型，如层次数据模型、网状数据模型、关系数据模型等，最为常用的是关系数据模型。

(3) 物理结构设计。该阶段是为一个确定的逻辑数据模型选择一个最适合应用要求的物理结构以及数据库在物理设备上的存储结构和存取方法，即建立数据库的物理数据模型。

5.1.2　AutoCAD的图形库管理系统

AutoCAD是目前使用最为广泛的二维CAD软件，良好的开放性是其得到广泛应用的重要因素。AutoCAD集成了Visual LISP、AutoCAD VBA、ObjectARX、NET API等二次开发工具，这些为创建和管理CAD图形库提供了丰富的手段。

1. AutoCAD界面二次开发

在AutoCAD环境下，设计者可以根据自身需求重新定义绘图系统的工作界面、功能区面板、工具栏和菜单(详见5.2节)，还可以利用Visual LISP、AutoCAD VBA、ObjectARX、NET API等开发工具，开发基于对话框的交互界面(详见5.3节、5.4节)。

2. AutoCAD图形库创建

在AutoCAD环境下，创建图形库的方法很多。创建时应根据具体问题中图形库的应用方式选择适当的建库方法。概括起来，AutoCAD有以下主要的建立图形库的方法：

(1) 用块命令(Block)建立；

(2) 用形文件(.shp)建立；

(3) 用命令组文件(.scr)建立；

(4) 用AutoLISP文件(.lsp)建立；

(5) 用图形交换文件(.dxf、.dxb等)建立；

(6) 用ADS文件(.exp)建立；

(7) 用ARX开发图形库；

(8) 用VBA开发图形库。

本书较详细地介绍了基于AutoLISP的参数化图形库程序设计方法(见第4章)。其他方法读者可参考AutoCAD及其二次开发方面的书籍。

3. AutoCAD的图形数据库

AutoCAD软件包带有记录系统本身和用户定义的所有函数和变量的内部数据库，该内部数据库是按一定结构组织的AutoCAD图形数据的集合，每一个图形中最基本的图形元素都是以实体数据和符号存储在图形数据库中的，用户可提取、更新图形数据库的内容。

AutoCAD还可以访问外部数据库中的数据，将其与AutoCAD的图形对象联系。AutoCAD提供了以下与外部数据库的连通工具：

(1) 数据库连接管理器(dbConnect Manager)：能将各种数据库对象与AutoCAD图形联系在一起。

(2) 外部配置功能(External Configuration Utility)：使AutoCAD可以从一个数据库系统中获得数据。

(3) 数据视图窗口(Data View Window)：可在AutoCAD系统中显示一个数据库的记录。

(4) 查询编辑器(Qurey Editor)：用户可构造、保存和执行SQL查询。

(5) 链接选择操作(Link Select Operation)：可建立基于查询和图形对象的重复选择集。

本章5.4节将重点介绍基于AutoCAD的数据库开发方法。

5.2　AutoCAD的交互工作界面设计

AutoCAD为用户提供了菜单栏、功能区选项卡、工具栏等多种交互工作界面形式，使用户可方便地使用软件的各种功能，如图5.1所示。同时，还为用户提供了根据需要自行设计交互工作界面的接口，为图形库管理系统提供了必要的交互手段。本节主要介绍两种常用的交互工作界面设计方法。

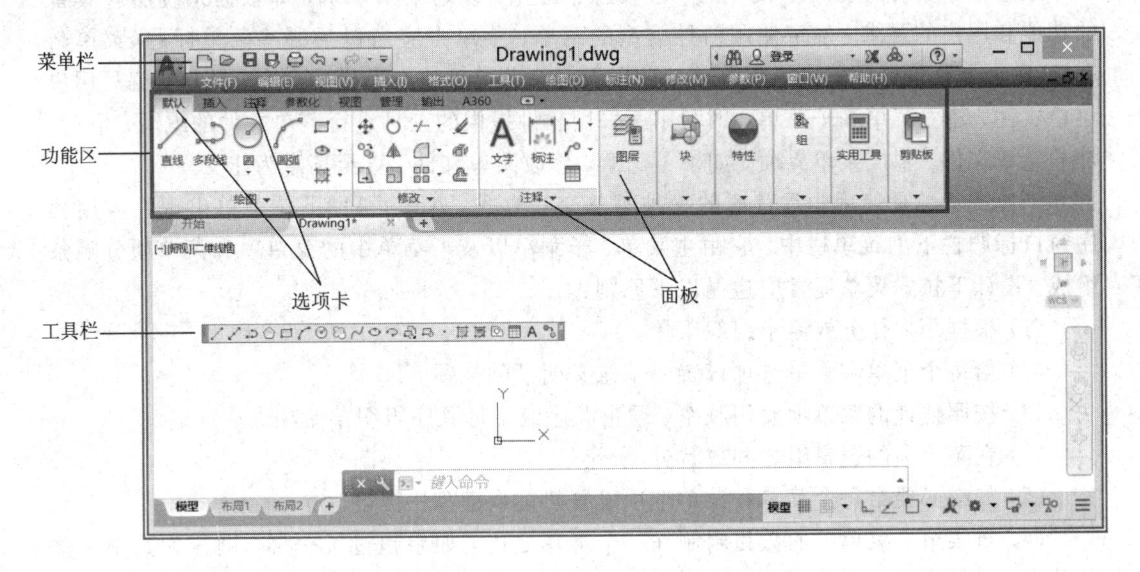

图5.1　AutoCAD的工作界面

5.2.1　AutoCAD菜单文件设计

菜单是标准的Windows应用程序不可缺少的组成部分，它以分组的形式组织多个命令或操作，为用户灵活操作应用程序提供了便捷的手段。图5.2中AutoCAD Visual LISP

工作界面的菜单栏是典型的下拉式菜单，包含“文件”“编辑”“视图”等主菜单，主菜单下包含若干子菜单，如“文件”下包含“新建”“打开”等子菜单。AutoCAD为用户提供了菜单文件开发工具，使用户可自定义适合自己的菜单，诸如下拉式菜单、快捷菜单、菜单快捷键、图像菜单等。

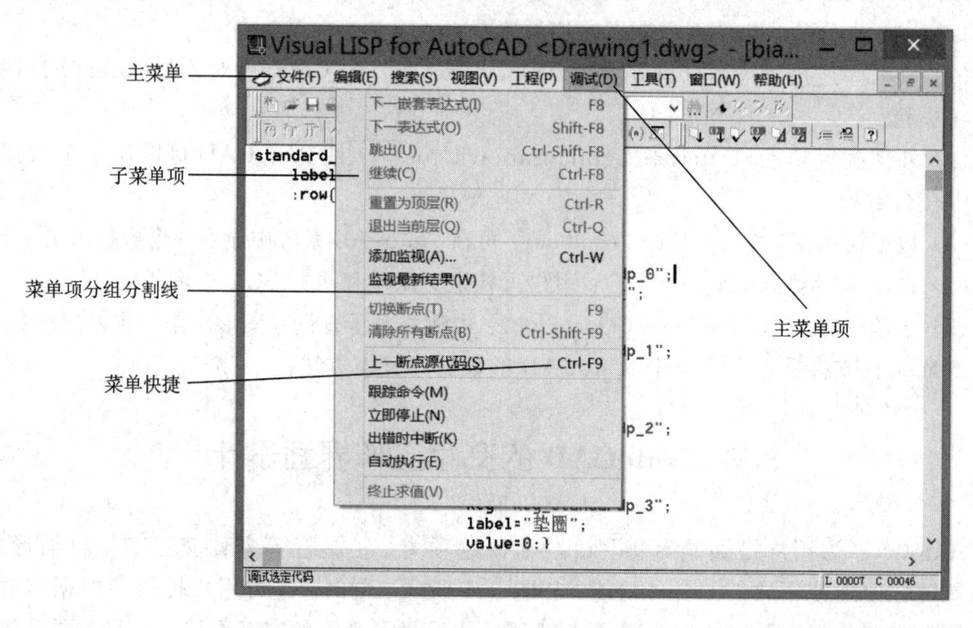

图5.2　菜单界面示例

通过菜单文件进行菜单设计的一般步骤：首先，规划菜单系统，即根据系统所应具备的功能和用户的要求，确定使用何种类型的菜单、菜单中应当包括哪些菜单标题(菜单名称)、在每个菜单标题下包括哪些菜单项以及每个菜单项执行怎样的命令；其次，编写用户菜单文件，建立菜单和子菜单，即利用所采用软件提供的工具进行菜单文件的编写；最后，加载菜单文件，生成菜单界面。如果不满意，修改菜单文件，直至满意为止。

下拉式菜单是使用非常普遍的一种菜单交互方式。AutoCAD下拉菜单出现在应用程序窗口标题栏下的菜单栏中，它由主菜单、子菜单以及子菜单中的菜单项和菜单项分隔条组成。设计下拉式菜单通常应遵循以下原则：

(1) 根据用户任务或需求组织菜单。

(2) 给每个菜单和菜单选项设置一个意义明了的标题。

(3) 按照估计的菜单项使用频率、逻辑顺序或字母顺序组织菜单项。

(4) 在菜单项的逻辑组之间放置分隔线。

(5) 如有必要给每个菜单和菜单选项设置热键或键盘快捷键。

(6) 将菜单上菜单项的数目限制在一个屏幕之内，如果超过了一屏，则应为其中一些菜单项创建子菜单。

下面重点介绍AutoCAD通过菜单文件设计下拉式菜单的方法。

1. 菜单文件

AutoCAD的菜单文件共有6种类型，包括“.mns”(原始菜单文件)，“.mnc”(菜单编译文件)，“.mnu”(主菜单样本文件)，“.mur”(菜单资源文件)，“.mnl”(LISP菜单文件)，

“. mnd”(菜单定义文件)。最常见的是 mnu 菜单文件。

AutoCAD 软件包自身带有一个标准菜单文件“acad. mnu”。当启动 AutoCAD 时，该标准菜单文件自动被加载并显示在 AutoCAD 的用户界面中。用户也可以建立自己的菜单文件。

2. 菜单文件的结构和语法

AutoCAD 采用层次结构来管理菜单文件。首先，菜单文件可以划分多个区域，每个区域有一个特定、唯一的区域标签来区分和定义不同的交互形式。菜单文件的区域标签由三个星号“＊＊＊”和一个区域标签名组成，其格式如下：

＊＊＊section_name (注：＊＊＊代表区域标签的标识符；section_name 代表区域标签名)

表 5.1 列出了 AutoCAD 中区域标签以及对应的区域定义说明。AutoCAD 菜单文件中的菜单就是根据这些区域标签来识别的。

表 5.1　部分标签及说明

标　签	区域定义
＊＊＊MENUGROUP	菜单文件组名
＊＊＊SCREEN	屏幕菜单
＊＊＊IMAGE	图像菜单
＊＊＊HELPSTRINGS	帮助文字串和工具栏提示
＊＊＊TOOLBARS	工具栏
＊＊＊POPn	下拉式菜单
＊＊＊ACCELERATORS	快捷菜单
＊＊＊BUTTONSn	定点设备的按键菜单

菜单文件中的第二层结构即子菜单用两个星号“＊＊”和名称来标识，每个菜单区域可由一个或多个部分定义组成。每个部分包括与菜单选项有关的标签和指示，其格式如下：

＊＊subname (注：＊＊代表子菜单区域标签的标识符；subname 代表子菜单区域标签名)

第二层结构以下则为菜单项的具体定义。菜单项的作用是，当用户拾取菜单项时，该菜单项的内容(除菜单标题外)作为当前输入。一个完整的菜单项包括三部分：标签标识符、标签和命令宏。下面语句定义了一个绘制直线的菜单项。

ID_Line　　[&Line]^C^C_line

该菜单项中：

ID_Line 是菜单项的标识符；

[&Line]是显示在屏幕菜单中的标签内容，标签标识符可以省略；

^C^C_line 是当用户拾取该菜单项时所执行的命令宏。其中，^C^C 表示取消当前的命令两次，这是为了能保证下面的命令执行是处于 AutoCAD 的 Command 状态；_line 表示直线命令，拾取该菜单项后会执行绘制直线的命令。

命令宏可以给出具体的输入值，输入项用空格或分号隔开。例如：

[A3]^C^C LIMITS　0，0　420，297　ZOOM　A

该菜单项是定义了一个绘图界面为A3图幅、视图缩放模式为A的菜单项。其中，[A3]是在屏幕菜单中的标签内容，^C^C　LIMITS 0，0 420，297 ZOOM A为命令宏，表示取消当前的命令两次，执行LIMITS命令，设定其绘图界限左下角点0，0和右上角点420，297，执行ZOOM命令，输入A，把绘制的整个图形全部显示在绘图区内。

[Exit] ^C

该菜单项是定义了一个退出命令。其中，[Exit] 是在屏幕菜单中的标签内容，命令宏^C表示取消当前的命令。

3. 用户自定义菜单编写

用户自定义菜单文件的扩展名是*.mnu，可以使用任何文字编辑器编写。编写菜单文件之前需要进行菜单设计，使其对应的命令组按照所要求的布局方式排列。

【例5.1】 按照图5.3，编写AutoCAD下拉式菜单。

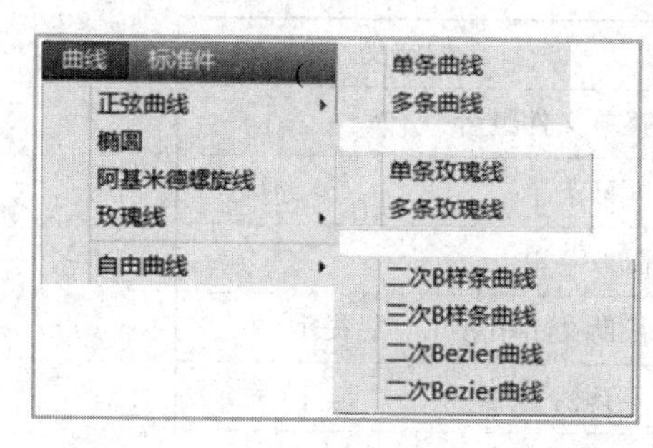

(a) 曲线菜单

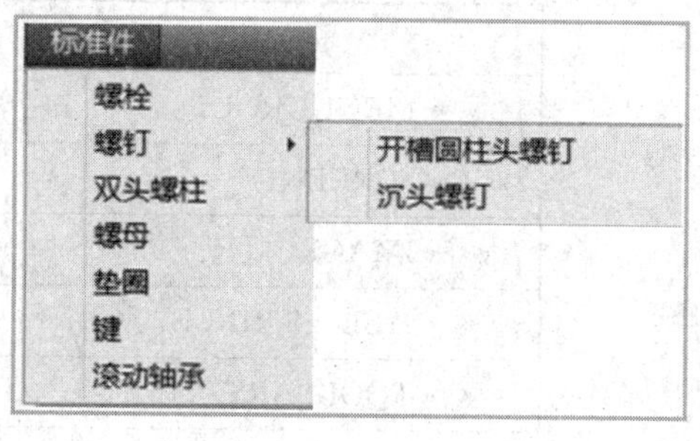

(b) 标准件菜单

图5.3　自定义菜单设计

解　图5.3给出了一个包含曲线和标准件两个命令组的下拉式菜单。其中，图5.3(a)是曲线菜单，包含五个绘制命令，即正弦曲线、椭圆、阿基米德螺旋线、玫瑰线和自由曲线的绘制。其中正弦曲线、玫瑰线和自由曲线的菜单项下都包含一个层叠子菜单，如正弦曲线、玫瑰线的子菜单下有单条、多条两种绘制方式，而自由曲线下有二次B样条曲线、三次B样条曲线和二次Bezier曲线、三次Bezier曲线四种绘制方式；图5.3(b)是标准件菜单，这里列出了七种标准件：螺栓、螺钉、双头螺柱、螺母、垫圈、键和滚动轴承。其中螺钉菜单项下包含一个层叠子菜单，包括开槽圆柱头螺钉和沉头螺钉两种绘制方式。

通过分析可知，图5.3的下拉式菜单需要2个区域POP1和POP2，每个区域对应的标签是曲线、标准件。

下面是图5.3对应的下拉菜单文件源程序(菜单文件中，“//”后面文字表示说明)：

```
1    ****MENUGROUP=MYMENU         // 定义菜单文件名为MYMENU
2    ***POP1                      //第一个区域标签
3    **曲线                        //定义曲线子菜单
4    ID_CURVW    [&曲线]           //曲线菜单标签
5    [->正弦曲线]                  //正弦曲线是一个层叠子菜单
6    [单条曲线]^C^C SSIN           //单条正弦曲线
```

```
7   [<-多条曲线] ^C^C MSIN                        //多条正弦曲线
8   [椭圆] ^C^C ECLIPSE                           //曲线菜单下的椭圆
9   [阿基米德螺旋线] ^C^C_ ARCHIMEDEAN            //曲线菜单下的阿基米德螺旋线
10  [->玫瑰线]                                    //玫瑰线是一个层叠子菜单
11  [单条玫瑰线] ^C^C ROSE                        //单条玫瑰线
12  [<-多条玫瑰线] ^C^C MROSE                     //多条玫瑰线
13  [--]                                          //定义菜单分组线条
14  [->自由曲线]                                  //自由曲线是一个层叠子菜单
15  [二次B样条曲线] ^C^C BCURVE2
16  [三次B样条曲线] ^C^C BCURVE3
17  [二次BEZIER曲线] ^C^C BCURVE2
18  [<-二次BEZIER曲线] ^C^C BCURVE3
19  [--]
20   ***POP2                                      //第二个区域标签
21   **标准件                                     //定义标准件子菜单
22  ID_CURVW  [&标准件]                           //标准件菜单标签
23  [螺栓] ^C^C^_ DRAW SCREW1                     //螺栓
24  [->螺钉]                                      //螺钉是一个层叠子菜单
25  [开槽圆柱头螺钉] ^C^C DRAWSCREW21
26  [<-沉头螺钉] ^C^C DRAWSCREW22
27  [双头螺栓] ^C^C^ DRAWSCREW3                   //双头螺柱
28  [螺母] ^C^C DRAWNUT                           //螺母
29  [垫圈] ^C^C DRAWFWASHER                       //垫圈
30  [键] ^C^C DRAWFKEY                            //键
31  [滚动轴承] ^C^C DRAWBEARING                   //键
```

注意：本例中给出了曲线、标准件菜单设计的一种组织形式，实际应用中用户可以根据需要进行菜单分组、增加层叠子菜单。另外，命令宏给出的命令名称与已加载的自定义命令一致时，命令才可以运行。

4. 加载/卸载菜单文件

菜单文件的加载分为基本菜单加载和局部菜单加载两种情况。

基本菜单是菜单界面的基础，如果用户将某个菜单文件作为基本菜单加载，则系统自动取消原有的菜单文件，即新的基本菜单替换原来的菜单。基本菜单加载可用AutoCAD的menu命令全局加载。其操作是：在命令行输入“menu”命令，系统弹出“选择菜单文件”对话框，选择要载入的mnu文件，单击“打开”按钮即可。若将例5.1的源程序用menu加载后，界面仅出现图5.3(a)的结果。若要恢复AutoCAD默认界面，需重新加载系统文件acad.mnu或acad.cuix。

AutoCAD还提供了menuload命令，它是从基本菜单中装载/卸载局部菜单，该命令保证基本菜单和新增加的菜单同时存在，而不会卸载所有菜单。其操作是：在命令行输入“menuload”命令，系统弹出图5.4所示的对话框。选择要载入的mnu文件，单击“加载”按钮，已加载的自定义组就会增加到相应的菜单文件中。比如，将例5.1的源程序局部加载后，在AutoCAD的菜单栏中会增加曲线、标准件菜单项，如图5.5所示。若要卸载不需要的菜单，从已加载自定义组中选中，单击“卸载”即可。

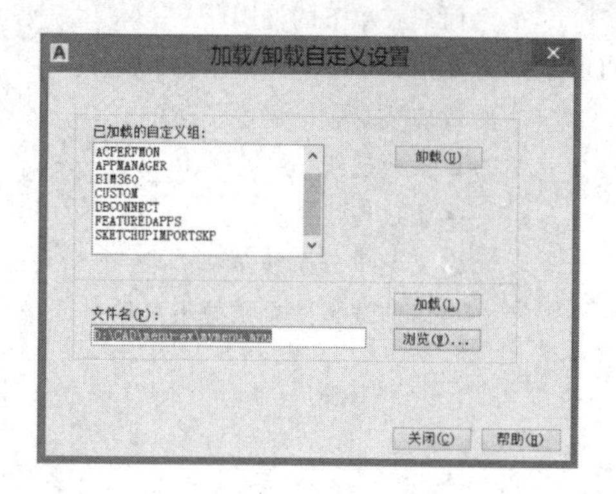

图 5.4　加载/卸载菜单对话框

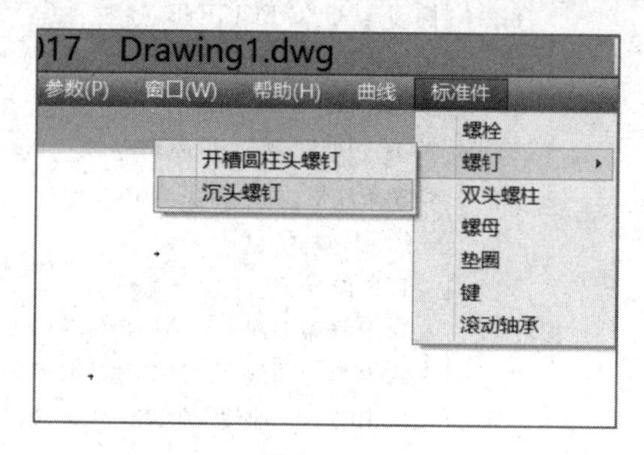

图 5.5　菜单局部加载后界面显示

5.2.2　AutoCAD 自定义用户界面设计

除了下拉式菜单外，功能区选项卡、工具栏也是非常友好的一种界面交互工具。功能区按照逻辑分组来组织工具和控件，它由一系列选项卡组成，如 5.1 节中图 5.1 所示的“默认”“插入”“注释”“参数化”等。选项卡由包含不同类型的工具或控件的面板组成。同类型的工具或控件还可以组织成一个可自由放置的工具栏。AutoCAD 允许用户根据需要对所需的工具和控件重新进行分类组织，也可在功能区内增加新的选项卡，加入新开发的自定义命令、工具或控件。

AutoCAD 的自定义工作界面可通过自定义用户界面（CUI）编辑器来实现，如图 5.6

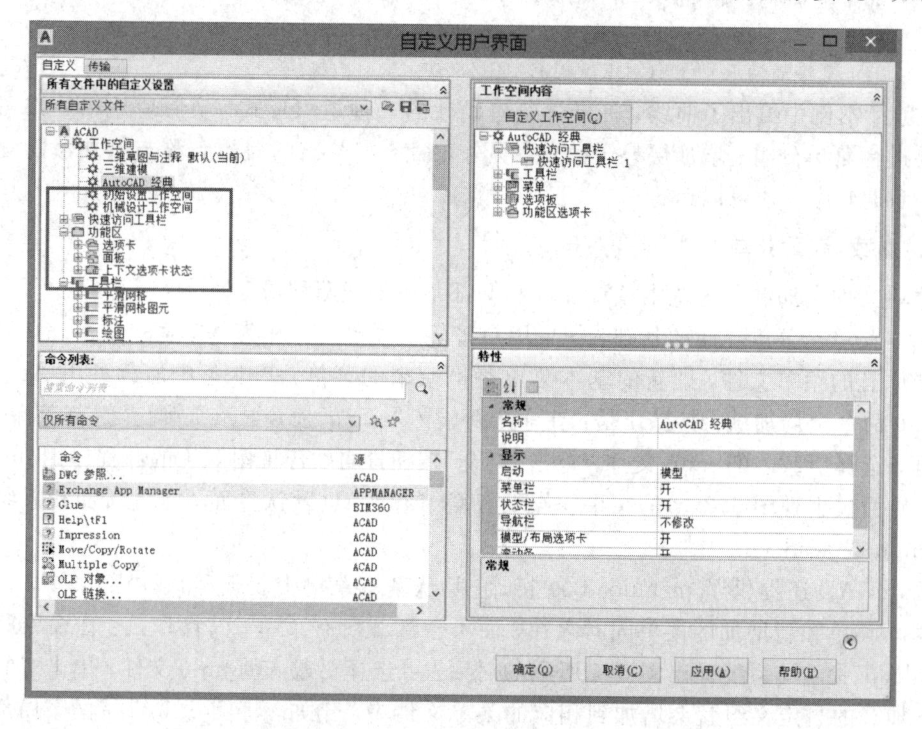

图 5.6　AutoCAD 自定义用户界面

所示，从 AutoCAD 中打开自定义用户界面，就可自定义工作空间、菜单、功能区选项卡、工具栏，还可以创建与自定义命令关联的菜单项、工具栏。基于 XML 的 CUIx 文件取代了 AutoCAD 2010 之前版本中的自定义文件和菜单文件，使得工作界面的定义更加直观、方便。下面介绍利用自定义用户界面（CUI）编辑器定义用户工作界面的方法。

1. 菜单栏设计

单击图 5.7(a)中的菜单选项，单击右键，弹出“新建菜单”，创建一个名为“参数化图库”的子菜单，在此子菜单项下可再新建子菜单、自定义命令等。图 5.7(b)创建了“曲线”和“标准件”两个子菜单。依次可按照图 5.1 子菜单并将相应的绘图命令附着于相应的子菜单下，如图 5.7(c)所示。完成后，单击“应用”和“确定”按钮，即可生成如图 5.7(d)所示的下拉式菜单。

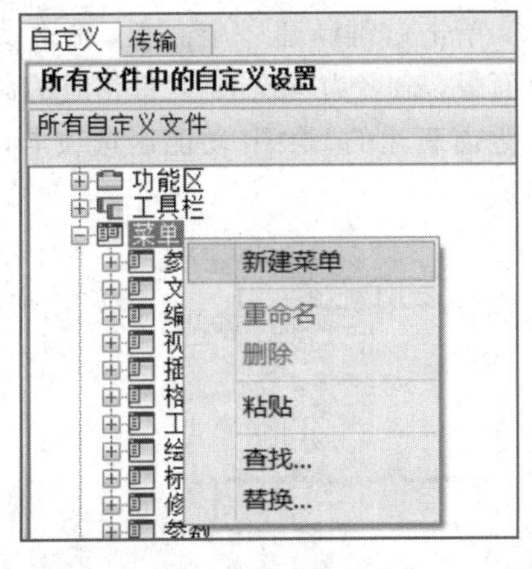

(a) 创建“参数化图库”菜单

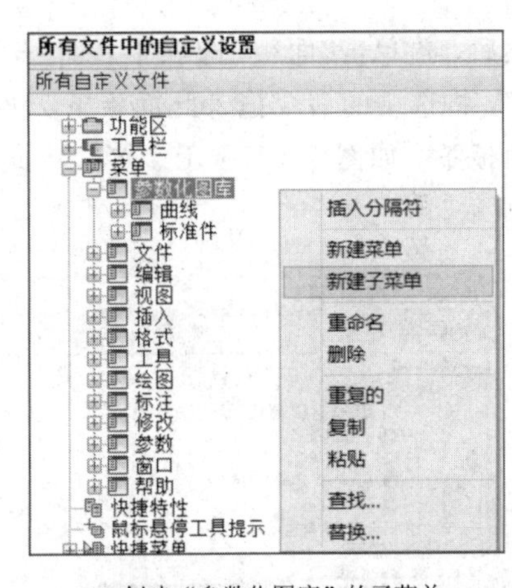

(b) 创建“参数化图库”的子菜单

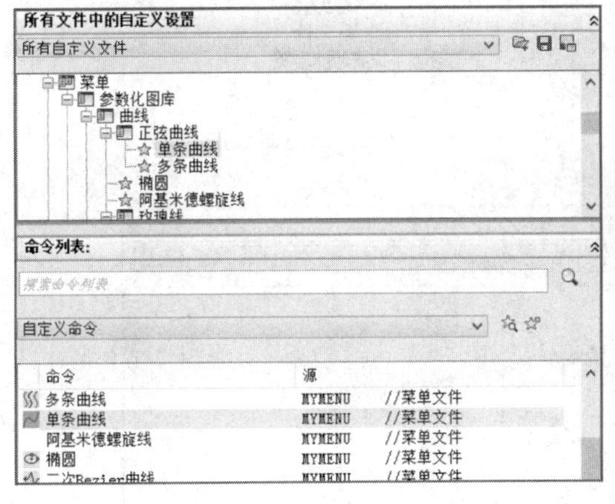

(c) 为菜单和子菜单增加自定义命令

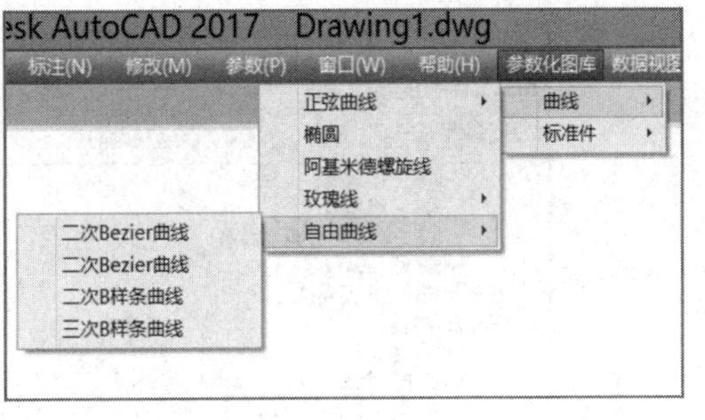

(d) “参数化图库”菜单栏界面显示结果

图 5.7　创建菜单栏

2. 功能区选项卡设计

系统功能区由三部分组成，分别是功能区选项卡、功能区面板、功能区图标命令。

首先，打开自定义用户界面，单击“功能区”旁的(+)号以及“选项卡”，右键单击新建一个新的功能区选项卡，命名为“绘图”，以此管理自定义的功能区面板，如图 5.8、图 5.9 所示。

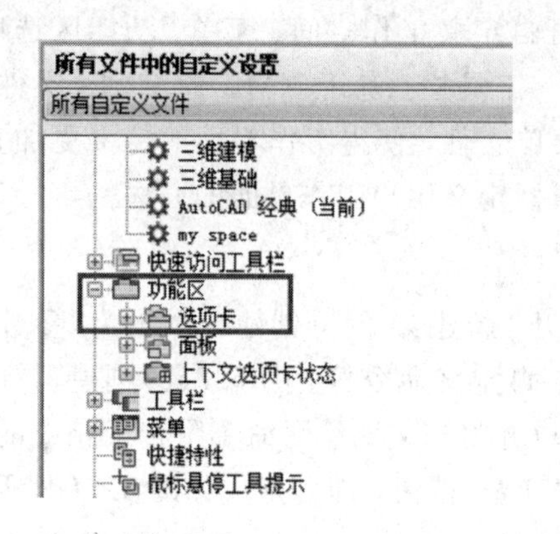

图 5.8　功能区下的选项卡

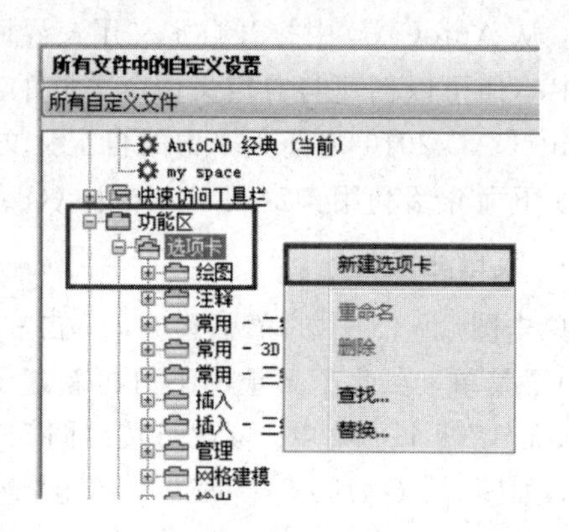

图 5.9　新建"绘图"功能区选项卡

然后，再单击"面板"选项卡，如图 5.10 所示，单击右键新建一个面板，命名为"My Tools"，将选中的命令拖入此面板下。再新建一个面板，命名为"draws"，将相应的命令拖入此面板下，如图 5.11 所示。然后将此面板拖入之前新建的"绘图"功能区选项卡，如图 5.12 所示。

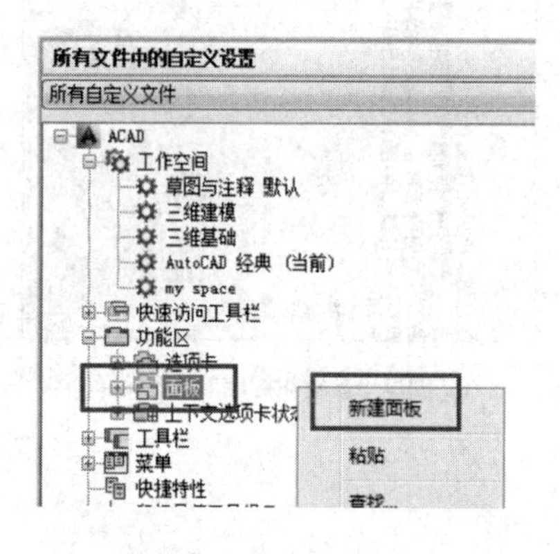

图 5.10　新建功能区面板

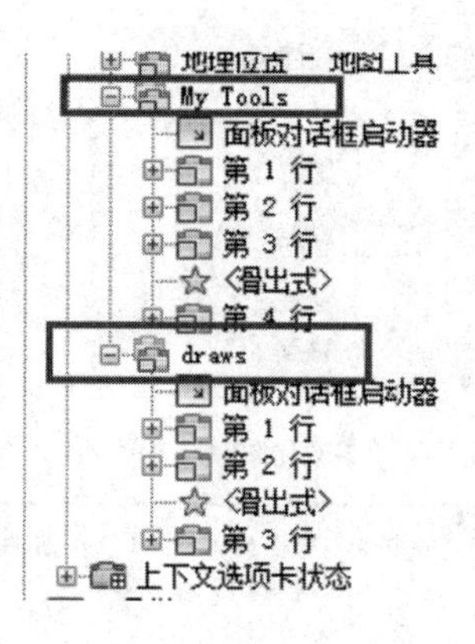

图 5.11　新建面板的布局

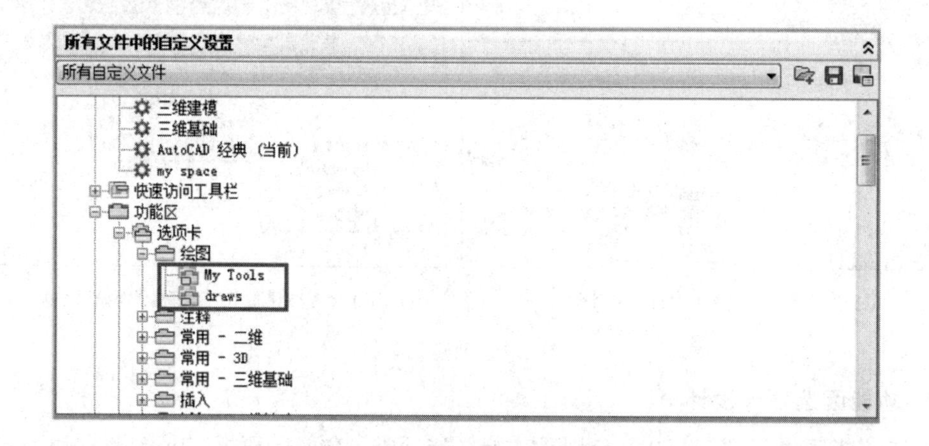

图 5.12　面板移入功能区选项卡

最后，显示功能区面板。在自定义用户界面中选择一个工作空间，从自定义界面中，单击自定义工作空间。本例中选择工作空间为 AutoCAD 经典，也是当前用户的工作空间，如图 5.13 所示，用户也可以新建一个工作空间。定义工作空间后，再从功能区的选项卡列表中选择将要在工作空间显示的选项卡，然后单击“完成”“确定”。这样用户就可以从工作空间中找到新添加的“绘图”功能区面板及选项卡，如图 5.14 所示。

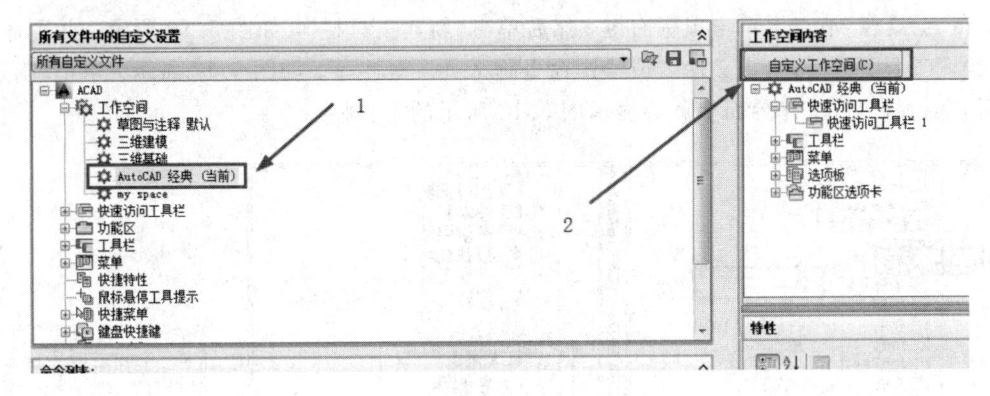

图 5.13　打开工作空间

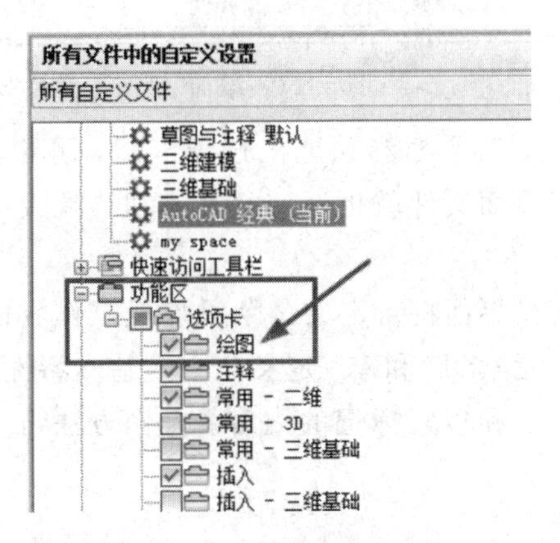

图 5.14　选择显示项目

最终 AutoCAD 工作空间的功能选项卡如图 5.15 所示。图中新增加一个绘图选项卡，选项卡下包括 My Tools 和 draws 两个面板。My Tools 面板内拖入了 AutoCAD 的部分绘图命令，如 scale、move 等命令。draws 面板内给出了一组未定义的面板布局。

图 5.15　绘图功能区及其选项卡的显示结果

3. 工具栏设计

在设计过程中，设计人员常常需要足够的绘图区域进行设计，所以常常将功能区面板和菜单栏隐藏，采用活动工具栏来显示需要使用的绘图或功能菜单。活动工具栏的设置步骤如下：

首先打开自定义用户界面，在“自定义”选项卡上的“〈文件名〉中的自定义设置”窗格中，在“工具栏”节点上单击鼠标右键，然后单击“新建工具栏”，如图5.16所示，并重命名为“绘图工具栏”。将自定义命令或绘图命令拖入此工具栏下，如图5.17所示。单击“确定”之后，AutoCAD工作界面上就会显示图5.18所示的工具栏。

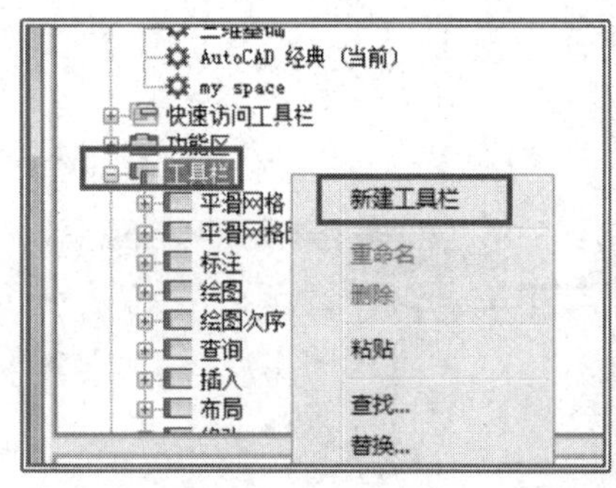

图5.16　新建工具栏

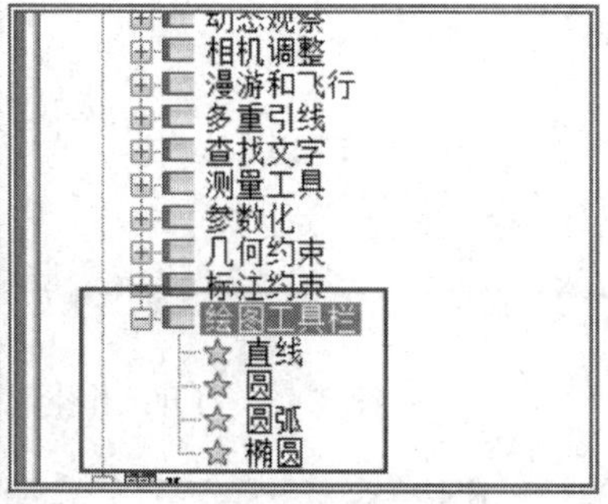

图5.17　添加“绘图工具栏”

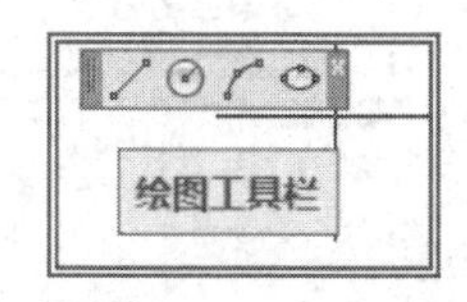

图5.18　工具栏显示结果

用户完成自定义菜单栏、工具栏和功能区选项卡后，可将该工作界面保存为 *.cuix 文件，该用户自定义的工作界面文件就可迁移至非本机、本版本及以上的AutoCAD软件中使用。

另外，还可以通过自定义界面将自定义命令添加至工作界面。创建自定义命令时，需要为命令指定唯一的名称、元素ID和宏。定义命令的基本特性后，可为其他特性指定值，用于确定命令工具提示、图像和搜索标记的内容。操作方法可参考AutoCAD的帮助，此处不再赘述。

5.3　AutoCAD的对话框设计

对话框是一种被广泛应用的人机交互界面工具，它形象、直观、编辑方便，在图形库管理系统中也是不可或缺的人机交互手段。

5.3.1　对话框特点与组成

可编程对话框(Programmable Dialog Box，PDB)是从AutoCAD R12开始提供的一种用于用户交互的可视化对话框工具，该对话框独立于AutoCAD运行平台，不论在任何操作系统(Windows、UNIX、DOS)下，对话框源程序和其外观均不会改变，这为移植AutoCAD的应用程序提供了极大方便。

1. AutoCAD对话框特点

与Windows对话框相比，PDB对话框的优点是设计和使用均较容易，不需要开发者懂得太多的知识，尤其不需要掌握Windows环境下的如MFC和类库等大量的C++知识，用户只需学习简单易用的对话框控制语言(Dialog Control Language，DCL)，就可以快速设计并生成自己喜欢的对话框界面。但PDB对话框也存在明显弱点，一是只能供AutoCAD应用程序所使用，二是功能和机制上不如Windows对话框。因为AutoCAD定位于单一的Windows操作系统，它已不能满足Windows操作系统下对应用程序界面一致性的要求，因此AutoCAD也转向利用Windows对话框来编写用户界面。但是由于PDB对话框的简单和易用性，时至今日，仍有许多开发者使用这种对话框。据Autodesk的最新资料，Autodesk为了保护用户过去的投资利益，打算长期支持这种格式的对话框，而且PDB对话框设计对界面设计的初学者是非常方便和有益的。因此，本节将较为详细地介绍AutoCAD的PDB对话框设计方法。

PDB对话框由对话框定义文件和驱动程序两部分组成。其中，对话框定义文件用于定义对话框的外观，包括对话框的风格、位置、尺寸、内部控件及控件初值等；对话框驱动程序用于管理对话框的显示、与用户的交互、关闭以及获取对话框中控件值。

2. AutoCAD对话框组成

对话框由其若干控件组成。常见的控件有：按钮(button)、编辑框(edit_box)、图像按钮(image_button)、列表框(list_box)、弹出列表框(popup_list)、单选按钮(radio_button)、滚动条(slider)等。图5.19是一个具有多种控件的AutoCAD标准对话框，其源程序包含在acad.dcl文件中。

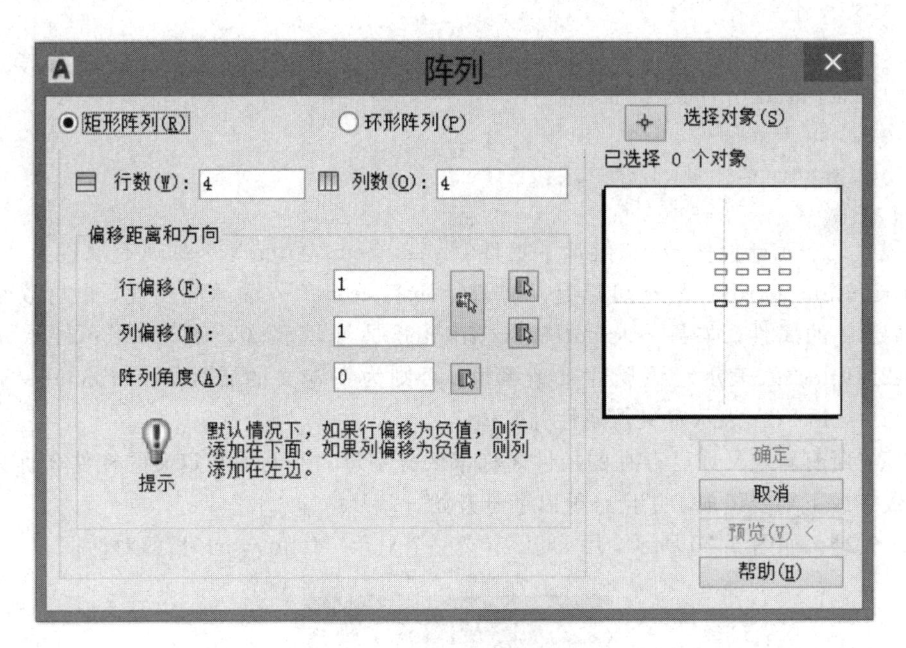

图5.19　AutoCAD标准对话框

AutoCAD对话框中，各种控件的尺寸和功能由控件的属性来确定。设计对话框时，其控件的尺寸及布局遵循统一规则，因此用户只需给出基本的位置信息，AutoCAD会自动确定对话框的大小和部件的位置，用户不需指定每一部分尺寸大小及定位关系。

5.3.2 对话框定义文件

对话框定义文件是一个文本文件，其后缀为“.dcl”。它采用对话框控制语言(Dialog Control Language，DCL)实现。

1. 对话框文件分类

AutoCAD的对话框文件分为两大类：一是系统提供的两个重要的DCL文件：acad.dcl和base.dcl。其中，acad.dcl存放AutoCAD系统定义的对话框。base.dcl存放为用户预定义的常用对话框控件信息，其他所有DCL文件加载时都要自动引用，因此acad.dcl和base.dcl两个文件都不能修改；其二是用户自定义的对话框文件。

用户自定义的对话框文件由三部分组成：

(1) 对话框的定义。一个对话框文件中可以包含多个对话框的定义。

(2) 引用其他DCL文件。它的格式为@include“路径\\DCL文件名”。但注意不能直接引用acad.dcl文件，如果用户要定义类似的对话框，可用文本编辑程序把其中的相应部分剪贴到自己的DCL文件中。

(3) 典型控件及行、列组合控件的定义。

2. DCL语法

DCL语法包括定义控件、引用控件、属性赋值以及注释。

1) 定义控件

定义控件的基本格式如下：

```
name: item1[: item2: item3…]{
    attribute1=value1;
    attribute2=value2;
    …; }
```

此段代码表示新控件name继承了控件item1、item2、item3 …的所有属性及属性值。属性attribute1、attribute2 …可以是从控件item1、item2 …继承的属性，也可以是控件name新定义的属性。如果attribute1、attribute2是继承属性，则{attribute1 = value1; attribute2=value2; }表示对该属性重新赋值；否则为新定义的属性，{attribute1 = value1; attribute2=value2; } 表示定义该属性并赋值。

注意：所有新定义或已存在的控件名称都区分字母大小写。新定义的控件名称只能由字母、数字或下划线组成，并且必须以字母开始。

【例5.2】 如图5.20所示，用DCL定义一个显示“Hello world!”的对话框。

图5.20 “Hello world!”对话框

解　图 5.20 所示对话框对应的 DCL 源代码如下：

```
sample：dialog{                          //定义名字为 sample 的对话框
    label="第一个对话框实例"；             //定义对话框标题
      ：text{                            //引用文本控件
        label="Hello world!"；           //定义文本框的标签
        alignment=centered；             //按钮控件居中对齐
      }                                  //文本控件定义结束
    ok_only；                            //引用确定控件
}                                        //对话框定义结束
```

2）引用控件

引用控件是引用已定义的控件类型。在引用控件过程中可以改变或增加控件的属性，但不必列出不想改变的属性，由于 DCL 可继承属性，因此在建立 DCL 文件时，绝大多数情况下是引用预定义的控件。控件引用的格式如下：

格式 1：只指定名称。常常是指对 base.dcl 文件中定义的 ok_cancel、ok_only、spacer 等组件的引用。例如例 5.2 中的“ok_only；”，引用确定控件。

格式 2：引用已定义的控件，可以添加新定义的属性或对继承控件的属性重新赋值。如引用 text、button、edit_box 等控件时常采用这种格式。例如下列代码就表示引用文本控件。

```
：text{
    label="Hello world!"；
    alignment=centered；
}
```

3）属性赋值

在控件定义或引用的大括号中，属性赋值的格式为

```
attribute=value；
```

其中，attribute 是属性名，value 为赋给属性的值，分号“；”表示赋值结束。赋值时必须注意属性值的类型，例如：

```
label="第一个对话框实例"；
```

4）注释

DCL 有两种注释方式。一种是适用于单行的代码注释，形式为//注释文字，其中“//”至行尾的部分为注释部分，如例 5.2。另一种是适用于行内或多行的注释，形式为“/ * 注释文字 * /”，其中/ * 与 * /之间部分为注释部分，编译时系统忽略注释部分。

3. 对话框文件的编写和显示

DCL 定义的对话框文件可以在 Visual LISP 文本编辑器中编写和显示。

1）编写对话框文件

在 Visual LISP 中选择“文件”→“新建文件”命令来新建一个空白文件，代码编写好后将其保存为 DCL 文件。或者选择“文件”→“打开文件”命令来打开已有的 DCL 文件进行编辑。

文本编辑器自动为 DCL 文件中的语句代码着色，例如控件及其属性用蓝色、整数用品红、实数用绿色、括号用红色等，便于阅读与调试。

2）显示对话框

在Visual LISP中选择“工具”→“界面工具”→“预览编辑器中的DCL”命令，可显示编辑器中定义的对话框。DCL文件中有多个对话框定义时，可以在图5.21(a)所示的下拉列表框中选择要预览的对话框名称，或者在文本编辑器中选定一个对话框定义源代码，选择“工具”→“界面工具”→“预览选定的DCL”命令来显示要预览的对话框。将例5.1的源代码另存为“hello.dcl”，预览效果如图5.21(b)所示。

图5.21　对话框的显示

5.3.3　对话框控件及属性

1. 控件类型

控件是构造对话框的元件。AutoCAD为用户预定义了23种控件和6个常用的固定控件。

控件按照特点可以分为四类(见表5.2)：预定义动作行为的控件、组合类控件、装饰性和信息类控件以及AutoCAD预定义标准控件。其中，预定义动作行为的控件具有动作行为(action)的属性，动作行为可用AutoLISP的函数或表达式定义。用鼠标单击这类控件时，就会执行相应的函数或表达式；组合类控件可以将相关的控件组合在一起，使得对话框的布局更加美观、合理，操作更加方便；装饰性和信息类控件无行为动作，也不能被选择，主要用于显示信息、加强视觉效果或协助对话框布局；AutoCAD预定义标准控件在定义对话框时，可直接使用这些控件。

表5.2　各种类型控件

控件类型	组成控件
预定义动作行为的控件	button、edit_box、image_button、list_box、popup_list、radio_button、slider、toggle
组合类控件	column、boxed_ column、radio_ column、boxed_ radio_ column、row、boxed_ row、radio_ row、boxed_ radio_ row、dialog
装饰性和信息类控件	image、text、text_part、concatenation、paragraph、spacer
预定义标准控件	ok_only、ok_cance、errtile、ok_cancel_help、ok_cancel、help_errtile、ok_cancel_help_info

2. 控件的属性

控件的外观和功能由该控件的属性确定。每一个控件有多个属性，每个属性都有一个属性名和值。多数的属性有它的默认值。控件的类型不同，其包含的属性及属性的数量也不同。AutoCAD 为用户预定义了 35 个属性，这里只列出控件的几种典型属性，完整的控件属性请读者参见附录 B 的表 B.1 和表 B.2。

- label：指定显示在控件中的文字。该属性为带引号的字符串。
- edit_limit：指定在编辑框中允许输入的最大字符数，默认为 132。
- edit_width：以平均字符宽度为单位指定可以在编辑框中编辑或输入的文本宽度。
- height：指定控件的最小高度，数值类型是整数型或实数型。
- width：指定控件的最小宽度。
- key：指定一个 ASCII 码名称，其值为字符串，区分大小写，没有默认值。对话框中各控件的 key 值必须唯一，因为应用程序通过该属性引用指定的控件。
- value：指定控件的初始状态值。
- aspect_radio：指定图像的宽高比，若值为 0，则默认图形占据整个控件。

3. 常见的对话框控件设计

1）对话框设计(dialog)

对话框本身也可以看作是一种控件，它是对话框的主体，不能单独使用，且至少要有一个确认(OK)或取消(Cancel)按钮。它的类型是 dialog，有 initial_focus、label、value 三个属性。标签(label)是对话框的标题，属性值(value)也可以作为标题，这样的标题在程序运行时可以被改变。initial_focus 用于指定初始聚焦的控件。例 5.1 是一个典型的对话框实例。

2）按钮设计(button)

按钮适用于立即产生可视的操作，如退出对话框、弹出子对话框及其他特定操作。每个对话框至少包含一个 OK 按钮(或功能相当的控件)。

按钮的类型是 button，具有 action、alignment、fixed_height、fixed_width、height、is_cancel、is_default、is_enabled、is_tab_stop、key、label、mnemonic、width 共 13 个属性。它的标签(label)显示在按钮上。

若要创建与 OK 等价的控件，其关键字必须为"accept"，并将其属性 is_default 设定为 true(真)。

按钮设计实例定义如下，显示效果如图 5.22 所示。

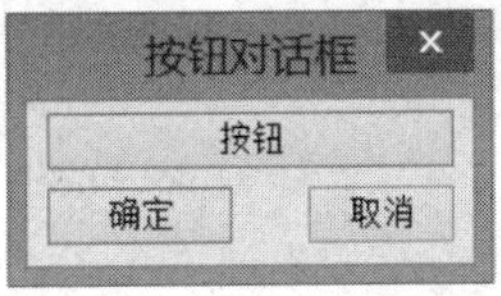

按钮对话框　×
按钮
确定　取消

图 5.22　按钮对话框

```
dia_btn：dialog{
  label="按钮对话框"；
  ：button {                    //引用按钮控件
          label="按钮"；         //定义按钮的标签
          key="ok"；             //定义应用程序时使用控件名
          is_default=true；      //当按接收键(如 Enter 键)时默认激活
          alignment=centred；    //按钮控件居中对齐
          }
     ok_cancel；
}                               //按钮控件定义结束
```

3）编辑框设计(edit_box)

编辑框用于输入字符串。编辑框的标签显示在该框的左边，它的默认宽度为12个字符，当输入的字符个数多于12时，文本自动向左滚动，框内的字符串即为编辑框的值(value)。

编辑框实例定义如下，显示效果如图5.23所示。

```
dia_ed：dialog{
    label="编辑对话框"；
      ：edit_box{
      label="直径D："；
      edit_width=10；
      value=100；
      key="p_d"；
      }
      ok_cancel；
}
```

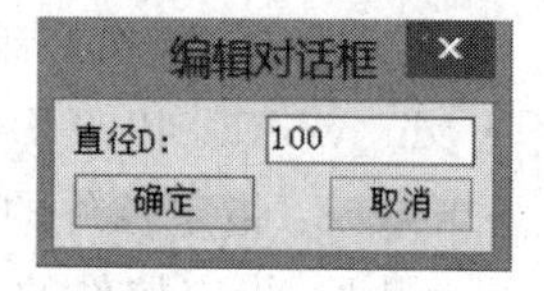

图5.23 编辑对话框

4）图像按钮设计(Image_button)

图像按钮将图像显示在按钮上。图像由AutoLISP程序确定，它的类型是image_button，有action、alignment、allow_accept、aspect_ratio、color、fixed_height、fixed_width、height、is_enabled、is_tab_stop、key、mnemonic、width共13个属性。

图像按钮很有用的一个特性是，通过AutoLISP程序可以获取被单击时的位置，从而根据不同的位置设计相应的动作。

图像按钮实例定义如下：

```
dia_imb：dialog{
    label="图像按钮"；
    ：image_button {
      key="test_image_button"；
      width=10；
      aspect_ratio=1.5；
      }
        ok_cancel；
    }
```

5）列表框设计(List_Box)

列表框的类型是list_box，具有action、alignment、allow_accept、fixed_height、fixed_width、height、is_enabled、is_tab_stop、key、label、list、mnemonic、multiple_select、tabs、value、width共16个属性。列表内含有若干行可供选择的文本，当表的内容超出表的范围时，将自动在表的右侧出现一个滑动条。

列表的标签显示在列表框的上方作为文字说明。列表的值是被选中的文本行的序号，序号从0开始，列表的标签显示在列表框的上方作为文字说明。列表的值是被选中的文本行的序号，序号从0开始。属性multiple_select为true时，允许同时选取框内的多行文本。

图5.24所示对话框的列表定义如下：

```
dia_lb：dialog{
  label="列表框按钮"；
  ：list_box {
    label="单位"；
    list= "m\ncm\nmm\nnm\ninch\n"；// "\n"表示换行。
    value="2"；
    key="unit_list"；
    height=8；
  }
    ok_cancel；
}
```

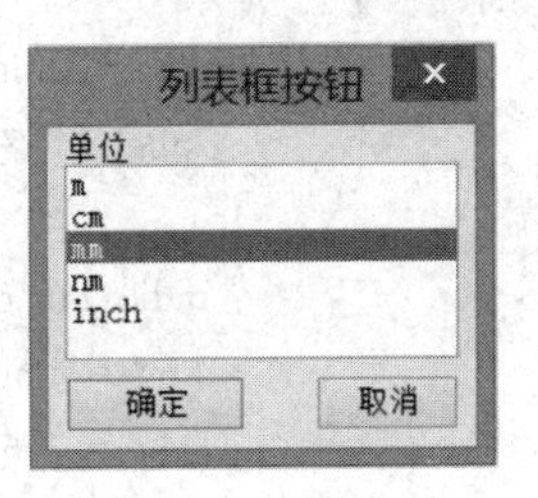

图 5.24　列表框

6）下拉列表框设计（popup_list）

下拉列表的类型是 popup_list，具有 action、alignment、edit_width、fixed_height、fixed_width、height、is_enabled、is_tab_stop、key、label、list、mnemonic、tabs、value、width 共 15 个属性。

下拉列表具有编辑框和列表框的两个特点，初始状态类似于一个编辑框，标签显示在框的左边，框内只有一行字符和一个向下的箭头。单击框内箭头，将弹出一个列表。选取表内文本之后，列表自动关闭，在编辑框内显示选中的内容。下拉列表的值是被选中的文本行的序号。

图 5.25 所示的下拉列表的定义如下：

```
dia_pl：dialog{
    spacer_1；
    label="下拉列表按钮"；
    ：popup_list {
      label="单位"；
      list= "m\ncm\nmm\nnm\ninch\n"；
      key="unit_list"；
      width=20；
    }
    ok_cancel；
}
```

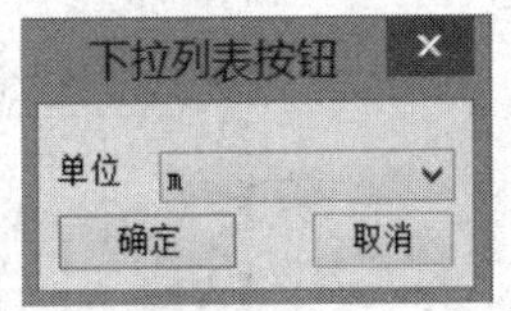

图 5.25　下拉列表框

7）单选按钮（radio_button）

单选按钮的类型是 radio_button，具有 action、alignment、fixed_height、fixed_width、height、is_enabled、is_tab_stop、key、label、mnemonic、value、width 共 12 个属性。

单选按钮不能单独使用，必须由多个这样的按钮以行或列的形式组成一组，同组的按钮之间是互锁的，只能从中选取一个。单选按钮的标签显示在按钮的右边。

图 5.26 所示单选按钮的定义如下：

```
dia_rbtn：dialog{
    spacer_1；
    label="单选按钮对话框"；
    ：radio_button {
```

```
        key= "unit_mm";
        label= "毫米";
      }
      : radio_button {
        key= "unit_inch";
        label= "英寸";
      }
      ok_cancel;
    }
```

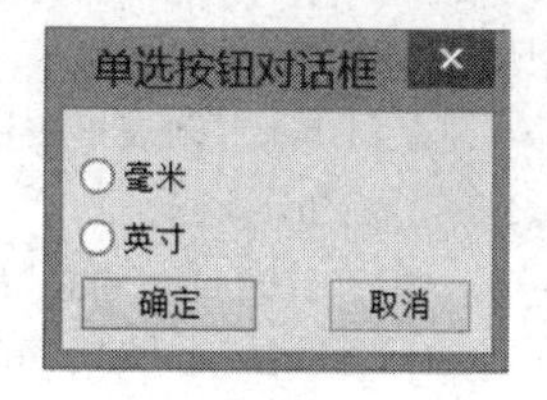

图 5.26　单选按钮对话框

8）组合控件设计

组合控件可以将相关的控件组合在一起，使得对话框的布局更加美观、合理，操作更加方便。控件的行或列称为控件组。形成列控件组的有列、加框列、互锁列和互锁加框列；形成行控件组的有行、加框行、互锁列和互锁加框列。

每个控件都包含 alignment、children_alignment、children_fixed_height、children_fixed_width、fixed_height、fixed_width、height、label、width 共 9 个属性。

(1) 列组件(column)是将若干控件构成垂直分布的一个组件。行组件(row)是将若干控件构成水平分布的一个组件，如图 5.27(a)、(b)所示。

(2) 加框列(boxed_column)和加框行(boxed_row)是对行组件和列组件加一个矩形框，如图 5.27(c)、(d)所示。

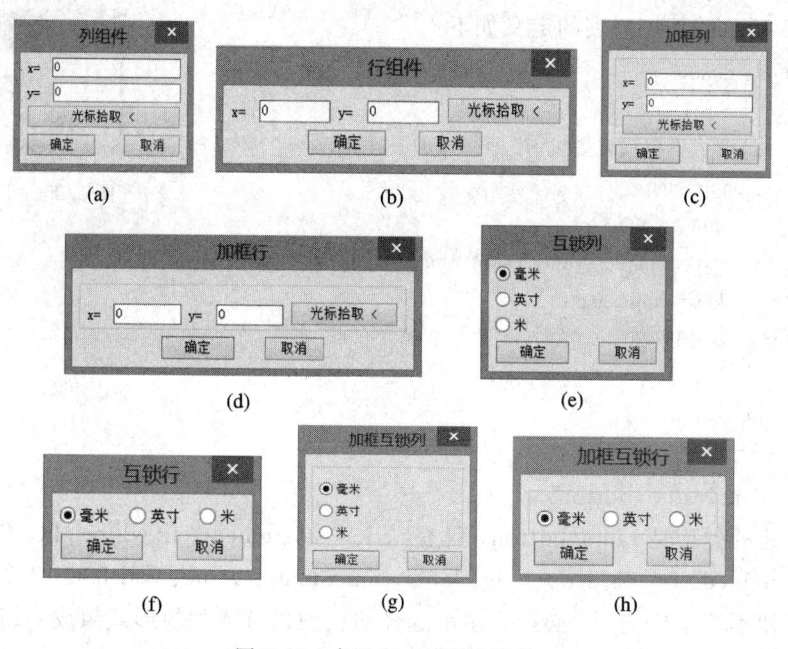

图 5.27　各种行、列组合控件

图 5.27(b)列组件的源程序代码如下：

```
: column{
    : edit_box {
      label= "x=";
      width=12;
```

```
        key= "x";
        mnemonic= "x";
        value=0.0;
      }
      : edit_box {
        label= "y=";
        width=12;
        key= "y";
        mnemonic= "y";
        value=0.0;
      }
      : button {
        label= "光标拾取 <";
        key= "pick";
      }
    }
```

行组件、加框列和加框行只需将代码中 column 改为 row、boxed_column 和 boxed_row 即可。

(3) 互锁列(radio_column)是由若干个单选按钮组成的列组件。互锁行(radio_row)是由若干个互锁按钮组成的行组件。互锁行或互锁列中只能有一个选钮的 value 属性值为 1，即处于打开状态，如图 5.27(e)、(f)所示。

(4) 加框互锁列(boxed_radio_column)和加框互锁行(boxed_radio_row)，就是加了一个矩形框的互锁行或互锁列，如图 5.27(g)、(h)所示。

图 5.27(a)互锁列的源程序代码如下：

```
    : radio_column{
      : radio_button{
        key= "unit_mm";    label= "毫米";    value=1; }
      : radio_button{
        key= "unit_inch";   label= "英寸"; }
      : radio_button{
        key= "unit_m";    label= "米";    }
    }
```

互锁行、加框互锁列和加框互锁行只需将代码中 radio_column 改为 radio_row、boxed_radio_column 和 boxed_radio_row 即可。

9) 预定义标准控件

定义对话框时，可直接使用这些预定义标准控件，但是在编写 AutoLISP 驱动程序时，必须要准确地使用其关键字(大小写字母不等价)。预定义标准控件包括：

(1) 确定按钮(ok_only)。单个的确定按钮，关键字为“accept”，用于确认施加在对话框上的操作，如图 5.21(b)所示的按钮。

(2) 确认和取消按钮(ok_cancel)。确认和取消两个按钮组成一行，确定按钮的关键字同前，取消按钮的关键字为“cancel”。确定按钮用于放弃施加在对话框上的操作。如图

5.27 各图中的确定和取消按钮显示。

(3) 确认、取消和帮助控件(ok_cancel_help)。确认、取消和帮助三个按钮组成的行，确认、取消按钮的关键字同前，帮助按钮的关键字为“help”。

(4) 出错信息控件(errtile)。该控件属于文本类型的控件，其标签为空，关键字为“error”。显示该控件属性 value 的内容。属性 value 的值由 AutoLISP 程序确定。

(5) 确认、取消、帮助和出错控件(ok_cancel_help_errtile)。确认、取消、帮助和出错四个按钮组成的行，出错新的属性 value 的值同样由 AutoLISP 程序确定，写在该行的下面。

图 5.28 所示的出错控件及确定按钮的源代码如下：

```
error：dialog{
    label="出错信息";
    errtile;
    ok_only;
}
```

图 5.28　出错信息对话框

其中，对话框中显示的文本“长度必须大于 0!”是 AutoLISP 驱动对话框程序中用 set_tile 函数为其属性 value 赋值，即：(set_tile "error" "长度必须大于 0!")。ok_cancel_help_errtile 中的出错信息也是这样赋值。

4. 对话框控件设计实例

设计一个对话框不仅要考虑它的功能是否满足要求，还应该满足交互设计的相关准则，如美观性、便于操作。

【例 5.3】 如图 5.29(a)所示，为键槽的断面图添加参数数据输入对话框，如图 5.29(b)所示，并编写对应的对话框程序。

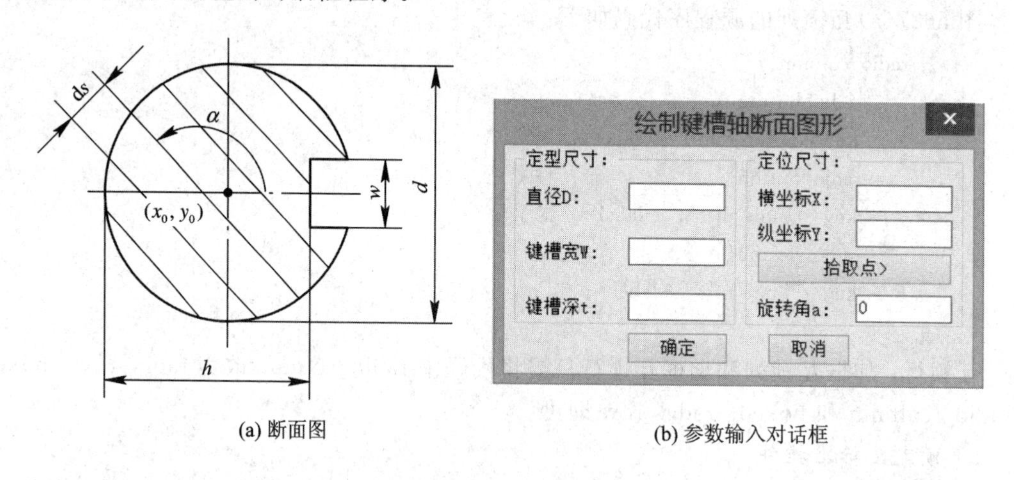

(a) 断面图　　(b) 参数输入对话框

图 5.29　键槽断面图及参数数据输入对话框

解　图 5.29(b)所示对话框的程序如下：

```
section：dialog{
    label="绘制键槽轴断面图形";
    ：row{                          //行控件
      ：boxed_column{               //加框列控件
```

```
            label="定型尺寸：";
            ：edit_box{                   //编辑框控件
                    label="直径 D：";
                    edit_width=8；
                    mnemonic="D"；
                    key="p_dia"；}
            ：edit_box{
                    label="键槽宽 W：";
                    mnemonic="W"；
                    edit_width=8；
                    key="p_w"；}
            ：edit_box{
                    label="键槽深 t：";
                    mnemonic="W"；
                    edit_width=8；
                    key="p_t"；}
            }
        ：boxed_column{
            label="定位尺寸：";
            ：edit_box{
                    label="横坐标 X：";
                    edit_width=8；
                    mnemonic="X"；
                    key="p_x"；}
            ：edit_box{
                    label="纵坐标 Y：";
                    mnemonic="Y"；
                    edit_width=8；
                    key="p_y"；}
            ：button{                     //按钮控件
                  label="拾取点>";
                  key="p_p"；}
            ：edit_box{
                    label="旋转角 a：";
                    edit_width=8；
                    value=0；          //旋转角默认值为 0
                    mnemonic="a"；
                    key="p_angle"；}
            }
        }
    ok_cancel；                        //确定取消控件
}
```

5.3.4　对话框驱动程序设计

对话框文件仅描述了对话框的结构和外观，要使对话框发挥作用则必须利用驱动程序。驱动程序一般由主调用函数和回调函数组成。主调用函数用于对话框的装入、显示、交互及清除，回调函数一般用于对对话框中各控件的值进行提取等操作。AutoCAD的对话框驱动程序可由AutoLISP、AutoCAD VBA、ObjectARX、NET API等方式完成。

1. 对话框驱动程序简介

AutoLISP作为内嵌于AutoCAD的一种解释性语言，用它编写对话框驱动程序简洁、直观、方便。它对AutoCAD一些基本命令的支持性优于其他方式，用户还可以通过编写自定义命令或函数自动操作完成AutoCAD任务。经过在Visual LISP集成环境下编译，可得到运行效率更高、代码更加紧凑、具有良好的保密性的应用程序。

AutoCAD VBA是内嵌在AutoCAD内部的编程环境，允许VBA环境与AutoCAD同时运行，使用的VB语言功能强大、语法简单。VBA通过AutoCAD ActiveX Automation接口将消息发送到AutoCAD，并通过ActiveX Automation接口对AutoCAD进行编程控制。

ObjectARX是针对AutoCAD平台二次开发而推出的开发软件包，它提供了以C++为基础的面向对象的开发环境及应用程序接口，能真正快速地访问AutoCAD图形数据库。与之前的AutoLISP和ADS不同，ObjectARX应用程序是一个DLL(动态链接库)，共享AutoCAD的地址空间，对AutoCAD进行直接函数调用，使用ARX编程的函数执行速度快。因ARX类库采用了标准的C++类库的封装形式，大大提高了编程的可靠度和效率。目前，ObjectARX 2002还特别增加了对可扩展标记语言(eXtensible Markup Language，XML)的支持，为ObjectARX开发网络协作应用提供了有力支持。

.NET API是从AutoCAD 2006增加的新开发工具，它提供了一系列托管的外包类(Managed Wrapper Class)，使开发人员可在.NET框架下使用任何支持.NET的语言(如VB.NET、C#和Managed C++等)对AutoCAD进行二次开发。目前.NET API已经拥有与C++相匹配的强大功能。由于开发接口是完全面向对象的，又具有方便易用的特点，是目前较为理想的AutoCAD开发工具。

显然，ObjectARX、.NET API的二次开发功能是最好和最有发展前途的，但是掌握VC++、ObjectARX以及.NET相对来说难度也是最大的。Visual LISP、AutoCAD VBA相对易学易用，开发周期短，但是难以胜任对执行速度和性能要求都很高的解决方案和复杂程序的需求。读者可根据图形库管理系统的具体情况酌情选择开发工具。

下面主要介绍用AutoLISP编写对话框驱动程序的方法，其他工具请读者参考相关书籍。

2. 对话框主调用函数设计

对话框主调用函数的执行过程如下：

(1) 加载对话框；

(2) 显示对话框到屏幕上，初始化对话框；

(3) 激活对话框中的控件对象，并执行相应的操作；

(4) 结束并关闭对话框；

(5) 卸载对话框，释放对话框所占存储空间。

表 5.3 列出了对话框的主调用功能函数，函数的使用方法详见附录 C.1。

表 5.3　对话框主调用功能函数

函数名称	功 能 阐 述
load_dialog	加载一个对话框文件
new_dialog	将对话框显示到屏幕上
action_tile	指定控件的相应动作
start_dialog	激活由 new_dialog 函数显示的对话框，等待并接受用户的操作
done_dialog	隐藏对话框
unload_dialog	卸载一个与参数相关联的对话框文件，释放该对话框所占存储空间

【例 5.4】 用 AutoLISP 编写例 5.2 中 Hello world！对话框的驱动程序。

解　将例 5.2 中的 Hello world！对话框程序保存至“D：\\AutoLISP\\helloworld\\hello.dcl”文件中，供本例中驱动程序调用。

对话框驱动程序如下：

```
(defun C：hello()
  (setq dcl_id (load_dialog "D：\\AutoLISP\\helloworld\\hello.dcl"))   ；加载 DCL 文件
  (if (not (new_dialog "hello" dcl_id))                ；初始化名为 hello 的 DCL
    (progn                                             ；如果失败，执行以下操作
      (princ "\nCannot load hello.dcl")                ；屏幕打印出信息
      (exit)                                           ；退出
    )
  )
  (action_tile "accept" "(done_dialog)")；初始化成功后，点击“确定”按钮，执行关闭对话框操作
  (start_dialog)                         ；启动显示对话框
  (unload_dialog dcl_id)                 ；卸载对话框
  (princ)                                ；静默退出
)
```

在 Visual LISP 环境下，将上述代码输入并存储为“hello.lsp”，按照第 4 章方法加载成功后，从 AutoCAD 命令行输入 hello，若初始化成功，就会出现如图 5.20 所示的对话框，单击“确定”按钮，对话框就会关闭；若初始化失败，此时 dcd_id 小于 0，屏幕出现“Cannot load hello.dcl”的提示信息，如图 5.30 所示。

```
命令: hello
Cannot load hello.dcl; 错误: quit / exit abort
```

图 5.30　驱动对话框的显示结果

3. 对话框控件驱动设计

对话框本身并不具备向应用程序传递数据的功能。用户的输入数据或操作作为属性的值存放到对话框的控件中，应用程序须从对话框的一些控件属性中获取数据。获取与设定控件属性值的功能函数如表 5.4 所示，函数使用方法详见附录 C.2。

表 5.4 获取与设定控件属性值的功能函数

函数名称	功 能 阐 述
get_attr	获取关键字为 key 控件的相应属性的值
get_tile	获取关键字为 key 的控件的值
set_tile	设置关键字为 key 的控件的值

用户通过对话框界面向 AutoLISP 程序传递数据，需要定义下列两类功能函数：

(1) 定义获取数据的 lsp 函数，如 getdata，利用 get_tile 函数获取控件 key 值。

(2) 定义对话框功能操作函数或命令，实现对话框的加载、新建、其动作定义以及启动、卸载：

① 初始化对话框，用 load_dialog 函数装入对话框程序；用 new_dialog 函数新建对话框；

② 添加(action_tile "accept" …)语句，触发单击"确定"按钮的工作。添加(action_tile "cancel" …) 触发"取消"按钮的操作；

③ 用 start_dialog 函数启动对话框，程序运行时，用户会看到对话框，当用户在编辑框输入或编辑数据单击"确定"按钮后，执行获取数据的函数 getdata，并将数据传递到应用程序的变量中；

④ 卸载对话框。

【例 5.5】 实现图 5.29 所示的参数数据输入对话框对应的驱动程序。

解 将例 5.3 中的对话框程序保存至"D：\\AutoLISP\\draw\\key.dcl"文件中，供本例中驱动程序调用。

(1) 实现对话框功能操作(自定义命令 shaft)。

```
(defun C：shaft()
  (setq dcl_id  (load_dialog "D：\\AutoLISP\\draw\\key.dcl"))  ；装入对话框
  (if (< dcl_id 0) (exit))                          ；载入失败退出
  (if (not (new_dialog "section" dcl_id))           ；新建对话框的失败处理
    (progn
      (princ "\nCannot load key.dcl")
      (setq dialogLoaded nil)
      (exit)
    )
  )
  (action_tile "accept" "(getdata)(done_dialog 1)")
；当触发"确定"按钮时，执行获取数据的函数和关闭对话框动作，并将对话框状态赋值为 1
  (setq sign (start_dialog))  ；启动对话框
  (if (= sign 1)
      (shase x y d w h ang)  ；对话框的状态值为 1 时，执行 shase 自定义函数，绘制图形
    )
  (unload_dialog dcl_id)      ；从内存中卸载对话框文件
  (princ)
)
```

(2) 实现从编辑框获取 d、w、h、x、y 数据(自定义函数 getdata)。

```
(defun getdata()
  (setq d  (atof(get_tile "p_dia")))       ；将对话框中的直径属性值赋予变量 d
  (setq w  (atof(get_tile "p_w")))         ；将对话框中的键槽宽度属性值赋予变量 w
  (setq h  (atof(get_tile "p_t")))         ；将对话框中的键槽深度属性值赋予变量 h
  (setq x  (atof(get_tile "p_x")))         ；将对话框中的横坐标 x 属性值赋予变量 x
  (setq y  (atof(get_tile "p_y")))         ；将对话框中的纵坐标 y 属性值赋予变量 y
  (setq ang (atof(get_tile "p_angle")))    ；将对话框中的旋转角度属性值赋予变量 ang
)                                          ；getdata 函数定义结束
```

(3) 绘制带键槽的轴断面图(自定义函数 shase)。

```
(defun shase (x0 y0 d w h a)
    (setq osnap_mode (getvar "ODSMOD"))   ；获取目标捕捉状态
    (setvar "OSMODE" 0)                    ；关闭目标捕捉
    (setq r (/ d 2.0) w1 (/ w 2.0))
    (command "linetype" "s" "center" "")   ；定义线型为实线，名称为“center”
    (command "lweight" 0)                  ；定义线宽为 0
    (command "color" 1)                    ；定义颜色为红色，1 为红色对应的自然数
    (command "line" (list (－ x0 r 3) y0) (list (＋ x0 r 3) y0) "")
    (command "line" (list x0 (－ y0 r 3)) (list x0 (＋ y0 r 3)) "")
    (command "linetype" "s" "continuous" "")  ；定义线型为实线，名称为“continuous”
    (command "lweight" 0.5)                ；定义线宽为 0.5
    (command "color" 7)                    ；定义颜色为黑色，7 为红色对应的自然数
    (setq p3 (list (－ (＋ x0 h) r) (＋ y0 w1)))
    (setq p4 (list (＋ x0 (sqrt (－ (＊ r r) (＊ w1 w1)))) (cadr p3)))
    (setq p2 (list (car p3) (－ y0 w1)))
    (setq p1 (list (car p4) (cadr p2)))
    (command "pline" p1 "w" 0.4 "" p2 p3 p4 "a" "ce" (list x0 y0) p1 "")
    (command "hatch" "ansi31" 0.8 (－ a 45) "l" "")
    (command "redraw")
    (setvar "OSMODE" osnap_mode)           ；恢复目标捕捉状态
)
```

在 Visual LISP 环境下，将上述代码输入并存储为以.lsp 后缀的文件，加载成功后，在 AutoCAD 命令行下输入自定义命令 shaft，则会在屏幕上显示图 5.29(b)的对话框，输入对应参数数据，即可绘制出相应的图形，如图 5.31 所示。

4. 图像按钮控件设计

图像控件的大小和位置在 DCL 文件中定义，而图像的显示由编写的 AutoLISP 驱动对话框程序实现。

在 DCL 设计中，运用“image_button”建立图像按钮控件，其中需定义控件的宽或者高，以及控件的宽高比。默认情况下，其宽高比为 0.66(即 aspect_ratio＝0.66)，此时控件中并没有幻灯片文件(即图像)。

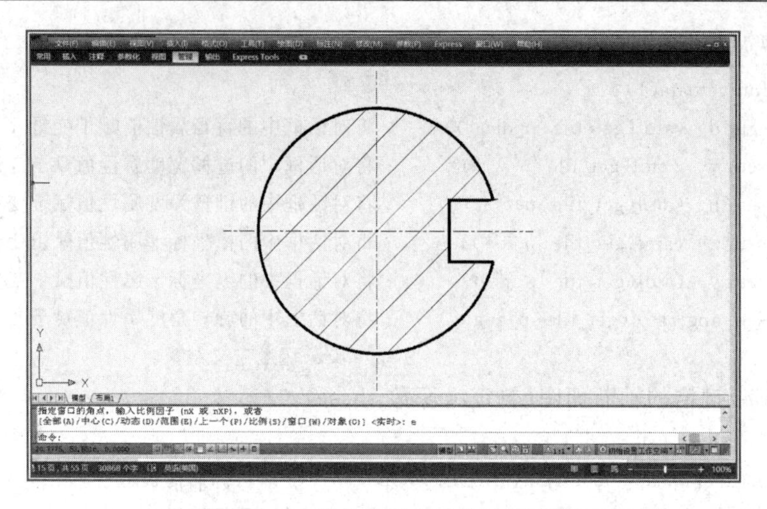

图 5.31　程序参数驱动后的运行结果

插入图像控件和图像按钮控件中的图像为幻灯片文件（*.sld）。制作幻灯片文件时，首先在AutoCAD中绘制要显示的图像，然后启动mslide命令，将其保存为*.sld文件。再在对话框驱动程序中运用slide函数将sld文件插入图像控件中。

图像控件处理函数如表5.5所示，其具体使用方法详见附录C.3。

表 5.5　图像控件处理函数

函数名称	功 能 简 述
start_image	打开指定的图像控件，开始处理图像框显示
dimx_tile	返回图像控件的宽度，以像素为单位
dimy_tile	返回图像控件的宽度，以像素为单位
vector_image	在图像控件内绘制向量直线
fill_image	在图像控件内填满指定的颜色块
slide_image	在图像控件内显示SLD幻灯片
end_ image	结束图像控件的处理

【例5.6】 按照图5.32所示，设计绘制阿基米德螺旋线的对话框和驱动程序。

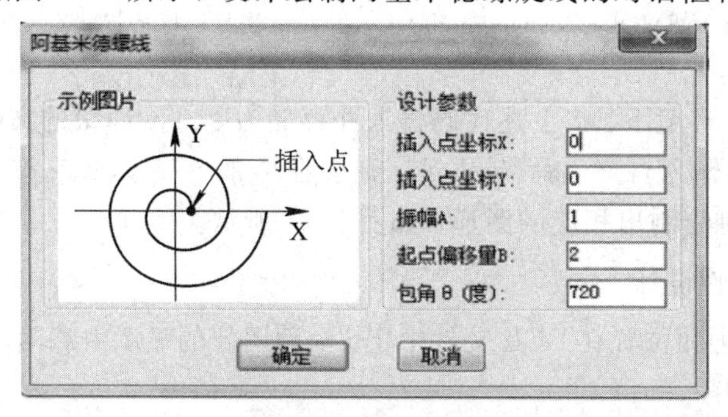

图 5.32　阿基米德螺旋线数据输入对话框

解　首先可在AutoCAD中调用事先编写好的AutoLISP自定义函数绘制阿基米德螺旋线的示例图，再按照幻灯片文件制作方法生成Archimedean_spiral.sld文件。

(1) 定义对话框。

代码如下：

```
Archimedean_spiral：dialog{
  label="阿基米德螺线"；
  spacer_1；
  ：row{                              //行控件
    ：boxed_column{                   //加框列控件
       label="img_Archi"；
      ：image{                        //引用图像控件
        width=30；                    //图像的宽
        key="img_Archi"；             //图像的关键字
        color=－2；                   //图像的背景色，－2 为 AutoCAD 的背景色
      }
    }                                 //图像控件引用结束
    ：boxed_column{                   //加框列控件
      label= "设计参数"；
      ：edit_box{
        label="插入点坐标 X："；
        edit_width=8；
        value=5；                     //默认值，可不设置
        key ="X"；
        mnemonic ="X"；
      }
      ：edit_box{
        label="插入点坐标 Y："；
        edit_width=8；
        value=0；                     //默认值，可不设置
        key ="Y"；
        mnemonic ="Y"；
      }
      ：edit_box{
        label="振幅 A："；
        edit_width=8；
        value=1；                     //默认值，可不设置
        key ="A"；
        mnemonic ="A"；
      }
      ：edit_box{
        label="起点偏移量 B："；
        edit_width=8；
        value=2；                     //默认值，可不设置
        key ="B"；
        mnemonic ="B"；
      }
      ：edit_box{
```

```
            label="包角 θ(度)：";
            edit_width=8;
            value=720;                          //默认值，可不设置
            key ="C";
            mnemonic ="C";
          }
        }
      }
      spacer_1;
      ok_cancel;
    }
```

在 Visual LISP 环境下，将上述代码输入并存储在“D:\AutoLISP\Archimedean\Archimedean_spiral.dcl”文件中，供后续对话框驱动程序调用。

(2) 设置对话框驱动程序。

① 实现对话框功能操作(自定义命令 Archimedean)。代码如下：

```
(defun C:Archimedean ()
  (setq std 0)
  (setq dcl_id (load_dialog "D:\AutoLISP\Archimedean\Archimedean_spiral")) ；加载对话框
  (new_dialog "Archimedean_spiral" dcl_id)          ；初始化对话框
  (setq x1 (dimx_tile "img_Archi"))                 ；获取图片
  (setq y1 (dimy_tile "img_Archi"))
  (start_image "img_Archi")
  (slide_image 0 0 x1 y1 "Archimedean_spiral")      ；加载 sld 图片
  (end_image)
  (action_tile "accept" "(getdata) (done_dialog 1)")
  (action_tile "cancel" "(done_dialog -1)")
  (setq std (start_dialog))
  (unload_dialog dcl_id)
  (if (= std 1)
    (Archimedean_spiral x0 y0 a b ang)
    )
)
```

② 实现从编辑框获取 x0、y0、a、b、ang 参数数据(自定义函数 getdata)。代码如下：

```
(defun getdata()
  (setq x0 (atof (get_tile "X")))
  (setq y0 (atof (get_tile "Y")))
  (setq a (atof (get_tile "A")))
  (setq b (atof (get_tile "B")))
  (setq ang (atof (get_tile "C")))
)
```

③ 实现阿基米德螺旋线绘制(自定义函数 Archimedean_spiral)，具体见 4.5.4 节例 4.5。

在 Visual LISP 环境下，将上述代码输入并存储为以.lsp 后缀的文件，加载成功后，在 AutoCAD 命令行下输入自定义命令 Archimedean，根据需求在对话框中输入参数数据，点击“确定”后，即可绘制出符合要求的阿基米德螺旋线。

5.4　AutoCAD 的图形数据库开发

图形库管理系统离不开对图形数据库的访问、编辑等操作。AutoCAD 系统允许用户访问其内部图形数据库，也可以通过配置外部数据库访问和编辑外部数据库中的数据，这为开发基于 AutoCAD 的图形库管理系统提供了有力支持。

5.4.1　AutoCAD 内部图形数据库的访问

AutoCAD 系统的内部图形数据库(AutoCAD Database)是按照一定结构组织的 AutoCAD 全部图形数据的集合。在 AutoCAD 中，图形实体一般是指一条命令便可绘出的图形单元，也称为图元。图形数据库中的一条记录描述一个图形实体信息，每个记录都包含图形实体名称和数据，还包含图形实体文本字符串、属性及环境变量设置的说明。用 AutoCAD 绘制的任何一个图形都是由一个或多个图形实体组成的，如直线、弧线、圆等。用户可以根据自己的需要，用 AutoLISP 或其他工具编写命令、函数来访问 AutoCAD 图形数据库中的实体数据表，实现对图形的创建、访问、修改和删除等操作。在多数情况下，这种对图形实体的直接修改比使用 AutoCAD 编辑命令更为方便、有效。

1. AutoCAD 实体与选择集

1) AutoCAD 实体

在 AutoCAD 中，图形实体可分为简单实体(如直线，圆弧等)和复杂实体(如多义线和带属性的块等)。每一个图形实体在图形数据库中都有唯一的实体名，用以标识该图形实体。通过实体名，就能够访问到这些实体在图形数据库中的信息。每一个复杂实体都有一个主实体和若干个子实体组成，主实体和子实体用各自的实体名加以标识。

实体名格式定义如下：

〈Entity name：实体名编码〉

例如，在 AutoCAD 屏幕上绘制一条直线段：

Command：line↙50，50↙100，100↙↙

在 AutoCAD 图形数据库中，该直线段的实体数据表为

```
((-1 .〈Entity name：c70094bc40〉)；实体名，每次打开图形时，实体名都会发生变化
(0 . "LINE")              ；实体类型，LINE 表示直线段
(5 . "434")               ；句柄，该图形实体的编号，十六进制，若图形不变，则编号不变
(67 . 0)                  ；空间，模型空间或图纸空间
(410 . "Model")           ；字符串
(8 . "1")                 ；图层名，该直线段在“1”层
(6 . "CENTER")            ；线型名，此处为中心线；字符串
(10 50.0 50.0 0.0)        ；主要点：直线段或文字图元的起点坐标、圆的圆心坐标等
(11 100.0 100.0 0.0)      ；其他点，此处为直线段的终点坐标
```

```
(210 0.0 0.0 1.0)        ；拉伸方向
)
```

实体数据表的每一项都是一个点对，点对通常是以点分开的两个元素组成的表，例如，(0 . "LINE")。每个点对都有以数开始的DXF组码，例如-1表示实体名，0表示实体类型，6表示线型，8表示图层等。常见的组码可参见附录A.8中的表A.1。在AutoCAD系统中，无论是通过AutoCAD命令还是通过AutoLISP程序绘制的图形，实体数据表存储格式都是一致的。

用AutoLISP对实体进行操作，首先要获取实体名和实体数据，然后再对实体数据进行必要的修改，最后将实体新数据写入数据库中或者在屏幕上显示该实体。

2) AutoCAD选择集

AutoCAD选择集(Selection Set)是指在图形编辑或操作过程中被选中的一组实体的有序集合。通过操作选择集，可以获得所选择的实体名，然后根据实体名，访问图形数据库。大多数的AutoCAD编辑命令都在选择集上操作。使用AutoCAD编辑和查询命令时，可通过目标选择方式获取确定所需的操作对象。选择集既可作为整体处理，也可从中取出某一个或多个成员进行处理。

选择集的格式如下：

〈Selection set：n〉

其中：n是选择集的编号，n可能是数字如1、2、3、…，也可能是数字和字母组合，由AutoCAD系统给出。

例如，上述绘制的直线段，运行选择集构造函数(ssget)，选取直线段对象后，得到该直线段的选择集是〈Selection set：2〉；再运行一次得到的选择集是〈Selection set：4〉。随后若再在屏幕上绘制圆，则得到圆的选择集是〈Selection set：7〉。这里的选择集编号是完成一次图形选择后就会变化。

需要注意的是，实体名和选择集只能在图形编辑阶段中获得，退出AutoCAD后自动消失。只有图形实体的句柄在图形的整个生命周期中都是不变的，与实体同存于图形文件中。如果应用程序在不同时刻必须引用同一图形中的某一个数据信息，可以使用句柄。

2. AutoCAD实体名访问函数

AutoLISP提供了主实体和子实体的实体名访问函数，以实现AutoCAD图形数据库的访问。表5.6为实体访问函数及其功能，函数使用方法见附录A.7。

表5.6　实体访问函数及其功能

函　数	功能说明
entnext	获取图形数据库中的某一实体名
entlast	获取图形数据库中的最后一个实体名
entsel	选择实体名
entget	获得实体数据表
entmod	更新实体
entupd	更改复杂的实体
entdel	删除和恢复实体

3. AutoCAD 选择集访问与操作函数

AutoCAD 提供了 6 个有关选择集访问与操作函数，函数及其功能见表 5.7，函数使用方法见附录 A.8。

表 5.7　选择集访问与操作函数及其功能

函　数	功 能 说 明
ssget	构造一选择集，并将图形对象放入选择集
sslength	求选择集的长度
ssname	访问选择集的实体名
ssadd	把实体加入到选择集中
ssdel	从选择集中删除实体
ssmemb	测试实体是否为选择集的成员

4. AutoCAD 图形数据管理实例

【例 5.7】 编写一个 AutoLISP 函数，删除指定图层上的所有实体。

解

```
(defun C: Dellayer (/ name ss)
  (setq name (strcase (getstring \nLayer to delete? ")))  ；获取要删除图形对应的图层名
  (setq ss (ssget "X" (list (cons 8 name))))；选择集 ss 中包含了所有层名是 name 的图形实体
  (command "erase" ss "")
  (command "redraw")
)
```

程序中 strcase 函数用来将已成为字符串的层名全部转换为大写(ssget 函数的过滤器列表要求字母大写)。cons 函数用来形成点对表。

【例 5.8】 编写一个 AutoLISP 函数，构造一个选择集，包括从给定实体之后到当前图形数据库的最后一个实体的所有实体名。

解　构造该选择集，需要搜索图形数据库，因此通过循环实现。

```
(defun Selstuff (e)
    (if (not e)
      (princ "\n No entities in drawing!")
      (progn          ；给定的 e 不为空，将 e 之后的下一个实体名加入选择集 ss
        (setq ss (ssadd))    ；构造一个空选择集
        (ssadd e ss)
        (while (setq e (entnext e))
          (setq ss (ssadd e ss))
        )      ；依次取出下一个实体名，加入选择集 ss，直至获取的实体名为 null
      )
    )
)
```

程序中 ssadd 函数用来创建空选择集 ss，entnext 函数遍历图形数据库中的实体。

【例 5.9】 编写一个 AutoLISP 函数，删除没有选中的图形、保留选中的图形功能。

解

```
(defun Delnst()
    (setq keep_ss (ssget))                    ；构造要保留的图形选择集
    (setq all_ss (ssget))                     ；构造所有实体的选择集
    (if (not keep_ss) (command "erase" all_ss "") ；若保留图形集为空，则删除全部实体
      (progn
        (setq del_ss (ssadd))                 ；构建一个空选择集，存放待删除实体
        (setq n 0)
        (setq L (sslength all_ss))            ；获取包含所有实体选择集的长度
      (repeat L
        (setq ename (ssname all_ss n))        ；获取 all_ss 第 n 个实体名
        (if (not (ssmemb ename keep_ss))      ；测试取出的实体是否在保留集合中
          (ssadd ename del_ss)                ；若不在，将其放入删除集合
        )
        (setq n (+ n 1))
      )
      (command "erase" del_ss "")             ；清除删除选择集中的所有实体
    )
  )
)
```

对 AutoCAD 实体对象进行处理时，删除实体和选择实体的操作经常会用到，因此例 5.7～例 5.9 的功能函数，如有需要可直接使用。

【例 5.10】 编写一个 AutoLISP 自定义命令，返回图形数据库中最后一个实体名，若最后一个实体包含子实体，则返回最后一个子实体名，否则返回主实体名。

解

```
(defun C: Getlast()
  (setq e (entlast))          ；获取图形数据库中最后一个实体名
  (if (entnext e)
    (progn
      (princ "complex entity!")
      (while (setq en (entnext e))
        (setq e en)           ；逐个找出子实体名
      )
    )
    (princ "complex entity!")
  )
  e                           ；返回数据库中最后一个实体名
)
```

【例 5.11】 编写一个 AutoLISP 自定义命令，获取最新产生图形的对应数据表，并打印在屏幕上。

解

```
(defun C: Getdatalist()
  (setq e (entlast))                    ; 选择实体，获取实体名
  (setq e - list (entget e))            ; 获取实体数据表
  setq i 0)                             ; 设置计数器
  (while (<= i (length e - list))       ; 依次打印数据表中的各项
    (princ (nth i e - list))
    (setq i (1+ i))
  )
)
```

【例 5.12】 编写一个 AutoLISP 函数，修改复杂实体的图形数据。该图形实体为一个三多义线命令绘制的三角形，顶点坐标分别为(3，3)、(1，1)和(5，1)。将其中顶点(3，3)修改为(5，3)。

解

```
(defun complex_entupd()
    (setq p1 '(3 3) p2' (1 1) p3 '(5 1))
    (command "pline" p1 p2 p3 "c")        ; 绘制一个三角形图形实体
    (setq ew1 (entlast))                  ; 获取最新产生的图形实体名
    (setq ew2 (entnext ew1))              ; 获取其子实体名(线段)
    (setq e_List (entget ew1))            ; 获取子实体的数据表
    (setq np1 (list (car p3) (cadr p1)))  ; 生成一个新点(5, 3)
    (setq e_List (subst (cons 10 np1) (assoc 10 e_List) e_List) )
                                          ; 将该点替换子实体(线段)的起点坐标
    (entmod e_List)                       ; 修改实体数据表
    (entupd ew1)                          ; 更新实体数据，屏幕图形也会随之更新
)
```

5.4.2　AutoCAD 对外部数据库的访问

5.1.2 节介绍了 AutoCAD 与外部数据连通的工具。本节将介绍 AutoCAD 二次开发中外部数据库的使用方式。本节以 AutoCAD 2010 版本为例。

1. 配置数据库

AutoCAD 中访问外部数据库前，需要采用 Microsoft 的 ODBC (Open Database Connectivity，开放数据库的连通性)和 OLE DB(Object Linking and Embedding Database，OLE 数据库)对 AutoCAD 进行配置。不同数据库系统的配置过程变化不大，本节以 Access 数据库为例进行说明。

数据库配置包括建立一个新数据源，它指向一个数据集合以及有关使用该数据源所需驱动程序的信息。数据源是一个单独的表或一个表的集合，可以在一个环境、目录或图表中建立或保存。在大多数数据库管理系统中，环境、目录或图表是数据库元素的分层结构，且它们在许多方面是模拟 Windows 的目录结构。图表包含一个表的集合，目录包含图表的子目录，环境包含目录的子目录。数据库的具体配置步骤如下：

(1) 启动数据库连接管理器。在 AutoCAD 命令提示下，通过输入 DBCONNECT 命令就可以调用数据库连接管理器。在弹出的“数据库连接管理器”对话框中，图形节点(Drawing nodes)显示出目前所有打开的图形文件，且每一个节点将显示所有与图形相关的数据库对象。数据源节点(Data Sources node)显示了系统中所有配置的数据源。图 5.33 所示说明当前只有一个图形文件 Drawing1.dwg 和一个数据源 jet_dbsamples。AutoCAD 为用户提供了几个 Microsoft Access 的数据库表格样例和一个直接驱动程序 jet_dbsamples.udl。

(2) 配置数据源。选择数据源，右键单击，出现“配置数据源”，单击选择后弹出“配置数据源”对话框，如图 5.34 所示。从“配置数据源”对话框中的“数据源”列表框中，选择 jet_dbsamples 选项，并单击“确定”按钮，系统将弹出“数据链接属性”对话框并选择“连接”选项卡，如图 5.35 所示。

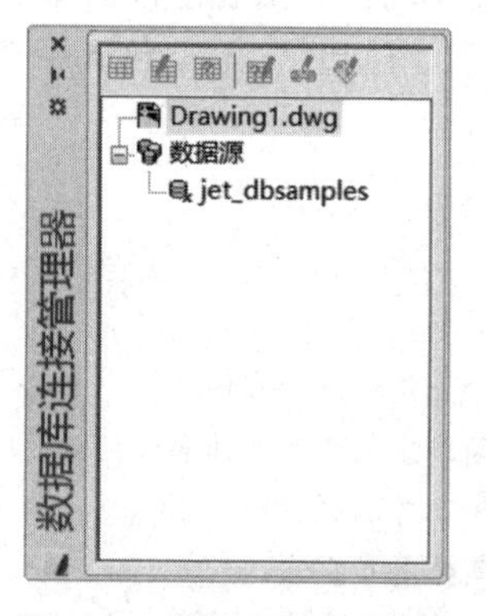

图 5.33　数据库连接管理器

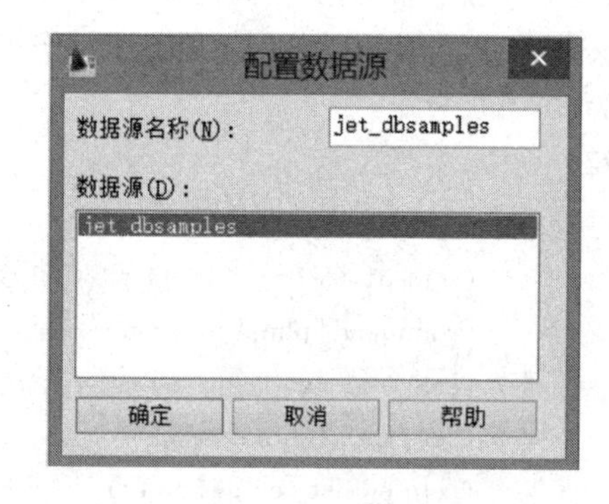

图 5.34　“配置数据源”对话框

(3) 设置数据链接属性。在“数据链接属性”对话框中，单击“选择或输入数据库名称”文本框后面的按钮，系统将弹出“选择 Access 数据库”对话框，如图 5.36 所示，选中 db_samples .mdb 文件，并单击“打开”按钮。再在“数据链接属性”对话框中，单击“测试连接”按钮以确保数据库源正确配置，且系统显示测试连接成功的信息框，单击“确定”，即可完成数据库的配置。

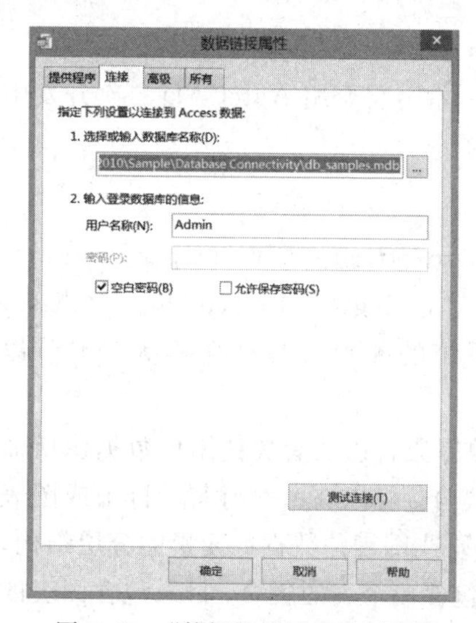

图 5.35　“数据链接属性”对话框

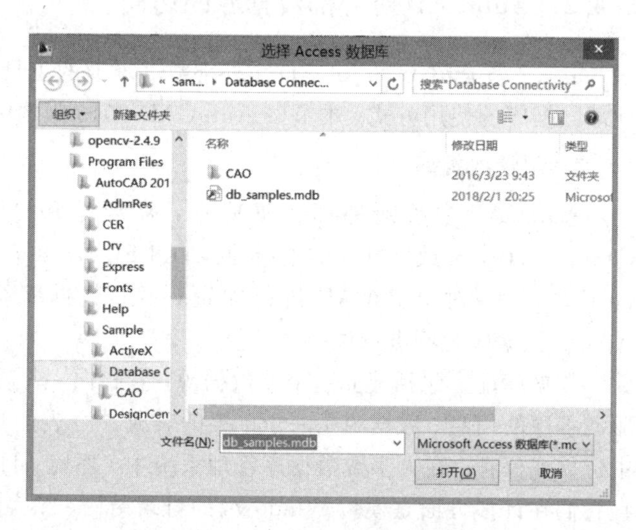

图 5.36　选择“Access 数据库”对话框

配置一个数据源后，在数据库连接管理器中双击jet_dbsamples，所有样表将出现在树状视图中，如图5.37所示，这样可以将任何表及其记录链接到图表中。

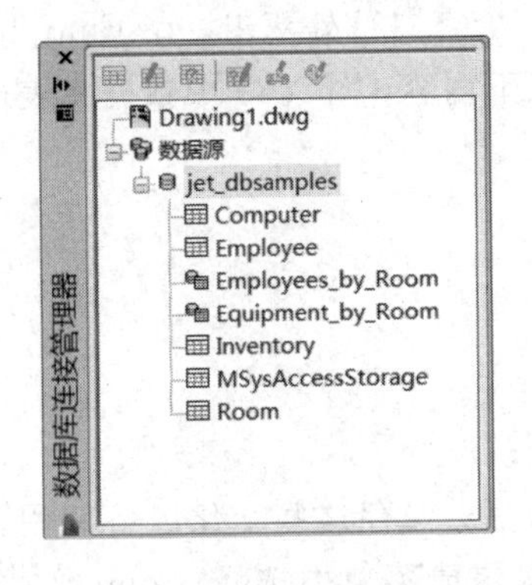

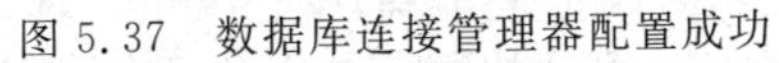
图5.37　数据库连接管理器配置成功

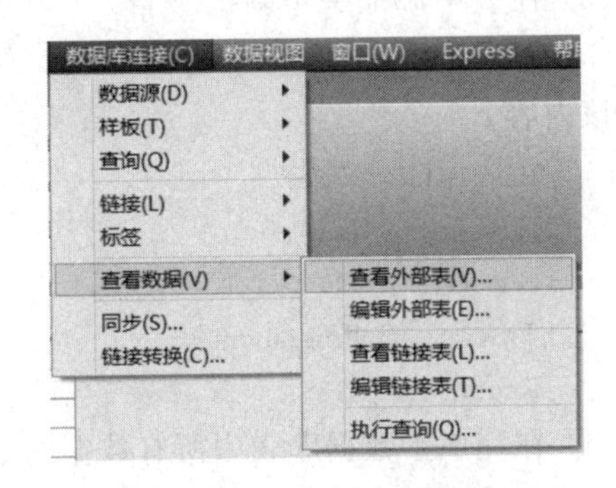

图5.38　查看数据子菜单

2. 查看与编辑数据库数据

数据库连接管理器配置完成后，可以在AutoCAD中浏览和编辑表数据。查看表数据的模式有以下两种：

(1) 只读模式。如图5.38所示，选择“数据库连接”→“查看数据”→“查看外部表”命令，则表将以只读模式打开，此种方式下的数据库表只能浏览不能编辑。

(2) 读写模式。如图5.38所示，选择“数据库连接”→“查看数据”→“编辑外部表”命令，则表将以读写模式打开。此种方式下的数据库表的记录可以被编辑。

打开的数据视图如图5.39所示。用户可以通过该数据视图编辑表中的每一列、添加一个新记录、保存所做的改变。下面以Employee为例来说明数据库表的编辑过程。

数据视图 - Employee (Drawing1.dwg)

–新链接样板–　–新标签样板–

Emp_Id	Last_Name	First_Name	Gender	Title	Department	Room
1048	Schmidt	Jennifer	F	Programmer	Engineering	6062
1049	Felton	Bob	M	Sales Represent...	Sales	6122
1050	Brown	Christine	F	Application Engin...	Sales	6121
1051	Broden	Hal	M	Graphic Designer	Marketing	6078
1052	Sanborg	Julie	F	Programmer	Engineering	6066
1053	Silvers	Elise	F	Product Designer	Engineering	6064
1054	O'Toole	John	M	Accountant	Accounting	6021
1055	Diablo	Frank	M	Programmer	Engineering	6063
1056	Burkes	Dan	M	Account Executive	Sales	6120
1057	Charlston	Christine	F	Web Mistress	Product Support	6093
1058	Rahmy	Bob	M	Programmer	Engineering	6069
1059	Anderson	John	F	Records Coordin...	Human Resources	6032
1060	Lewland	Lew	M	Marketing Repre...	Marketing	6090
1061	Hames	Richard	M	Payroll Administr...	Accounting	6022
1062	Green	Arnold	M	Generalist	Human Resources	6073
1063	Ford	Janice	F	Accountant	Accounting	6020
1064	Eyre	Jane	M	Programmer	Engineering	6133

记录 54

图5.39　数据视图

(1) 从位于数据库连接管理器中的jet_dbsamples选择Employee，然后右击选择“编辑数据表”命令或在Employee表上双击完成上述操作。

(2) 系统将弹出具有Employee表的“查看数据”窗口，在查看数据窗口中，可以根据需要调整大小、排序、隐藏或冻结列。

(3) 在表中添加一个新的条目，并在表中的第一个空白行处双击。在Emp_Id列中输入1064，从快捷菜单中选择“编辑”命令，然后输入以下内容，图5.39中数据库表最后一行显示该内容。

Last_name：Eyre
First_name：Jane
Gender：　M
Title：　Programmer
Room：　6133

(4) 在完成了数据库表中所有数据的增加或修改后，保存这些变化以备后用。为保存表中所做的变化，在数据视图栅格标题上双击，并从快捷菜单中选择“Commit(提交)”命令，则所作的修改将被保存。若不希望保存更改的内容，可从快捷菜单中选择“恢复”选项，则系统就会保存变化之前的原始值。

3. 数据与图形对象的链接

AutoCAD数据库与外部数据库链接主要是将外部数据源中的数据与图形对象相关联，这种关联是通过建立一个链接来实现。链接与图形对象密切相关，且随图形对象的改变而改变。数据库表与图形对象之间建立链接，必须建立一个链接样板，该样板将标识那些与链接相关联的共有样板的表中字段。也可以利用链接样板将多个数据库与单个图形对象联系起来。

例如，在jet_dbsamples中的Employee数据库表与图形间建立一个链接样板，并使用Emp_Id作为链接的关键字段，其步骤如下：

(1) 打开将与Employee数据库链接的图形。

(2) 调用数据库链接管理器，从jet_dbsamples的数据源中选择Emp_Id，并右击弹出快捷菜单。

(3) 在快捷菜单中选择“新建链接样板”命令以调用“新建链接样板”对话框，如图5.40所示。也可以通过选择树状视图中的表，然后单击“新建链接样板”按钮来调用该对话框。

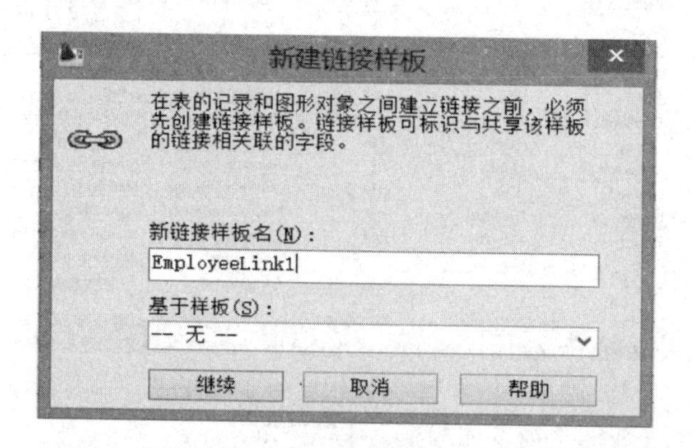

图5.40　“新建链接样板”对话框

(4) 单击“继续”按钮，接受名为EmployeeLink1的默认链接样板。系统会弹出“链接样板”对话框，如图 5.41 所示。选中 Emp_Id 复选框，使该字段在图表中成为关联样板与块参照的关键字段。

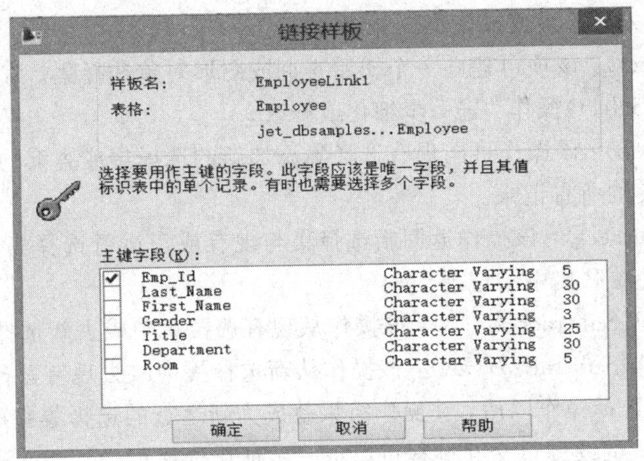

图 5.41　“链接样板”对话框

(5) 单击“确定”按钮，完成新建链接样板的建立，该链接样板名将显示在 dbConnect-Manager 中树状视图的图形名节点下。

(6) 为了将记录与块参照链接，双击 Employee，弹出数据视图(Data View)窗口(读写模式)。在表中找到 Emp_Id 1058 并选中该记录(行)。右击行的标题，并从快捷菜单中选择“链接”命令，如图 5.42 所示。也可以从数据视图(Data View)窗口中的工具栏中单击“链接”按钮进行链接。

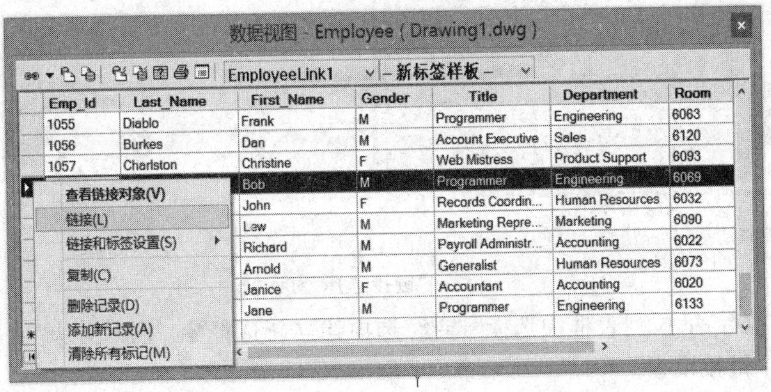

图 5.42　从快捷菜单中选择“链接”选项

(7) 当 AutoCAD 提示选择对象时，可以选择需与记录链接的块参照。重复该过程，在图表中将所有记录与图形对象链接起来。实现链接的记录将以黄色显示。

(8) 链接后，在“数据视图”对话框中单击“查看图形中的链接对象”按钮；可以浏览链接对象，并可以在图形区域中选中链接对象。

4. 使用链接选择生成选择集

链接选择(Link Select)是查询编辑器的一个高级特征，可用于构造在 AutoCAD 图形对象与数据库记录间的交互式选择集。

初始构建的选择集称为集 A，此时可以选择其他图形对象或执行查询来进一步细化选择集，第二个选择集称为集 B。为了得到最后的选择集，必须在集 A 和集 B 之间建立一种关系。以下五种是关于关系或操作集的介绍：

(1) 选择(Select)：该项可建立一个初始查询或图形对象选择集。该选择集可利用后续的链接选择(Link Select)操作，进一步细化或修改。

(2) 并集(Union)：该操作可向现有选择集添加新的选择集或查询的结果。并集可以返回属于 A 集或 B 集的所有记录。

(3) 交集 (Intersect)：该操作返回新选择集与现有或正运行选择集的相交部分。交集只返回既在 A 集又在 B 集中的记录。

(4) 差集 A－B(Subtract A－B)：该操作从现有选择集中减去新选择集或查询的结果。

(5) 差集 B－A(Subtract B－A)：该操作从新选择集中减去现有选择集的结果。

在执行了任意选择操作以后，其操作结果就成为新运行的选择集并赋予 A 集。通过建立一个新选择集 B，继续进行交互过程可以进一步细化选择集。

使用链接选择的步骤如下：

(1) 选择“数据库连接”→“链接”→“链接选择”命令，弹出“链接选择”对话框，如图 5.43 所示。

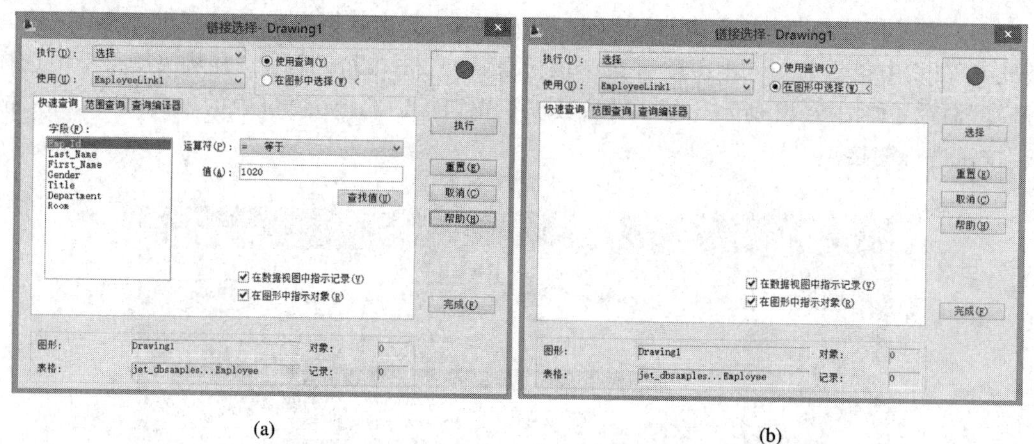

图 5.43　“链接选择”对话框

(2) 从“执行”下拉列表框中选择“选择”选项建立新选择集。同时，从“使用”下拉列表框中选择一个链接模板。

(3) 选择“使用查询”或“在图形中选择”单选按钮，建立一个新的查询或图形对象选择集。

(4) 单击“执行”按钮执行细化操作，如图 5.43(a)所示，或单击“选择”按钮添加查询或图形对象选择集，如图 5.43(b)所示。

(5) 从“执行”下拉列表框中再次选择任意链接选择(Link Select)操作。

(6) 重复第(2)到第(4)步，为链接选择操作建立一个 B 集，然后单击“完成”按钮完成该操作。

如果选中“在数据视图中指示记录”复选框，则链接选择操作结果将显示在数据视图窗口中；如果选中“在图形中指示对象”复选框，则系统将在图形中显示链接图形对象集。

说明：不同版本的 AutoCAD，其对外部数据库的访问步骤略有不同，请读者理解思路，根据情况实施外部数据库的配置、访问等操作。

1. AutoCAD 常用的菜单设计方式有哪些？
2. 如何装载和卸载菜单文件？
3. 利用 5.2.2 节的方法设计题表 5.1 所示的菜单栏。

题表 5.1　下拉式菜单栏设计

主菜单	子　菜　单
文件管理	新建　打开　关闭　保存　另存　退出
平面绘图	直线　射线　多段线　正多边形　圆弧　圆
编辑	删除　复制　镜像　移动　旋转　拉伸
块操作	BLOCK　WBLOCK　INSERT　BLOCKLIST
标准件	螺栓　螺钉　螺柱　螺母　垫圈　键销　滚动轴承

4. 按照题表 5.1 所示，用 AutoCAD 编写该菜单栏对应的用户菜单文件，并加载运行。
5. 自定义一个工作空间，将其命名为简单绘图，并在该工作空间完成自定义界面中题表 5.1 所示的功能区与选项卡设计。
6. 自定义如题图 5.1 所示的图像工具栏。

题图 5.1

7. 自定义一个包含多种比例值的工具栏。
8. 对话框常用的控件有哪些？
9. 编写题图 5.2 所示的对话框的程序。

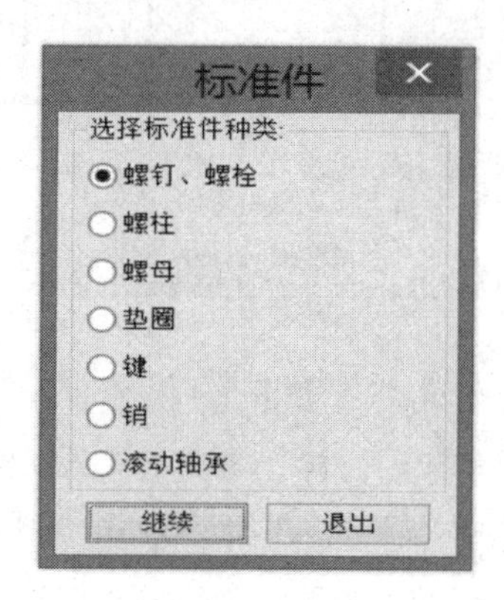

题图 5.2

10. 编写绘制五角星的自定义命令，并设计五角星的参数输入对话框及对话框驱动程序(五角星的顶点求解可参考正多边形顶点的求解方法)。

11. 用mslide命令建立题图5.3和题图5.4的幻灯片文件(SLD文件)。

12. 编写绘制螺纹盲孔的自定义命令，添加其参数数据输入对话框，如题图5.3所示，并编写其对话框驱动程序。

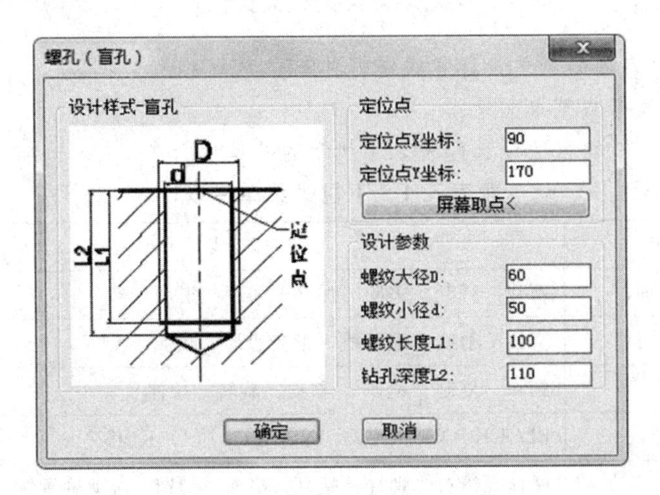

题图5.3

13. 编写如题图5.4所示的孔结构图像菜单、对话框控件及其驱动程序。

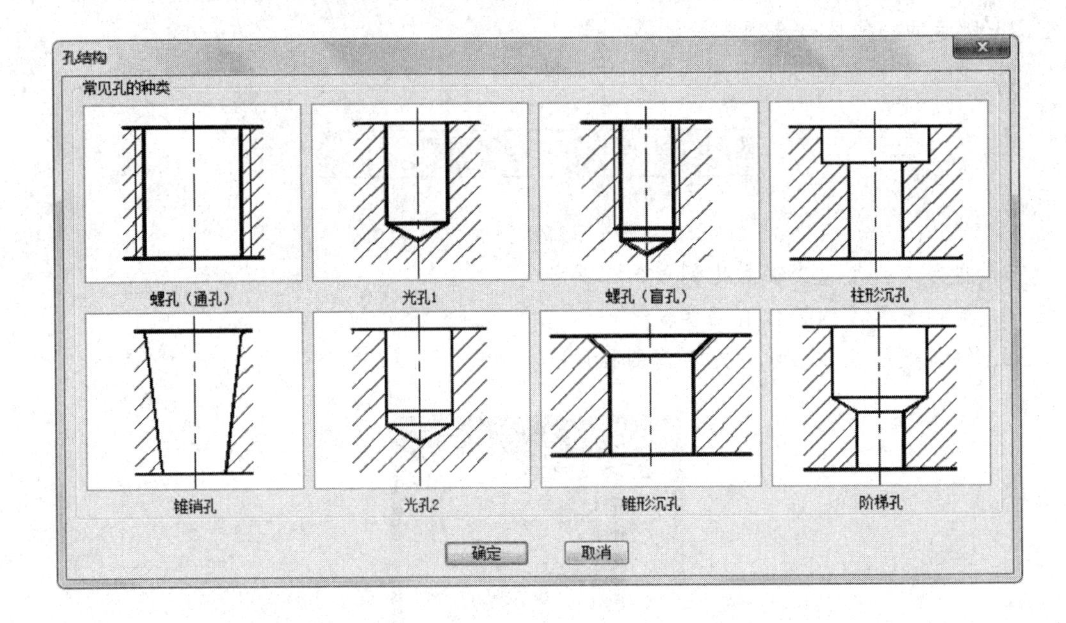

题图5.4

14. 简述AutoCAD图形数据库，如何访问AutoCAD图形数据库中的数据?

15. 用Microsoft Access建立如题表5.2所示的平垫圈的尺寸表，并在AutoCAD中访问、添加、修改零件表。

题表 5.2　平垫圈尺寸表

序号	规格	d1	d2	h
1	3	3.2	7	0.5
2	4	4.3	9	0.8
3	5	5.3	10	1
4	6	6.4	12	1.6
5	8	8.4	16	1.6
6	10	10.5	20	2
7	12	13	24	2.5
8	16	17	30	3
9	20	21	37	3
10	24	25	44	4

16. 编写绘制深沟球轴承的自定义命令，并设计“轴承数据输入对话框”及其对话框驱动程序。编程与设计时，需满足以下要求：数据输入对话框包含一个轴承标准数据获取按钮；程序运行时，单击该按钮，则弹出“轴承标准数据对话框”；选取所需轴承代号，即可确定该轴承的标准数据。

第6章 自由曲线与曲面

曲线与曲面是计算机图形学研究的主要内容，也是CAD/CAM系统重要的技术基础。在产品设计与制造中，常常存在着一些不能用简单的数学函数来描述的复杂曲线、曲面，如飞机外形、汽车壳体、汽轮机叶片以及家用电器等。这些曲线、曲面通常是由一系列的离散点通过拟合的方法构造而形成的，因此常被称为拟合曲线、曲面，也被称为自由曲线、曲面。本章重点介绍常用的自由曲线、曲面。

6.1 概　　述

1. 曲线、曲面的分类

曲线分为规则曲线和拟合曲线两大类。其中，规则曲线就是具有确定描述函数的曲线，如正弦曲线、渐开线等。拟合曲线是指由离散的特征点(或称为型值点)构造函数而描述的曲线，也称自由曲线。对于同样的特征点，由于构造函数不同，构造的曲线也会不同，如最小二乘法拟合曲线、三次参数样条曲线、Bézier 曲线、B 样条曲线等。

曲面也分为规则曲面和拟合曲面两大类。规则曲面就是具有确定描述函数的曲面，如圆柱、圆锥、圆球等各种回转曲面、螺旋面等。拟合曲面是指由离散的特征点(或称为型值点)构造函数而描述的曲面，也称自由曲面，如 Coons 曲面、Bézier 曲面、B 样条曲面等。

2. 插值与逼近

按照曲线、曲面与特征点的位置关系划分，拟合曲线、曲面可分为插值曲线、曲面与逼近曲线、曲面。若构造的拟合曲线、曲面通过所有的特征点，则称其为插值曲线、曲面。若构造的拟合曲线或曲面不通过或部分通过特征点，并在整体上接近这些特征点，则称其为逼近曲线、曲面。

3. 曲线、曲面的光顺

为了使得拟合曲线、曲面达到光滑美观的效果，由特征点构造的曲线、曲面应尽量满足光顺的要求。曲线、曲面的光顺分为平面曲线光顺、空间曲线光顺以及曲面光顺。其中，平面曲线光顺的准则有三条：曲线 C^2(即二阶导数)连续、没有多余拐点、曲率变化较均匀。空间曲线光顺通常是以将其投影到三个正交平面上的平面曲线都光顺为准则。空间曲面的光顺则以组成空间曲面的所有空间曲线都光顺为准则。

4. 样条曲线与曲面

n 次样条曲线是由若干个 n 次曲线段连接而成的拟合曲线，且在连接处达到 $n-1$ 阶导数连续(通常取 $n=3$)。同理，样条曲面是由若干张 n 次曲面片连接而成的拟合曲面，且在连接处达到 $n-1$ 阶导数连续(通常取 $n=3$)。

5. 几何连续性

由于几何外形往往是比较复杂的，若用一个单一的数学函数式确切地描述整条曲线或整张曲面是非常困难的，为此，人们用若干个曲线段连成一条曲线或采用若干张曲面片拼成一张曲面。为了达到整条曲线或整张曲面的光顺，在连接点处应满足拼接条件，为了与数学函数的连续性区别，在此称为几何连续性，用 G 表示。

对于曲线，几何连续性包括：

(1) 位置连续，用 G^0 表示，即两段曲线在连接点处不存在间断点。

(2) 斜率连续，用 G^1 表示，即两段曲线在连接处的切线方向相同。

(3) 曲率连续，用 G^2 表示，即两段曲线在连接处曲率应连续变化，不能出现跳跃。

对于曲面，几何连续性包括：

(1) 位置连续，用 G^0 表示，即两曲面片在连接处的边界应一致。

(2) 斜率连续，用 G^1 表示，即在连接处，两曲面片的切平面方向应保持一致。

6. 曲线、曲面的矢量参数表示法

在数学上，表示曲线、曲面常采用显式的、隐式的和参数的等几种表示方式。其中，非参数形式表示的曲线和曲面与坐标系的选择有关，会出现斜率为无穷大、不便于计算和编程、方程也较复杂而且曲线范围不好确定等问题。因此，在计算机图形学中，绝大多数拟合曲线与曲面都采用参数表示形式。

另外，用坐标分量形式描述曲线、曲面常会需要用二至三个方程，而用矢量形式描述只需一个方程，因此，表示曲线、曲面常采用矢量参数表示法。

如图 6.1 所示，如果把曲线的动点 $\boldsymbol{P}$ 看作是从原点出发的位置矢径的端点，当位置矢径变化时，动点 $\boldsymbol{P}$ 的轨迹就形成了一条曲线。设曲线上任一点的位置矢径为 $\boldsymbol{P}$，它可以表示为参数 t 的函数，即

$$\boldsymbol{P}=\boldsymbol{P}(t),\quad 0\leqslant t\leqslant 1$$

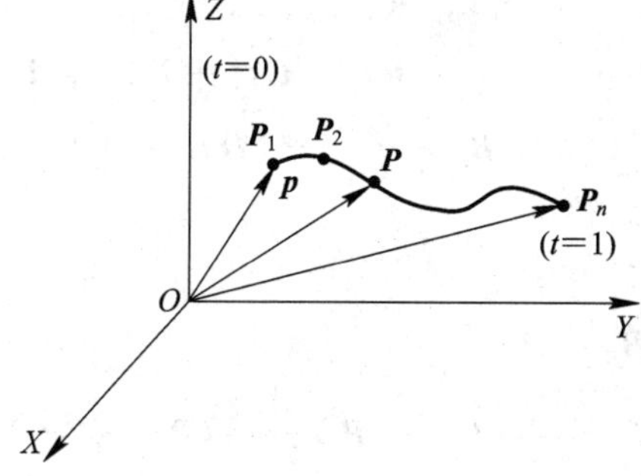

图 6.1　曲线的矢量参数表示

当 $t=0$ 时，$\boldsymbol{P}_1=\boldsymbol{P}(0)$，为曲线的起点；当 $t=1$ 时，$\boldsymbol{P}_n=\boldsymbol{P}(1)$，为曲线的终点。这就是曲线的矢量参数表示法。

由于曲面是一个二元函数，将曲线的矢量参数表示法作推广就可得到曲面的矢量参数表示法，即

$$\boldsymbol{P}=\boldsymbol{P}(u,w),\quad 0\leqslant u,w\leqslant 1$$

在参数曲面上有两个参数轴，一个是参数轴 u，另一个是参数轴 w，分别表示参数曲面中两个参数的变化方向。

6.2 三次参数样条曲线

在插值性的曲线、曲面中，三次参数样条曲线是使用比较广泛的一种。设有空间位置矢径(即型值点)$\boldsymbol{P}_1$，$\boldsymbol{P}_2$，…，$\boldsymbol{P}_n$，那么三次参数样条曲线由 $n-1$ 个三次参数曲线段连接而成，两相邻型值点之间用一个三次参数曲线段来表示，整条曲线达到 C^2 连续。

1. 三次参数曲线段的矢量方程

已知 $\boldsymbol{P}_i$、$\boldsymbol{P}_{i+1}$ 为两个相邻的型值点，假设两点处的切矢量 $\boldsymbol{P}'_i$、$\boldsymbol{P}'_{i+1}$ 也已知，如图 6.2 所示，要求构造一个三次参数曲线段。

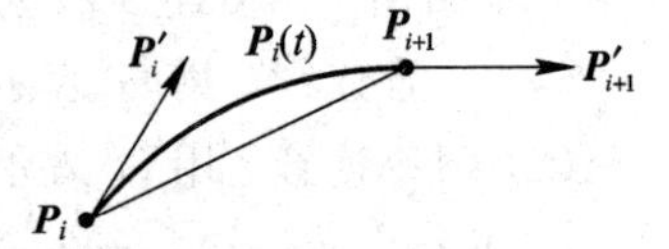

图 6.2 三次参数曲线段

设该段的矢量参数方程为

$$\boldsymbol{P}_i(t)=\boldsymbol{A}_i+\boldsymbol{B}_i t+\boldsymbol{C}_i t^2+\boldsymbol{D}_i t^3,\quad 0\leqslant t\leqslant t_i \qquad (6-1)$$

t_i 可以取 1，也可以取弦长或前面各段的累加弦长。t_i 值取大些，曲线的拟合效果会好些。

实践证明，t_i 取弦长时拟合的曲线是比较令人满意的。这里取弦长，即

$$t_i=\sqrt{(x_{i+1}-x_i)^2+(y_{i+1}-y_i)^2+(z_{i+1}-z_i)^2}$$

下面确定 $\boldsymbol{A}_i$、$\boldsymbol{B}_i$、$\boldsymbol{C}_i$、$\boldsymbol{D}_i$ 四个系数。

对式(6-1)求导得

$$\boldsymbol{P}'_i(t)=\boldsymbol{B}_i+2\boldsymbol{C}_i t+3\boldsymbol{D}_i t^2 \qquad (6-2)$$

当 $t=0$ 时，有

$$\begin{cases}\boldsymbol{P}_i(0)=\boldsymbol{A}_i=\boldsymbol{P}_i\\ \boldsymbol{P}'_i(0)=\boldsymbol{B}_i=\boldsymbol{P}'_i\end{cases} \qquad (6-3)$$

当 $t=t_i$ 时，有

$$\begin{cases}\boldsymbol{P}_i(t_i)=\boldsymbol{A}_i+\boldsymbol{B}_i t_i+\boldsymbol{C}_i t_i^2+\boldsymbol{D}_i t_i^3=\boldsymbol{P}_{i+1}\\ \boldsymbol{P}'_i(t_i)=\boldsymbol{B}_i+2\boldsymbol{C}_i t_i+3\boldsymbol{D}_i t_i^2=\boldsymbol{P}'_{i+1}\end{cases} \qquad (6-4)$$

联立式(6-3)和式(6-4)求解得

$$\begin{cases}\boldsymbol{A}_i=\boldsymbol{P}_i\\ \boldsymbol{B}_i=\boldsymbol{P}'_i\\ \boldsymbol{C}_i=\dfrac{3}{t_i^2}(\boldsymbol{P}_{i+1}-\boldsymbol{P}_i)-\dfrac{1}{t_i}(\boldsymbol{P}'_{i+1}+2\boldsymbol{P}'_i)\\ \boldsymbol{D}_i=-\dfrac{2}{t_i^3}(\boldsymbol{P}_{i+1}-\boldsymbol{P}_i)+\dfrac{1}{t_i^2}(\boldsymbol{P}'_{i+1}+\boldsymbol{P}'_i)\end{cases} \qquad (6-5)$$

把式(6-5)代入式(6-1)得

$$\boldsymbol{P}_i(t)=\boldsymbol{P}_i+\boldsymbol{P}_i't+\left[\frac{3}{t_i^2}(\boldsymbol{P}_{i+1}-\boldsymbol{P}_i)-\frac{1}{t_i}(\boldsymbol{P}_{i+1}'+2\boldsymbol{P}_i')\right]t^2$$
$$+\left[-\frac{2}{t_i^3}(\boldsymbol{P}_{i+1}-\boldsymbol{P}_i)+\frac{1}{t_i^2}(\boldsymbol{P}_{i+1}'+\boldsymbol{P}_i')\right]t^3,\quad 0\leqslant t\leqslant t_i \tag{6-6}$$

式(6-6)就是以两个相邻的型值点 $\boldsymbol{P}_i$、$\boldsymbol{P}_{i+1}$ 构成的三次参数曲线段矢量方程。

2. 二阶导矢量连续性方程

样条曲线是由若干段曲线段连接而成，且要求两段曲线段在连接处达到 C^2 连续。C^2 连续的前提是在连接点处达到 C^0 及 C^1 连续。因为三次参数曲线段相邻两段的连接点是前一段的终止端点，同时又是后一段的起始端点，两段使用同一型值点的位置矢径和切矢量，这样就满足了 C^0 及 C^1 连续的条件，切矢量 $\boldsymbol{P}_i'$、$\boldsymbol{P}_{i+1}'$ 就是利用两段曲线在连接点处达到 C^2 连续的条件来推出的。

对式(6-2)再求导，得

$$\boldsymbol{P}_i''(t)=2\boldsymbol{C}_i+6\boldsymbol{D}_it,\quad 0\leqslant t\leqslant t_i \tag{6-7}$$

将式(6-7)中的 i 换成 $i-1$ 就得到第 $i-1$ 段的二阶导矢量，即

$$\boldsymbol{P}_{i-1}''(t)=2\boldsymbol{C}_{i-1}+6\boldsymbol{D}_{i-1}t,\quad 0\leqslant t\leqslant t_{i-1} \tag{6-8}$$

$\boldsymbol{P}_i$ 为两段曲线的连接点，在 $\boldsymbol{P}_i$ 处第 $i-1$ 段二阶导矢量为

$$\boldsymbol{P}_{i-1}''(t_{i-1})=2\boldsymbol{C}_{i-1}+6\boldsymbol{D}_{i-1}t_{i-1}$$

在 $\boldsymbol{P}_i$ 处第 i 段二阶导矢量为

$$\boldsymbol{P}_i''(0)=2\boldsymbol{C}_i$$

令 $\boldsymbol{P}_{i-1}''(t_{i-1})=\boldsymbol{P}_i''(0)$，并将式(6-5)的下标作一代换，得

$$2\left[\frac{3}{t_{i-1}^2}(\boldsymbol{P}_i-\boldsymbol{P}_{i-1})-\frac{1}{t_{i-1}}(\boldsymbol{P}_i'+2\boldsymbol{P}_{i-1}')\right]+6\left[-\frac{2}{t_{i-1}^3}(\boldsymbol{P}_i-\boldsymbol{P}_{i-1})+\frac{1}{t_{i-1}^2}(\boldsymbol{P}_i'+\boldsymbol{P}_{i-1}')\right]t_{i-1}$$
$$=2\left[\frac{3}{t_i^2}(\boldsymbol{P}_{i+1}-\boldsymbol{P}_i)-\frac{1}{t_i}(\boldsymbol{P}_{i+1}'+2\boldsymbol{P}_i')\right] \tag{6-9}$$

用 $t_{i-1}t_i$ 乘式(6-9)两边并经整理得

$$t_i\boldsymbol{P}_{i-1}'+2(t_{i-1}+t_i)\boldsymbol{P}_i'+t_{i-1}\boldsymbol{P}_{i+1}'=\frac{3t_{i-1}}{t_i}(\boldsymbol{P}_{i+1}-\boldsymbol{P}_i)+\frac{3t_i}{t_{i-1}}(\boldsymbol{P}_i-\boldsymbol{P}_{i-1}) \tag{6-10}$$

用 $t_{i-1}+t_i$ 除式(6-10)两边，整理后得

$$\begin{cases}\lambda_i\boldsymbol{P}_{i-1}'+2\boldsymbol{P}_i'+\mu_i\boldsymbol{P}_{i+1}'=\boldsymbol{b}_i\\[2mm] \lambda_i=\dfrac{t_i}{t_{i-1}+t_i}\\[2mm] \mu_i=\dfrac{t_{i-1}}{t_{i-1}+t_i}\\[2mm] b_i=\dfrac{3\mu_i}{t_i}(\boldsymbol{P}_{i+1}-\boldsymbol{P}_i)+\dfrac{3\lambda_i}{t_{i-1}}(\boldsymbol{P}_i-\boldsymbol{P}_{i-1})\end{cases} \tag{6-11}$$

式(6-11)中的 i 取值为 2、3、…、$n-1$，即可以建立 $n-2$ 个方程，而切矢量 $\boldsymbol{P}_1'$、$\boldsymbol{P}_2'$、…、$\boldsymbol{P}_n'$ 共有 n 个。可见，要解出全部的切矢量还缺少两个方程，为此，在首、末两端型值点处添加边界条件就可以补充这两个方程。

3. 边界条件与补充方程

两端型值点的边界条件主要有两端固定、两端自由、抛物端(悬臂端)以及闭合曲线。

1) 两端固定

当两端的切矢量 $\boldsymbol{P}_1'$、$\boldsymbol{P}_n'$ 给定时，称为两端固定。两个补充方程为

$$\boldsymbol{P}_1' = \boldsymbol{b}_1$$
$$\boldsymbol{P}_n' = \boldsymbol{b}_n$$

2) 两端自由

两端自由时，端点二阶导数为0。两个补充方程为

$$2\boldsymbol{P}_1' + \boldsymbol{P}_2' = \frac{3(\boldsymbol{P}_2 - \boldsymbol{P}_1)}{t_1} = \boldsymbol{b}_1$$
$$\boldsymbol{P}_{n-1}' + 2\boldsymbol{P}_n' = \frac{3(\boldsymbol{P}_n - \boldsymbol{P}_{n-1})}{t_{n-1}} = \boldsymbol{b}_n$$

3) 抛物端

抛物端要求端点的三阶导数为0。两个补充方程为

$$\boldsymbol{P}_1' + \boldsymbol{P}_2' = \frac{2(\boldsymbol{P}_2 - \boldsymbol{P}_1)}{t_1} = \boldsymbol{b}_1$$
$$\boldsymbol{P}_{n-1}' + \boldsymbol{P}_n' = \frac{2(\boldsymbol{P}_n - \boldsymbol{P}_{n-1})}{t_{n-1}} = \boldsymbol{b}_n$$

4) 闭合曲线

闭合曲线的起始型值点 $\boldsymbol{P}_1$ 与终止型值点 $\boldsymbol{P}_n$ 重合，且在该点保持 C^1 及 C^2 连续。把 $\boldsymbol{P}_{n-1}$、$\boldsymbol{P}_n$ 两点构造的曲线作为第 $n-1$ 段，把 $\boldsymbol{P}_n$、$\boldsymbol{P}_2$ 两点构造的曲线作为第 n 段，这两段在 $\boldsymbol{P}_n$ 点处达到 C^2 连续，必然满足式(6-10)。把 $i=n$ 代入式(6-10)并考虑到 $t_n=t_1$，$\boldsymbol{P}_{n+1}=\boldsymbol{P}_2$ 以及第 n 段的 $\boldsymbol{P}_n$ 就是 $\boldsymbol{P}_1$，经整理后得

$$2(t_1 + t_{n-1})\boldsymbol{P}_1' + t_{n-1}\boldsymbol{P}_2' + t_1\boldsymbol{P}_{n-1}' = \frac{3t_{n-1}}{t_1}(\boldsymbol{P}_2 - \boldsymbol{P}_1) + \frac{3t_1}{t_{n-1}}(\boldsymbol{P}_n - \boldsymbol{P}_{n-1}) = \boldsymbol{b}_1$$

这就是补充方程。

由于 $\boldsymbol{P}_1'=\boldsymbol{P}_n'$，只需求 $n-1$ 个型值点的切矢量即可，所以只需补充一个方程。为了使求解切矢量的方程组具有统一的形式，我们把上述方程中的 $\boldsymbol{P}_1'$ 和 $\boldsymbol{P}_n'$ 替换，又可得到一个方程

$$t_{n-1}\boldsymbol{P}_2' + t_1\boldsymbol{P}_{n-1}' + 2(t_1 + t_{n-1})\boldsymbol{P}_n' = \frac{3t_{n-1}}{t_1}(\boldsymbol{P}_2 - \boldsymbol{P}_1) + \frac{3t_1}{t_{n-1}}(\boldsymbol{P}_n - \boldsymbol{P}_{n-1}) = \boldsymbol{b}_n$$

4. 求切矢量的方程组

将式(6-11)和两个补充方程联立起来就可得到一个求切矢量的 n 阶线性方程组：

$$\begin{bmatrix} M_{1,1} & M_{1,2} & M_{1,3} & \cdots & M_{1,n-1} & M_{1,n} \\ \lambda_2 & 2 & \mu_2 & & \boldsymbol{0} & \\ & \ddots & \ddots & \ddots & & \\ & & \ddots & \ddots & \ddots & \\ & \boldsymbol{0} & & \lambda_{n-1} & 2 & \mu_{n-1} \\ M_{n,1} & M_{n,2} & M_{n,3} & \cdots & M_{n,n-1} & M_{n,n} \end{bmatrix} \begin{bmatrix} \boldsymbol{P}_1' \\ \boldsymbol{P}_2' \\ \vdots \\ \boldsymbol{P}_{n-1}' \\ \boldsymbol{P}_n' \end{bmatrix} = \begin{bmatrix} \boldsymbol{b}_1 \\ \boldsymbol{b}_2 \\ \vdots \\ \boldsymbol{b}_{n-1} \\ \boldsymbol{b}_n \end{bmatrix}$$

方程组中的 $M_{1,1}$，$M_{1,2}$，…，$M_{1,n}$，$M_{n,1}$，$M_{n,2}$，…，$M_{n,n}$由补充方程决定。求出各切矢量后，由式(6-6)即可逐个绘出每段曲线。

6.3　Bézier 曲线与曲面

Bézier 曲线与曲面是由法国雷诺汽车公司的 Bézier 先生于 1962 年提出的一种曲线、曲面构造方法。Bézier 曲线是通过特征多边形进行定义的，曲线的起点与终点与多边形的起点和终点重合，曲线形状由特征多边形的其余顶点控制，改变特征多边形的顶点位置，可直观地看到曲线形状的变化。Bézier 曲线、曲面直观形象、数学方法简便。

6.3.1　Bézier 曲线的定义

给定 $n+1$ 个位置矢径 $\boldsymbol{b}_i(i=0, 1, \cdots, n)$，称 n 次参数曲线段

$$\boldsymbol{P}(t) = \sum_{i=0}^{n} \boldsymbol{b}_i B_{i,n}(t), \quad 0 \leqslant t \leqslant 1 \tag{6-12}$$

为 Bézier 曲线。其中，$B_{i,n}(t)$为 Bernstein 基函数。它其实是一个权函数，决定了在不同 t 值下各位置矢径对 $\boldsymbol{P}(t)$矢量影响的大小，其表达式为

$$B_{i,n}(t) = \frac{n!}{i!(n-i)!} t^i (1-t)^{n-i} \tag{6-13}$$

依次用线段连接 $\boldsymbol{b}_i(i=0, 1, \cdots, n)$中相邻两个位置矢径的端点，这样组成的 n 边折线多边形称为 Bézier 特征多边形。各位置矢径的端点称为特征多边形的顶点。

从 Bézier 曲线定义可知，Bézier 曲线是一段曲线，曲线次数为 n，需要 $n+1$ 个位置矢径来定义。在实际应用中，最常用的是三次 Bézier 曲线，其次是二次 Bézier 曲线，其他高次 Bézier 曲线一般很少使用。

6.3.2　常用的 Bézier 曲线

1. 二次 Bézier 曲线

当 $n=2$ 时，将式(6-12)、式(6-13)展开得

$$\begin{aligned}\boldsymbol{P}(t) &= \sum_{i=0}^{2} \boldsymbol{b}_i B_{i,2}(t) \\ &= \boldsymbol{b}_0(1-t)^2 + 2\boldsymbol{b}_1 t(1-t) + \boldsymbol{b}_2 t^2, \quad 0 \leqslant t \leqslant 1\end{aligned} \tag{6-14}$$

对式(6-14)求导得

$$\boldsymbol{P}'(t) = -2\boldsymbol{b}_0(1-t) + 2\boldsymbol{b}_1(1-2t) + 2\boldsymbol{b}_2 t \tag{6-15}$$

将 $t=0$，$t=1$，$t=0.5$ 分别代入式(6-14)和式(6-15)得

$$\boldsymbol{P}(0) = \boldsymbol{b}_0$$

$$\boldsymbol{P}(1) = \boldsymbol{b}_2$$

$$\boldsymbol{P}(0.5) = \frac{1}{2}\left[\boldsymbol{b}_1 + \frac{1}{2}(\boldsymbol{b}_0 + \boldsymbol{b}_2)\right]$$

$$\boldsymbol{P}'(0) = 2(\boldsymbol{b}_1 - \boldsymbol{b}_0)$$

$$P'(1) = 2(b_2 - b_1)$$

$$P'(0.5) = (b_2 - b_0)$$

$P(t)$是t的二次函数，因此二次Bézier曲线是一条抛物线，如图6.3所示。该抛物线以b_0顶点为起点并与特征多边形起始边相切，以b_2为终点并与特征多边形终边相切，抛物线顶点$P(0.5)$位于三角形$b_0b_1b_2$边b_0b_2中线的中点处，且该切线方向平行于b_0b_2。

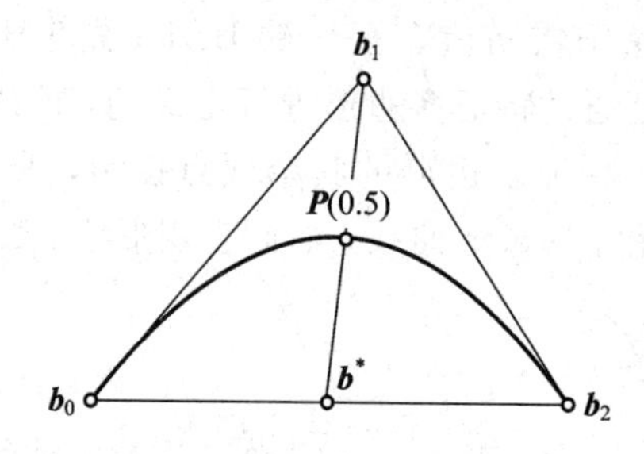

图6.3　二次Bézier曲线

2. 三次Bézier曲线

当$n=3$时，将式(6-12)、式(6-13)展开得

$$P(t) = \sum_{i=0}^{3} b_i B_{i,3}(t)$$

$$= (1-t)^3 b_0 + 3t(1-t)^2 b_1 + 3t^2(1-t) b_2 + t^3 b_3, \quad 0 \leqslant t \leqslant 1 \quad (6-16)$$

对式(6-16)求一阶导数，得

$$P'(t) = -3(1-t)^2 b_0 + 3(1-4t+3t^2) b_1 + 3(2t-3t^2) b_2 + 3t^2 b_3 \quad (6-17)$$

三次Bézier曲线如图6.4所示。

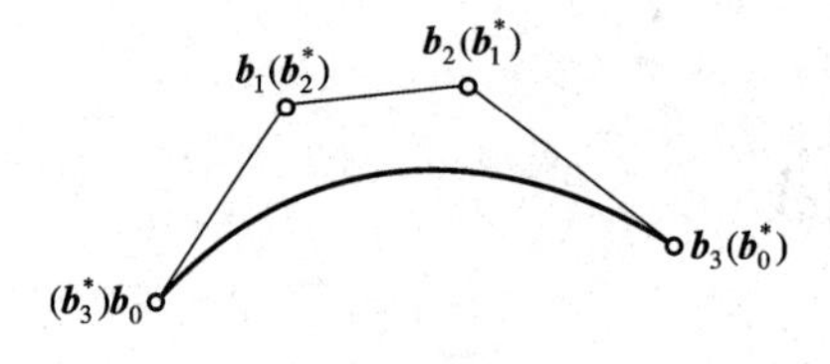

图6.4　三次Bézier曲线

3. Bézier曲线的几何性质

为了讨论方便，仅以三次Bézier曲线为例讨论Bézier曲线的主要性质。

1）端点性质

当$t=0$时，有

$$P(0) = b_0, \quad P'(0) = 3(b_1 - b_0)$$

当$t=1$时，有

$$P(1) = b_3, \quad P'(1) = 3(b_3 - b_2)$$

可见，Bézier曲线通过特征多边形的起点和终点，且曲线在起点与特征多边形始边相切；在终点与特征多边形的终边相切，如图6.4所示。

2）对称性

保持Bézier曲线各顶点b_i位置不变，只把顶点次序颠倒过来，结果得到一个新特征多边形，其顶点记为 $\boldsymbol{b}_i^*$ 且 $\boldsymbol{b}_i^* = \boldsymbol{b}_{3-i}(i=0,1,2,3)$，如图 6.4 所示。由新特征多边形构造的 Bézier 曲线为

$$\begin{aligned}\boldsymbol{P}^*(t) &= (1-t)^3\boldsymbol{b}_0^* + 3t(1-t)^2\boldsymbol{b}_1^* + 3t^2(1-t)\boldsymbol{b}_2^* + t^3\boldsymbol{b}_3^* \\ &= (1-t)^3\boldsymbol{b}_3 + 3t(1-t)^2\boldsymbol{b}_2 + 3t^2(1-t)\boldsymbol{b}_1 + t^3\boldsymbol{b}_0 \\ &= \boldsymbol{P}(1-t), \qquad 0 \leqslant t \leqslant 1\end{aligned}$$

由上式可以看出，这样得到的 Bézier 曲线和原来的 Bézier 曲线是重合的，只不过走向相反而已，这就是 Bézier 曲线的对称性。

3) 其他性质

Bézier 曲线还具有直观性(逼近性)、几何不变性、凸包性及保凸性等。其中，凸包性是指 Bézier 曲线落在由特征多边形构成的凸包(包含特征多边形的最小凸多边形或最小凸多面体称为凸包)之中；保凸性是指若特征多边形为凸，则 Bézier 曲线也为凸，如图 6.5 所示。

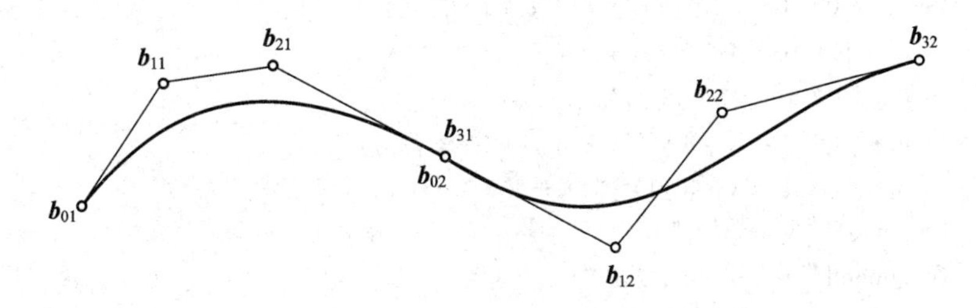

图 6.5　Bézier 曲线的拼接

4. Bézier 曲线的拼接

Bézier 曲线只是一个曲线段。仅用一个曲线段(不管是低次还是高次 Bézier 曲线)来描述几何外形或进行图案设计是极其困难的，只有把若干个 Bézier 曲线段拼接成 Bézier 样条曲线方可用于几何设计。下面介绍三次 Bézier 曲线的拼接。

两段 Bézier 曲线在拼接处必须满足几何连续性的要求，即要达到 G^0、G^1、G^2 连续。G^2 连续的拼接条件较复杂，在一些几何设计不太严格的情况下仅考虑 G^0、G^1 连续，这里主要讨论 G^0、G^1 连续。

(1) G^0 连续：两段三次 Bézier 曲线的拼接如图 6.5 所示，两段曲线在 $\boldsymbol{b}_{31}$ 处拼接。在拼接处要达到 G^1 连续，首先要达到 G^0 连续，即第一段特征多边形的终点 $\boldsymbol{b}_{31}$ 必须和第二段特征多边形的起点 $\boldsymbol{b}_{02}$ 重合。

(2) G^1 连续：由 Bézier 曲线的端点性质可知，第一段曲线在 $\boldsymbol{b}_{31}$ 处的切线方向为 $(\boldsymbol{b}_{31}-\boldsymbol{b}_{21})$，第二段曲线在 $\boldsymbol{b}_{31}$ 处的切线方向为 $(\boldsymbol{b}_{12}-\boldsymbol{b}_{02})$。$G^1$ 连续要求在拼接处此二切线的方向一致，要做到这一点，那么 $\boldsymbol{b}_{21}$、$\boldsymbol{b}_{31}(\boldsymbol{b}_{02})$、$\boldsymbol{b}_{12}$ 四个顶点必须共线，而且 $\boldsymbol{b}_{21}$、$\boldsymbol{b}_{12}$ 两个顶点分布在拼接点的异侧。

5. Bézier 曲线绘图程序设计

以三次 Bézier 曲线段绘制为例，设：$\boldsymbol{b}_0=(x_0, y_0)$，$\boldsymbol{b}_1=(x_1, y_1)$，$\boldsymbol{b}_2=(x_2, y_2)$，$\boldsymbol{b}_3=(x_3, y_3)$，$\boldsymbol{p}(t)=(x, y)$。将式(6-16)按 t 的升幂排列并写成坐标分量形式，则可得到三次 Bézier 曲线的坐标分量表示形式：

$$\begin{cases} x = x_0 + 3(-x_0 + x_1)t + 3(x_0 - 2x_1 + x_2)t^2 + (-x_0 + 3x_1 - 3x_2 + x_3)t^3 \\ y = y_0 + 3(-y_0 + y_1)t + 3(y_0 - 2y_1 + y_2)t^2 + (-y_0 + 3y_1 - 3y_2 + y_3)t^3 \end{cases}, 0 \leqslant t \leqslant 1$$

下面是用 AutoLISP 程序编写的绘制三次 Bézier 曲线段的自定义命令：

```
(defun C: BEZIER3()
    (setq b0 (getpoint"\nEnter first point: "))
    (setq b1(getpoint"\nSecond point: "))
    (setq b2 (getpoint"\nThird point: "))
    (setq b3 (getpoin"\nFourth point: "))
    (setq x0 (car b0) y0 ( cadr b0))
    (setq x1 (car b1) y1 ( cadr b1))
    (setq x2 (car b2) y2 ( cadr b2))
    (setq x3 (car b3) y3 ( cadr b3))
    (setq a1 ( * 3 ( - x1 x0)))
    (setq a2 (+ (- ( * 3 x0) ( * 6 x1) ( * 3 x2)))
    (setq a3 (- (+ ( * 3 x1) x3) (+ ( * 3 x2) x0)))
    (setq a4 ( * 3 (- y1 y0 )))
    (setq a5 (+ (- ( * 3 y0) ( * 6 y1) ( * 3 y2)))
    (setq a6 (- (+ ( * 3 y1) y3) (+ ( * 3 y2) y0)))
    (command "layer""s" 4"")
    (command "line" b0 b1 b2 b3"")
    (command "layer""s"1 "")
    (setq t1 0)
    (command "pline")
    (repeat 11
      (setq x (+ x0 ( * a1 t1) ( * a2 t1 t1) ( * a3 t1 t1 t1)))
      (setq y (+ y0 ( * a4 t1) ( * a5 t1 t1) ( * a6 t1 t1 t1)))
      (command (list x y))
      (setq t1 (+ t1 0.1 ))
    )
    (command)
    (command "pedit""L""f"")
    (command "redraw")
)
```

上述程序中 a1、a2、a3、a4、a5、a6 为中间变量，分别代表坐标分量表示式中参数 t 前面的系数。

6.3.3 Bézier 曲面

Bézier 曲面是 Bézier 曲线的拓广。

给定$(m+1)\cdot(n+1)$个空间矢径 $\boldsymbol{b}_{ij}$ $(i=0, 1, \cdots, m; j=0, 1, \cdots, n)$，称 $m\times n$ 次参数曲面片

$$\boldsymbol{P}(u, w) = \sum_{i=0}^{m}\sum_{j=0}^{n} B_{i,m}(u)B_{j,n}(w)\boldsymbol{b}_{ij}, \quad 0 \leqslant u, w \leqslant 1$$

为 $m\times n$ 次 Bézier 曲面片。其中 $B_{i,m}(u)$、$B_{j,n}(w)$分别为 m 次、n 次 Bernstein 基函数，只需把 Bézier 曲线定义中的参数分别换为 u 和 w 即可。逐次用线段连接 $\boldsymbol{b}_{ij}$ 中相邻两个矢径的端点所组成的网格称为特征网格。

当 $m=n=3$ 时，上述曲面片称为双三次 Bézier 曲面，即

$$\begin{aligned}\boldsymbol{P}(u, w) &= \sum_{i=0}^{3}\sum_{j=0}^{3} B_{i,3}(u)B_{j,3}(w)\boldsymbol{b}_{ij} \\ &= [\boldsymbol{U}][\boldsymbol{M}_Z][\boldsymbol{b}][\boldsymbol{M}_Z]^{\mathrm{T}}[\boldsymbol{W}]^{\mathrm{T}}, \qquad 0\leqslant u, w\leqslant 1\end{aligned}$$

其中

$$[\boldsymbol{U}] = [u^3 \quad u^2 \quad u \quad 1] \qquad [\boldsymbol{W}] = [w^3 \quad w^2 \quad w \quad 1]$$

$$[\boldsymbol{M}_Z] = \begin{bmatrix} -1 & 3 & -3 & 1 \\ 3 & -6 & 3 & 0 \\ -3 & 3 & 0 & 0 \\ 1 & 0 & 0 & 0 \end{bmatrix} \qquad [\boldsymbol{b}] = \begin{bmatrix} \boldsymbol{b}_{00} & \boldsymbol{b}_{01} & \boldsymbol{b}_{02} & \boldsymbol{b}_{03} \\ \boldsymbol{b}_{10} & \boldsymbol{b}_{11} & \boldsymbol{b}_{12} & \boldsymbol{b}_{13} \\ \boldsymbol{b}_{20} & \boldsymbol{b}_{21} & \boldsymbol{b}_{22} & \boldsymbol{b}_{23} \\ \boldsymbol{b}_{30} & \boldsymbol{b}_{31} & \boldsymbol{b}_{32} & \boldsymbol{b}_{33} \end{bmatrix}$$

图 6.6 为双三次 Bézier 特征网格(4×4 网格)及其曲面片。

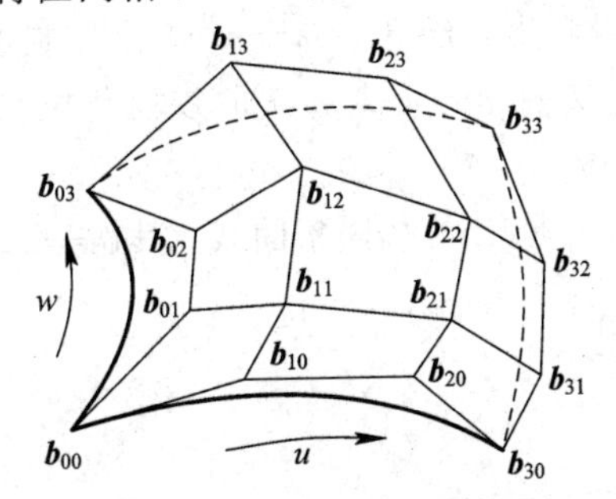

图 6.6　双三次 Bézier 曲面片

Bézier 曲面与 Bézier 曲线性质类似。Bézier 曲面保持了 Bézier 曲线在端点处插值的优点，Bézier 曲面通过特征网格的四个角点，且曲面四条边线与相应网格边相切。双三次 Bézier 曲面的拼接问题在此不做介绍。

以 Bernstein 基函数构造的 Bézier 曲线、曲面有许多优越性，但其也有一些不容忽视的不足：

(1) Bézier 曲线、曲面的特征多边形顶点个数决定了 Bézier 曲线、曲面的阶次，当阶次较大时，特征多边形对曲线、曲面的控制将会减弱；

(2) Bézier 曲线、曲面局部修改能力差，即修改一个顶点会影响整段曲线或整张曲面的形状；

(3) Bézier 曲线、曲面在拼接处实现的 G^1、G^2 连续比较困难，在实际应用中受到一定限制；

(4) Bézier 曲线、曲面离特征多边形较远，逼近性较差。

6.4　B 样条曲线与曲面

20 世纪 70 年代初期，Gordon、Rie-senfeld 等人拓展了 Bézier 曲线、曲面，用 B 样条

函数代替 Bernstein 函数，形成B样条曲线、曲面，从而克服了 Bézier 曲线、曲面的缺点。

若B样条函数采用等距参数节点，则可构造均匀B样条曲线、曲面。均匀B样条曲线、曲面简单、直观、易用。本节主要介绍均匀B样条曲线、曲面。

6.4.1　B样条曲线的定义

给定 $m+n+1$ 个位置矢径 $\boldsymbol{b}_k(k=0, 1, \cdots, m+n)$，称 n 次参数曲线

$$\boldsymbol{P}_{i,n}(t)=\sum_{l=0}^{n}\boldsymbol{b}_{i+l}F_{l,n}(t),\quad 0\leqslant t\leqslant 1,\ i=0, 1, \cdots, m \tag{6-18}$$

为 n 次B样条的第 i 段曲线。它的全体($m+1$ 段)称为 n 次B样条曲线。其中，$F_{l,n}(t)$为权函数(即B样条基函数)，其表达式为

$$F_{l,n}(t)=\frac{1}{n!}\sum_{j=0}^{n-l}(-1)^j\mathrm{C}_{n+1}^{j}(t+n-l-j)^n,\quad l=0, 1, \cdots, n \tag{6-19}$$

依次用线段连接 $\boldsymbol{b}_{i+l}(l=0, 1, \cdots, n)$中相邻两个矢径的端点，这样所组成的多边形称为B样条曲线在第 i 段的特征多边形。矢径的端点称为多边形的顶点。

从B样条曲线的定义可以看出，若给定 $m+n+1$ 个控制点(即特征多边形顶点)，可以构造一条 n 次B样条曲线，它是由 $m+1$ 个 n 次曲线段首尾相接而成的，而每段曲线则由 $n+1$ 个顶点所构造。

在实际应用中，使用较多的是三次B样条曲线，其次是二次B样条曲线。

6.4.2　常用的B样条曲线

1. 二次B样条曲线

由B样条曲线定义可知，二次B样条曲线段由三个顶点来定义。令 $n=2$，$i=0$，将式(6-18)、式(6-19)展开便得二次B样条曲线段的表达式：

$$\boldsymbol{P}(t)=\boldsymbol{P}_{0,2}(t)=\frac{1}{2}(t-1)^2\boldsymbol{b}_0+\frac{1}{2}(-2t^2+2t+1)\boldsymbol{b}_1+\frac{1}{2}t^2\boldsymbol{b}_2$$

将上式求导，得

$$\boldsymbol{P}'(t)=(t-1)\boldsymbol{b}_0+(-2t+1)\boldsymbol{b}_1+t\boldsymbol{b}_2$$

下面讨论该曲线段上几个特殊点的位置。

当 $t=0$ 时，有

$$\boldsymbol{P}(0)=\frac{1}{2}(\boldsymbol{b}_0+\boldsymbol{b}_1),\ \boldsymbol{P}'(0)=\boldsymbol{b}_1-\boldsymbol{b}_0$$

当 $t=1$ 时，有

$$\boldsymbol{P}(1)=\frac{1}{2}(\boldsymbol{b}_1+\boldsymbol{b}_2),\ \boldsymbol{P}'(1)=\boldsymbol{b}_2-\boldsymbol{b}_1$$

当 $t=0.5$ 时，有

$$\boldsymbol{P}(0.5)=\frac{1}{2}\left[\frac{1}{2}(\boldsymbol{P}(0)+\boldsymbol{P}(1))+\boldsymbol{b}_1\right],\ \boldsymbol{P}'(0.5)=\frac{1}{2}(\boldsymbol{b}_2-\boldsymbol{b}_0)$$

二次B样条曲线段的数学表达式为 t 的二次函数，因此它是一条抛物线。抛物线端点分别为特征多边形两边的中点，并以这两边为抛物线端点处的切矢；$\boldsymbol{P}(0.5)$在以顶点

$\boldsymbol{b}_1$、$\boldsymbol{P}(0)$、$\boldsymbol{P}(1)$组成的三角形的边$\boldsymbol{P}(0)\boldsymbol{P}(1)$的中线的中点处，该点处的切线平行于边$\boldsymbol{P}(0)\boldsymbol{P}(1)$，如图 6.7 所示。

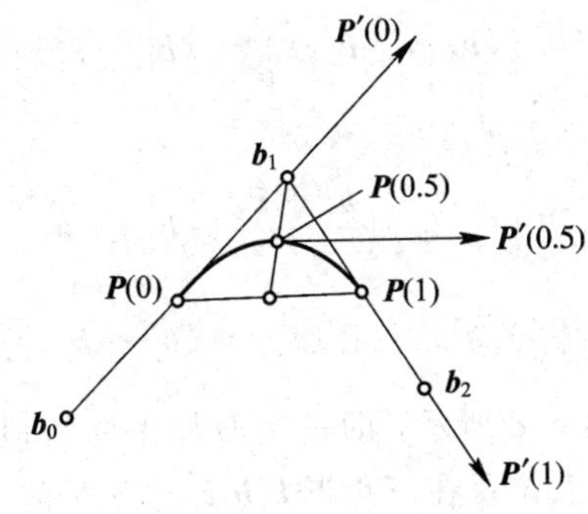

图 6.7　二次 B 样条曲线

2. 三次 B 样条曲线

取三次 B 样条曲线第一段来讨论。令 $n=3$，$i=0$，将式(6-18)、式(6-19)展开得

$$\begin{aligned}\boldsymbol{P}(t) &= \boldsymbol{P}_{0,3}(t) \\ &= \frac{1}{6}(\boldsymbol{b}_0 + 4\boldsymbol{b}_1 + \boldsymbol{b}_2) + \frac{1}{2}(-\boldsymbol{b}_0 + \boldsymbol{b}_2)t + \frac{1}{2}(\boldsymbol{b}_0 - 2\boldsymbol{b}_1 + \boldsymbol{b}_2)t^2 \\ &\quad + \frac{1}{6}(-\boldsymbol{b}_0 + 3\boldsymbol{b}_1 - 3\boldsymbol{b}_2 + \boldsymbol{b}_3)t^3\end{aligned} \tag{6-20}$$

这就是三次 B 样条曲线的数学表达式，它是由 $\boldsymbol{b}_0$、$\boldsymbol{b}_1$、$\boldsymbol{b}_2$、$\boldsymbol{b}_3$ 四个顶点来定义的，其特征多边形如图 6.8 所示。

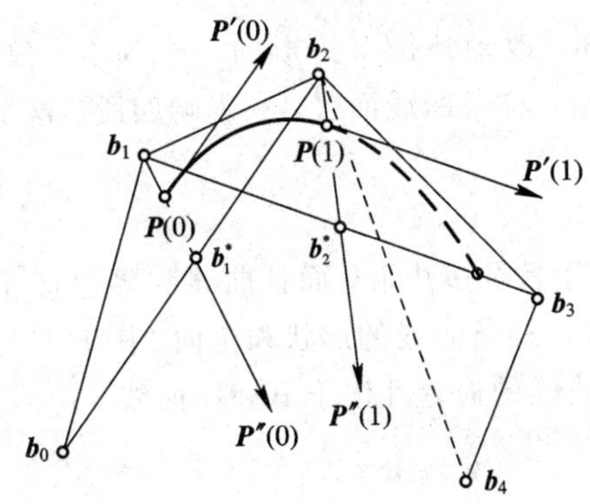

图 6.8　三次 B 样条曲线

对式(6-20)分别求一阶导数、二阶导数，得

$$\boldsymbol{P}'(t) = \frac{1}{2}(-\boldsymbol{b}_0 + \boldsymbol{b}_2) + (\boldsymbol{b}_0 - 2\boldsymbol{b}_1 + \boldsymbol{b}_2)t + \frac{1}{2}(-\boldsymbol{b}_0 + 3\boldsymbol{b}_1 - 3\boldsymbol{b}_2 + \boldsymbol{b}_3)t^2$$

$$\boldsymbol{P}''(t) = (\boldsymbol{b}_0 - 2\boldsymbol{b}_1 + \boldsymbol{b}_2) + (-\boldsymbol{b}_0 + 3\boldsymbol{b}_1 - 3\boldsymbol{b}_2 + \boldsymbol{b}_3)t$$

3. B 样条曲线的性质

为了讨论方便，以三次 B 样条曲线段为例说明 B 样条曲线的性质。

1) 端点性质

当 $t=0$ 时，有

$$\boldsymbol{P}(0)=\frac{1}{3}\left(\frac{\boldsymbol{b}_0+\boldsymbol{b}_2}{2}-\boldsymbol{b}_1\right)+\boldsymbol{b}_1$$

$$\boldsymbol{P}'(0)=\frac{1}{2}(\boldsymbol{b}_2-\boldsymbol{b}_0),\quad \boldsymbol{P}''(0)=(\boldsymbol{b}_2-\boldsymbol{b}_1)+(\boldsymbol{b}_0-\boldsymbol{b}_1)$$

当 $t=1$ 时，有

$$\boldsymbol{P}(1)=\frac{1}{3}\left(\frac{\boldsymbol{b}_1+\boldsymbol{b}_3}{2}-\boldsymbol{b}_2\right)+\boldsymbol{b}_2$$

$$\boldsymbol{P}'(1)=\frac{1}{2}(\boldsymbol{b}_3-\boldsymbol{b}_1),\quad \boldsymbol{P}''(1)=(\boldsymbol{b}_3-\boldsymbol{b}_2)+(\boldsymbol{b}_1-\boldsymbol{b}_2)$$

端点性质的几何意义如图 6.8 所示，即三次 B 样条曲线段起点的位置、切矢量、二阶导矢量由前三个顶点决定。起点位置在三角形 $\boldsymbol{b}_1\boldsymbol{b}_0\boldsymbol{b}_2$ 边 $\boldsymbol{b}_0\boldsymbol{b}_2$ 的中线 $\boldsymbol{b}_1\boldsymbol{b}_1^*$ 上，且在离 $\boldsymbol{b}_1$ 三分之一处；起点处的切矢量平行于 $\boldsymbol{b}_0\boldsymbol{b}_2$ 且长度为其一半；起点处的二阶导矢量和中线 $\boldsymbol{b}_1\boldsymbol{b}_1^*$ 重合，长度为中线的两倍。终点由后三个顶点决定，情况与起点处类似。

2）三次 B 样条曲线段在连接处达到 $G^2(C^2)$ 连续

再增加一个三次 B 样条曲线段，如 $i=1$ 段。根据 B 样条曲线的定义，此段由 $\boldsymbol{b}_1$、$\boldsymbol{b}_2$、$\boldsymbol{b}_3$、$\boldsymbol{b}_4$ 四个顶点定义，前三个顶点已有，只需增加一个顶点 $\boldsymbol{b}_4$，如图 6.8 所示。根据端点性质，$i=1$ 段的起点位置、切矢量、二阶导矢量与 $i=0$ 段的终点位置、切矢量、二阶导矢量均由 $\boldsymbol{b}_1$、$\boldsymbol{b}_2$、$\boldsymbol{b}_3$ 来决定，因此，这两个点是同一点，在该点处 G^2 连续是自然满足的。由此可以看出，三次 B 样条曲线由前四个顶点构造第一段，以后每增加一个顶点，该点与其前三个顶点便产生一个曲线段，若干个这样的曲线段首尾相接形成一条 G^2 连续的样条曲线。

3）局部性

从 B 样条曲线定义可知，改动特征多边形的一个顶点，只影响以该点为中心的邻近 $n+1$ 段曲线的形状。对三次 B 样条曲线而言，只影响四段。这个性质给曲线的局部修改带来了方便。

4）直观性

B 样条曲线的形状取决于特征多边形，而且曲线和多边形相当逼近，因此根据特征多边形的形状和走向就可推知 B 样条曲线的形状和走向。图 6.9 是几种拟合曲线逼近性的比较，从图中可看出，B 样条曲线的逼近性优于 Bézier 曲线。

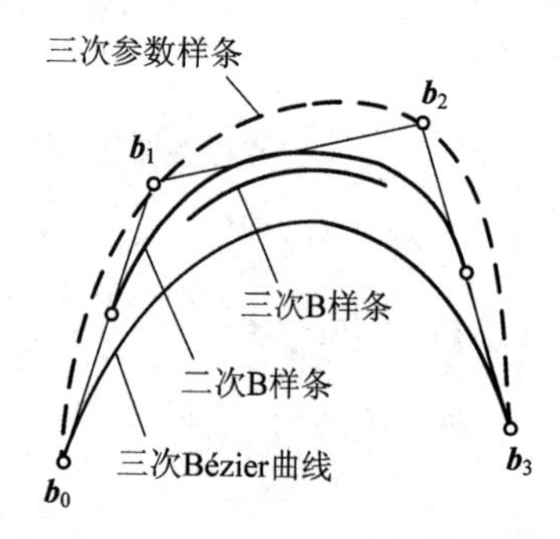

图 6.9　几种拟合曲线的逼近性

此外，B 样条曲线还具有几何不变性、造型的灵活性等优点。

4. B 样条曲线的造型技巧

B 样条曲线具有良好的端点性质、局部修改能力、$G^2(C^2)$连续性、直观性，因此在外形设计(造型)中常被使用。下面重点介绍常用的几种作图技巧，主要依据二次和三次 B 样条曲线的端点性质，这里以三次 B 样条曲线为例。

(1) 构造直线段。

如图 6.10(a)所示，特征多边形相邻的四个顶点共线，便可产生一段直线段，此时三次 B 样条曲线段退化为直线。

(2) 样条曲线与特征多边形边相切。

如图 6.10(b)、(c)所示，方法为相邻三顶点共线或两个顶点重合。

(3) 样条曲线通过某一顶点或形成一个尖角。

如图 6.10(d)所示，方法为相邻三个顶点重合。

(4) 构造通过特征多边形起点和终点并与相应边相切的样条曲线，如图 6.10(e)所示。

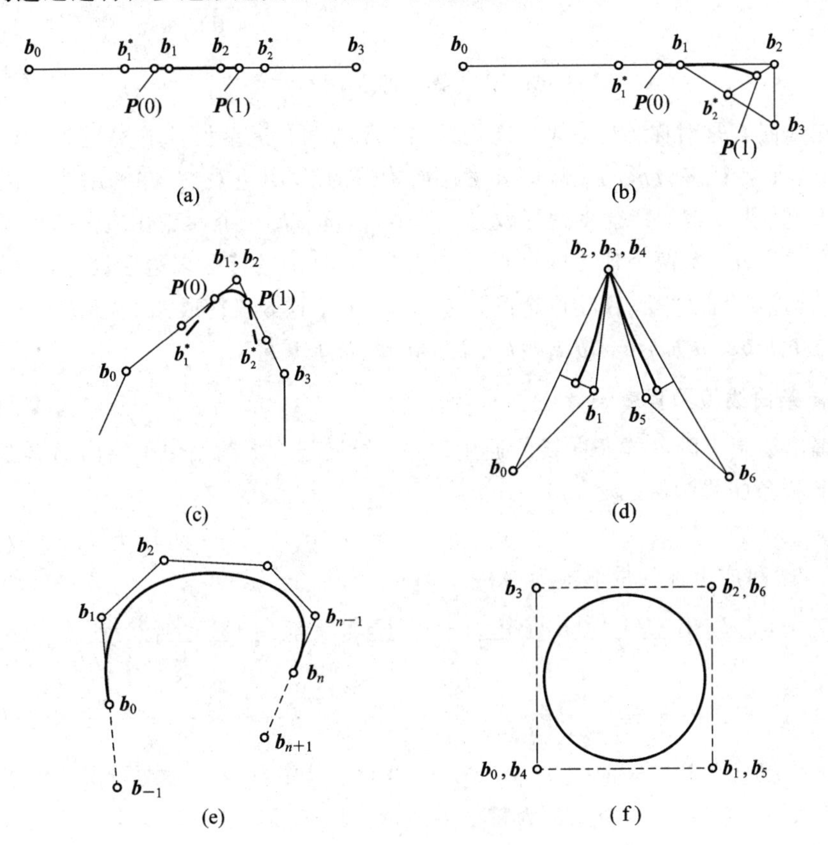

图 6.10　三次 B 样条曲线的造型技巧

要构造符合要求的三次 B 样条曲线，需要外延两个顶点 $\boldsymbol{b}_{-1}$、$\boldsymbol{b}_{n+1}$。根据端点性质，$\boldsymbol{b}_{-1}$、$\boldsymbol{b}_{n+1}$应满足：

$$\frac{1}{3}\left(\frac{\boldsymbol{b}_{-1}+\boldsymbol{b}_1}{2}-\boldsymbol{b}_0\right)+\boldsymbol{b}_0=\boldsymbol{b}_0$$

$$\frac{1}{3}\left(\frac{\boldsymbol{b}_{n-1}+\boldsymbol{b}_{n+1}}{2}-\boldsymbol{b}_n\right)+\boldsymbol{b}_n=\boldsymbol{b}_n$$

即 $\boldsymbol{b}_{-1}=2\boldsymbol{b}_0-\boldsymbol{b}_1$，$\boldsymbol{b}_{n+1}=2\boldsymbol{b}_n-\boldsymbol{b}_{n-1}$。以 $\boldsymbol{b}_{-1}$、$\boldsymbol{b}_0$、b_1、…、$\boldsymbol{b}_{n-1}$、$\boldsymbol{b}_n$、$\boldsymbol{b}_{n+1}$ 为特征多边形顶点即可构造出所要求的样条曲线。

(5) 构造闭合曲线。

构造闭合曲线的方法是：沿特征多边形重复取点，直到样条曲线闭合为止，如图 6.10(f)所示。

【例 6.1】 用三次 B 样条曲线设计如图 6.11(a)所示的花瓣图案。

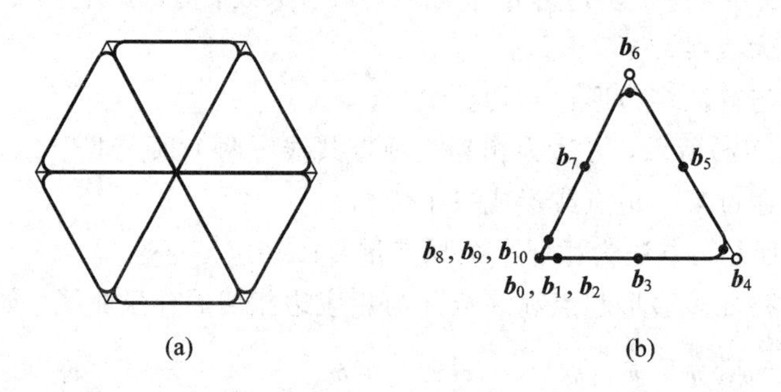

图 6.11 图案的造型设计

由于花瓣图案是对称结构，故只需构造出一瓣即可。造型设计的实质是设计出合适的特征多边形，而特征多边形的设计则要考虑所构造的形状(直观性)并利用造型技巧。

图 6.11(b)为一瓣的特征多边形设计，其中 $\boldsymbol{b}_3$、$\boldsymbol{b}_5$、$\boldsymbol{b}_7$ 三个顶点在边上的位置将会影响花瓣两个弯角离 $\boldsymbol{b}_4$、$\boldsymbol{b}_6$ 两个顶点的远近。按照图 6.11(b)的特征多边形设计，一瓣由 11 个顶点定义，含有 8 个曲线段，图中两个圆点之间为一段。这 8 段构成如下：$\boldsymbol{b}_0\boldsymbol{b}_1\boldsymbol{b}_2\boldsymbol{b}_3$、$\boldsymbol{b}_1\boldsymbol{b}_2\boldsymbol{b}_3\boldsymbol{b}_4$、$\boldsymbol{b}_2\boldsymbol{b}_3\boldsymbol{b}_4\boldsymbol{b}_5$、$\boldsymbol{b}_3\boldsymbol{b}_4\boldsymbol{b}_5\boldsymbol{b}_6$、$\boldsymbol{b}_4\boldsymbol{b}_5\boldsymbol{b}_6\boldsymbol{b}_7$、$\boldsymbol{b}_5\boldsymbol{b}_6\boldsymbol{b}_7\boldsymbol{b}_8$、$\boldsymbol{b}_6\boldsymbol{b}_7\boldsymbol{b}_8\boldsymbol{b}_9$、$\boldsymbol{b}_7\boldsymbol{b}_8\boldsymbol{b}_9\boldsymbol{b}_{10}$。

5. B 样条曲线绘图程序设计

只要编出绘制一段 B 样条曲线的通用程序，经过若干次调用便可绘出 B 样条曲线。这里以三次 B 样条曲线为例，设

$\boldsymbol{b}_0=(x_0,y_0)$，$\boldsymbol{b}_1=(x_1,y_1)$，$\boldsymbol{b}_2=(x_2,y_2)$，$\boldsymbol{b}_3=(x_3,y_3)$，$\boldsymbol{P}(t)=(x,y)$

则将式(6-20)写成坐标分量形式为

$$\begin{cases} x=\dfrac{x_0+4x_1+x_2}{6}+\dfrac{-x_0+x_2}{2}t+\dfrac{x_0-2x_1+x_2}{2}t^2+\dfrac{-x_0+3x_1-3x_2+x_3}{6}t^3 \\ y=\dfrac{y_0+4y_1+y_2}{6}+\dfrac{-y_0+y_2}{2}t+\dfrac{y_0-2y_1+y_2}{2}t^2+\dfrac{-y_0+3y_1-3y_2+y_3}{6}t^3 \end{cases},\ 0\leqslant t\leqslant 1$$

下面是绘制三次 B 样条曲线的 AutoLISP 程序。其中自定义函数 bspL3 用于绘制三次 B 样条曲线段，参数 $\boldsymbol{b}_0$、$\boldsymbol{b}_1$、$\boldsymbol{b}_2$、$\boldsymbol{b}_3$ 为特征多边形的四个顶点：自定义命令 BSP3 为绘制三次 B 样条曲线的通用程序，变量 sign 控制循环是否结束，iniget 函数为结束点的输入设置了关键字“Exit”。

```
(defun bspL3(b0 b1 b2 b3 / x0 y0 x1 y1 x2 y2 x3 y3 a1 a2 a3 a4 a5 a6 a7 a8 t1 x y)
  (setq x0 (car b0) y0 (cadr b0))
  (setq x1 (car b1) y1 (cadr b1))
  (setq x2 (car b2) y2 (cadr b2))
  (setq x3 (car b3) y3 (cadr b3))
```

```
    (setq a1 (/ ( + x0 ( * 4 x1) x2) 6.0))
    (setq a2 (/ ( - x2 x0) 2.0))
    (setq a3 (/ ( - (+ x0 x2) ( * 2 x1)) 2.0))
    (setq a4 (/ (+ ( - x3 x0) ( * 3 ( - x1 x2))) 6.0))
    (setq a5 (/ ( + y0 ( * 4 y1) y2) 6.0))
    (setq a6 (/ ( - y2 y0) 2.0))
    (setq a7 (/ ( - (+ y0 y2) ( * 2 y1)) 2.0))
    (setq a8 (/ (+ ( - y3 y0) ( * 3 ( - y1 y2))) 6.0))
    (command "pline")
    (setq t1 0)
    (repeat 11
    (setq x (+ a1 ( * a2 t1) ( * a3 t1 t1) ( * a4 t1 t1 t1)))
    (setq y (+ a5 ( * a6 t1) ( * a7 t1 t1) ( * a8 t1 t1 t1)))
    (command (list x y))
    (setq t1 (+ t1 0.1 ))
)
    (command)
    (command "pedit" "L" "f" "")
)

(defun C: BSP3 (/b0 b1 b2 b3 sign))
    (setq b0 (getpoint "\nEnter first point: "))
    (setq b1 (getpoint "\nSecond point: "))
    (setq b2 (getpoint "\nThird point: "))
    (setq sign 0)
    (while (= sign 0)
    (initget (+ 1 2 4 ) "Exit")
      (setq b3 (getpoint "\nExit/<Fourth point> : "))
        (if (= b3 "Exit")
          (setq sign 1)
          (progn
            (bspL3 b0 b1 b2 b3)
            (setq b0 b1 b1 b2 b2 b3)
        )
      )
    )
    (command "redraw")
    (princ)
)
```

6. B 样条曲线的反算

在 B 样条曲线的应用研究中，除了利用特征多边形造型外，另一类应用就是 B 样条曲线的反算问题。

所谓反算，就是已知一系列型值点 $\boldsymbol{P}_i(i=1, 2, \cdots, n-1)$，构造一条三次B样条曲线使之通过这些点，其实质是求解对应这条B样条曲线的特征多边形各顶点 $\boldsymbol{b}_i(i=0,1,\cdots,n)$，如图6.12所示。反算问题也称为样条插值。

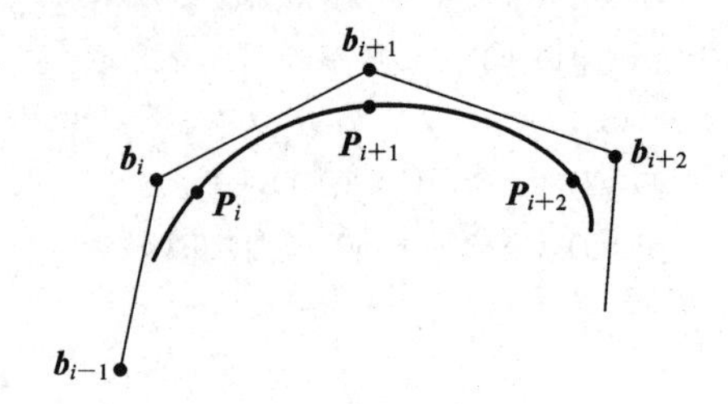

图6.12 B样条曲线的反算

假设 $\boldsymbol{P}_i\boldsymbol{P}_{i+1}$ 段曲线由 $\boldsymbol{b}_{i-1}$、$\boldsymbol{b}_i$、$\boldsymbol{b}_{i+1}$、$\boldsymbol{b}_{i+2}$ 四个顶点定义，根据端点性质得

$$\boldsymbol{b}_{i-1}+4\boldsymbol{b}_i+\boldsymbol{b}_{i+1}=6\boldsymbol{P}_i, \quad i=1, 2, \cdots, n-1 \tag{6-21}$$

这些方程共有 $n-1$ 个，而顶点数为 $n+1$ 个，因此尚需根据边界条件补充两个方程。边界条件除了6.2节介绍的几种外，这里，还可以采用两端各外延增加一点(如造型技巧之四)或两端取两重顶点的方法。对闭合曲线可以采用造型技巧之五的方法。

例如，对两端自由的边界条件，根据端点性质可得到两个补充方程：

$$\begin{aligned}\boldsymbol{b}_0-2\boldsymbol{b}_1+\boldsymbol{b}_2&=\boldsymbol{0}\\ \boldsymbol{b}_{n-2}-2\boldsymbol{b}_{n-1}+\boldsymbol{b}_n&=\boldsymbol{0}\end{aligned} \tag{6-22}$$

将式(6-21)、式(6-22)联立求解线性方程组就可以求出 $\boldsymbol{b}_0$、$\boldsymbol{b}_1$、…，$\boldsymbol{b}_n$，以这些点作为特征多边形的顶点便可得到通过给定型值点的三次B样条曲线。

6.4.3 B样条曲面

B样条曲面是B样条曲线的拓展。

给定 $(m+1)\cdot(n+1)$ 个空间矢径 $\boldsymbol{b}_{ij}(i=0, 1, \cdots, m; j=0, 1, \cdots, n)$，称 $m\times n$ 次参数曲面片

$$\boldsymbol{P}(u, w)=\sum_{i=0}^{m}\sum_{j=0}^{n}F_{i,m}(u)F_{j,n}(w)\boldsymbol{b}_{ij}, \quad 0\leqslant u, w\leqslant 1$$

为 $m\times n$ 次B样条曲面片。其中 $F_{i,m}(u)$、$F_{j,n}(w)$ 分别为B样条基函数。由控制点组成的空间网格称为B样条曲面的特征网格。

当 $m=n=3$ 时，上述曲面片称为双三次B样条曲面片，即

$$\begin{aligned}\boldsymbol{P}(u, w)&=\sum_{i=0}^{3}\sum_{j=0}^{3}F_{i,3}(u)F_{j,3}(w)\boldsymbol{b}_{ij}\\&=[\boldsymbol{U}][\boldsymbol{M}_{\mathrm{B}}][\boldsymbol{b}][\boldsymbol{M}_{\mathrm{B}}]^{\mathrm{T}}[\boldsymbol{W}]^{\mathrm{T}}, \quad 0\leqslant u, w\leqslant 1\end{aligned}$$

其中

$$[\boldsymbol{M}_{\mathrm{B}}]=\frac{1}{6}\begin{bmatrix}-1 & 3 & -3 & 1\\ 3 & -6 & 3 & 0\\ -3 & 0 & 3 & 0\\ 1 & 4 & 1 & 0\end{bmatrix}, \quad [\boldsymbol{b}]=\begin{bmatrix}\boldsymbol{b}_{00} & \boldsymbol{b}_{01} & \boldsymbol{b}_{02} & \boldsymbol{b}_{03}\\ \boldsymbol{b}_{10} & \boldsymbol{b}_{11} & \boldsymbol{b}_{12} & \boldsymbol{b}_{13}\\ \boldsymbol{b}_{20} & \boldsymbol{b}_{21} & \boldsymbol{b}_{22} & \boldsymbol{b}_{23}\\ \boldsymbol{b}_{30} & \boldsymbol{b}_{31} & \boldsymbol{b}_{32} & \boldsymbol{b}_{33}\end{bmatrix}$$

双三次 B 样条特征网格(4×4 网格)及其曲面片如图 6.13 所示。

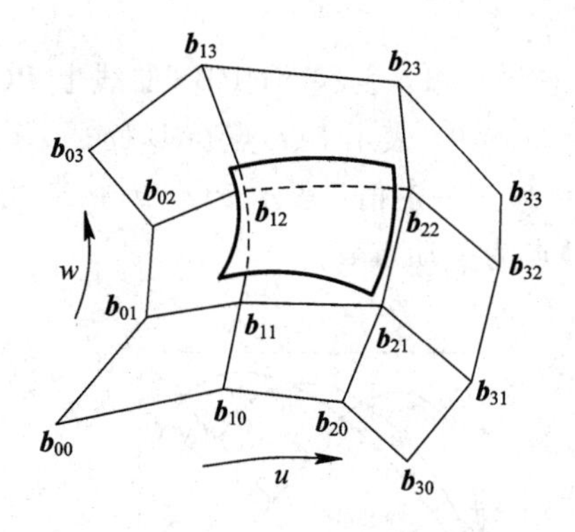

图 6.13　双三次 B 样条曲面片

双三次 B 样条曲面的优点是容易解决曲面片之间的连接问题。只要在 u 或 w 方向延伸一排(一行或一列)顶点，例如在 u 方向延伸一列顶点 $\boldsymbol{b}_{40}$、$\boldsymbol{b}_{41}$、$\boldsymbol{b}_{42}$、$\boldsymbol{b}_{43}$，则前四列顶点产生一个曲面片，后四列顶点产生另一个曲面片，两个曲面片在连接处达到 $G^2(C^2)$连续。另外，B 样条曲面还继承了 B 样条曲线局部性的优点，通过修改特征网格顶点可以修改部分的曲面形状。

6.5　NURBS 曲线与曲面

均匀 B 样条在表示与设计自由曲线、曲面时显示了强大的威力，但若精确表示如圆弧、抛物线等规则的曲线、曲面却较为困难。而非均匀有理 B 样条(NURBS)就是用来解决既能表达与描述自由曲线、曲面，又能精确表示规则曲线、曲面问题而提出的一种 B 样条数学处理方法。

6.5.1　NURBS 曲线

一条由 $n+1$ 个控制顶点 $\boldsymbol{b}_i(i=0, 1, 2\cdots, n)$构成的 k 次 NURBS 曲线可以表示为如下分段的有理多项式函数：

$$\boldsymbol{P}(t)=\frac{\sum_{i=0}^{n}\omega_i\boldsymbol{b}_iN_{i,k}(t)}{\sum_{i=0}^{n}\omega_iN_{i,k}(t)}=\sum_{i=0}^{n}\boldsymbol{b}_iR_{i,k}(t)$$

其中，$\omega_i(i=0, 1, 2, \cdots, n)$为权因子，与控制顶点 $\boldsymbol{b}_i$ 相关联；$N_{i,k}(t)$为由节点矢量决定的 k 次 B 样条基函数；$R_{i,k}(t)=\dfrac{\omega_iN_{i,k}(t)}{\sum_{i=0}^{n}\omega_iN_{i,k}(t)}$ 称为 NURBS 曲线有理基函数。

NURBS 曲线的形状除了可通过控制顶点的位置进行调整之外，还可通过各顶点所对应的权因子来改变曲线的形状，使曲线调整的自由度更大。如图 6.14 所示，每改变一次某个权因子数值，便可得到一条 NURBS 曲线。如果使 ω_i 在某个范围内变化，则得到一个曲线族。对于确定参数值的NURBS曲线上的一点$\boldsymbol{P}(t)$，若改变ω_i，则该参数点将沿一条直线移动，即

当$\omega_i \to \infty$时，$R_{i,k}(t, \omega_i \to \infty)=1$，表示NURBS曲线上$\boldsymbol{P}(t)$点在控制点$\boldsymbol{b}_i$处；

当$\omega_i=0$时，$R_{i,k}(t, \omega_i=0)=0$，表示$\boldsymbol{P}(t)$点在B处；

当$\omega_i=1$时，$R_{i,k}(t, \omega_i=1)$为一定值，表示$\boldsymbol{P}(t)$点在N处；

当$\omega_i \neq 0$、1，∞时，$\boldsymbol{P}(t)$点为一动点d。

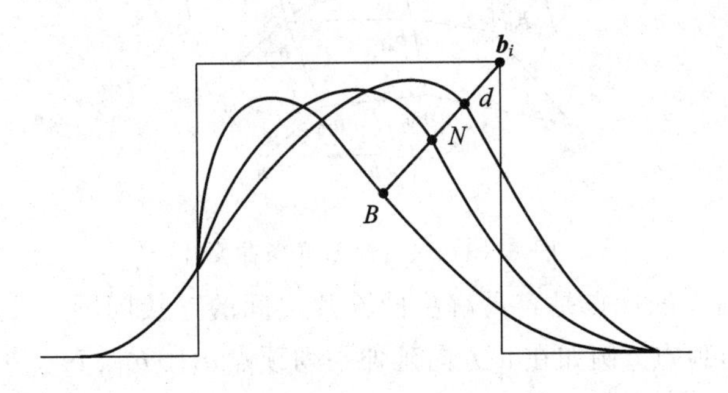

图 6.14　权因子对曲线的影响

从上述分析可知：

(1) ω_i改变，动点d沿一条直线$\boldsymbol{b}_iB$移动，$\omega_i \to \infty$时，动点d与控制点$\boldsymbol{b}_i$重合；$\omega_i=0$时，动点d位于B点。

(2) 随着ω_i的增/减，曲线被拉向/拉开控制点$\boldsymbol{b}_i$。

(3) 随着ω_i的增/减，在ω_i的影响范围内，曲线被拉开/拉向其余的控制顶点，ω_i影响区域为$[t_i, t_{i+k+1}]$。

6.5.2　NURBS曲面

在NURBS曲线的基础上，NURBS曲面可定义为

$$\boldsymbol{P}(u, w)=\frac{\sum_{i=0}^{m}\sum_{j=0}^{n}\omega_{ij}\boldsymbol{b}_{ij}N_{i,k}(u)N_{j,l}(w)}{\sum_{i=0}^{m}\sum_{j=0}^{n}\omega_{ij}N_{i,k}(u)N_{j,l}(w)}$$

其中，$N_{i,k}(u)$、$N_{j,l}(w)$分别为k次和l次B样条基函数，ω_{ij}为控制顶点$\boldsymbol{b}_{ij}$相关联的权因子。所定义的这张NURBS曲面是由$(m-k+1)(m-l+1)$个小NURBS曲面片所组成的。

NURBS曲线、曲面为规则曲线、曲面(如二次曲线、二次曲面和平面等)和自由曲线、曲面提供了统一的数学模型，便于工程数据库的统一存取和管理。除此之外，还有以下特点：

(1) 提供了控制点、权因子多种修改调整曲线、曲面的手段，使得改变曲线、曲面的形状更加方便灵活。

(2) 方便了对节点进行修改、分割、几何插值等处理的工具。

(3) 具有透视投影变换和仿射变换的不变性。

(4) Bézier和非有理B样条曲线、曲面可作为NURBS的特例来表示。

(5) 相对其他曲线、曲面表示方法，更耗费储存空间和处理时间。

6.6　曲线与曲面在 AutoCAD 中的应用

1. 自由曲线的绘制

AutoCAD 提供了 spline 命令绘制平面或空间非均匀有理 B 样条曲线(即 NURBS 曲线)。该命令绘制曲线需要的条件是：特征点、起点和终点的切线方向、曲线偏离特征点的误差系数(Fit Tolerance)。误差系数为 0(默认情况)时绘制插值曲线，为正数时绘制逼近曲线。

2. 自由曲面的绘制

AutoCAD 提供了 3dmesh 和 pedit 命令绘制拟合曲面。其中，3dmesh 命令生成三维特征网格，pedit 命令拟合特征网格产生拟合曲面。

pedit 命令的 S 选项(Smooth Surface)生成拟合曲面。这里的拟合曲面可以是 Bézier 曲面(任意次数的曲面)、双二次 B 样条曲面、双三次 B 样条曲面，由系统变量 SURFTYPE 控制。当 SURFTYPE 的值为 5 时产生双二次 B 样条曲面，值为 6 时(初值)产生双三次 B 样条曲面，值为 8 时产生 Bézier 曲面。SURFTYPE 的值应在执行 pedit 命令之前设置。

拟合曲面上网格的密度由系统变量 SURFU 和 SURFV 控制，前者控制参数 u 方向的格子数，后者控制参数 w 方向的格子数，其初值均为 6。系统变量值越大，拟合的表面越精确，但产生的曲面将占据更大的空间，用于显示曲面的时间也将更长。下面介绍 3dmesh 和 pedit 命令的使用方法。

1) 3dmesh(三维网格)命令的使用

参照图 6.15，命令行操作如下：

Command：3dmesh↙
Enter size of mesh in M direction：　4↙ (M 方向顶点数)
Enter size of mesh in N direction：　5↙ (N 方向顶点数)
SPecify location for vertex (0, 0)：　192, 100, 0↙ ($\boldsymbol{b}_{00}$点)
SPecify location for vertex (0, 1)：　203, 113, 0↙ ($\boldsymbol{b}_{01}$点)
…
SPecify location for vertex (0, 4)：　200, 137, 0↙ ($\boldsymbol{b}_{04}$点)
SPecify location for vertex (1, 0)：　213, 106, 0↙ ($\boldsymbol{b}_{10}$点)
…
SPecify location for vertex (1, 4)：　212, 137, 0↙ ($\boldsymbol{b}_{14}$点)
SPecify location for vertex (2, 0)：　224, 106, 0↙ ($\boldsymbol{b}_{20}$点)
…
SPecify location for vertex (2, 4)：　228, 137, 48↙ ($\boldsymbol{b}_{24}$点)
SPecify location for vertex (3, 0)：　236, 106, 0↙ ($\boldsymbol{b}_{30}$点)
…
SPecify location for vertex(3, 4)：　241, 137, 0↙ ($\boldsymbol{b}_{34}$点)

绘制结果如图 6.15(a)所示，这是一个俯视图。用 vpoint 命令取轴测投影得图 6.15(b)。

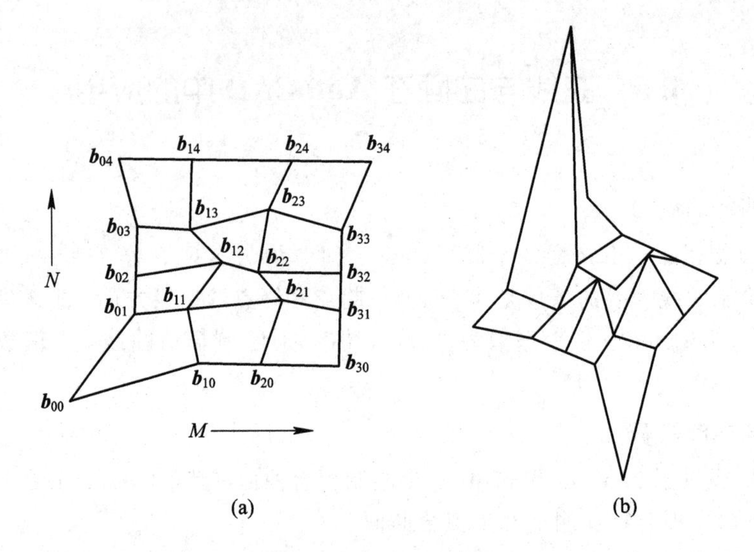

(a)　　(b)

图 6.15　特征网格绘制

2）用 pedit 命令拟合曲面

为了得到图 6.16(a)所示的双二次 B 样条曲面，先修改系统变量 SURFTYPE 的值。

Command：setvar↙

Enter variaBle name or[?]＜当前系统变量名＞：SURFTYPE↙

Enter new value for SURFTYPE＜6＞：5↙

然后执行 pedit 命令作拟合曲面。

Command：pedit↙

SelectPolyline or[MultiPle]：选择图 6.15(b)所示网格↙

Enter an oPtion[Edit vertex/Smooth surface/…/Undo]：S↙

Enter an oPtion[Edit vertex/Smooth surface/…/Undo]：

绘制结果如图 6.16(a)所示。用同样方法修改系统变量 SURFTYPE 的值可相应绘制双三次 B 样条曲面(见图 6.16(b))和 Bézier 曲面(见图 6.16(c))。从图可看出，双二次 B 样条曲面与特征网格较接近，双三次 B 样条曲面较光滑，而 Bézier 曲面更光滑。

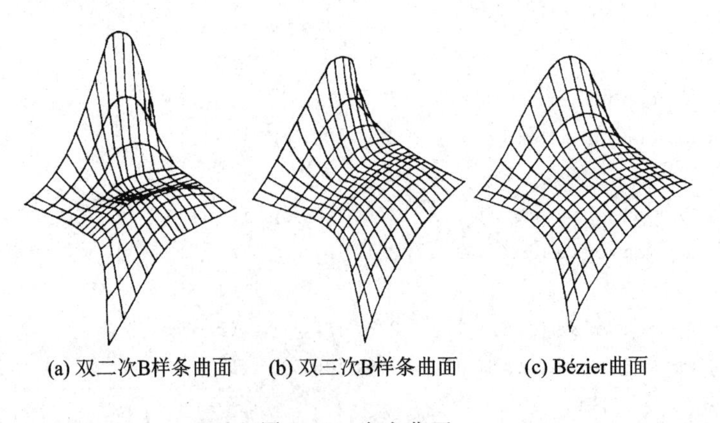

(a) 双二次B样条曲面　(b) 双三次B样条曲面　(c) Bézier曲面

图 6.16　自由曲面

1. 拟合曲线与曲面有哪些类型？就每一种类型举出 2～3 种曲线或曲面的名称。

2. 插值与逼近有何区别？

3. 曲线、曲面的光顺性有什么要求？

4. 什么是样条曲线与曲面？几何连续性包含哪些内容？

5. 自由曲线、曲面为什么采用矢量参数表示法？

6. Bézier 曲线有何性质？其顶点个数与曲线次数有何关系？

7. Bézier 曲线拼接时达 G^1 连续的条件是什么？

8. B 样条曲线有何性质？其顶点个数、曲线次数与曲线段数之间有什么关系？

9. 用三次 B 样条曲线造型，有哪些技巧？试画出其特征多边形并标出顶点。

10. 题图 6.1 为一条三次 B 样条曲线(由六段组成)及其特征多边形，试标出特征多边形顶点序号。

11. 根据题图 6.2 的特征多边形画出三次 B 样条曲线的大致形状。

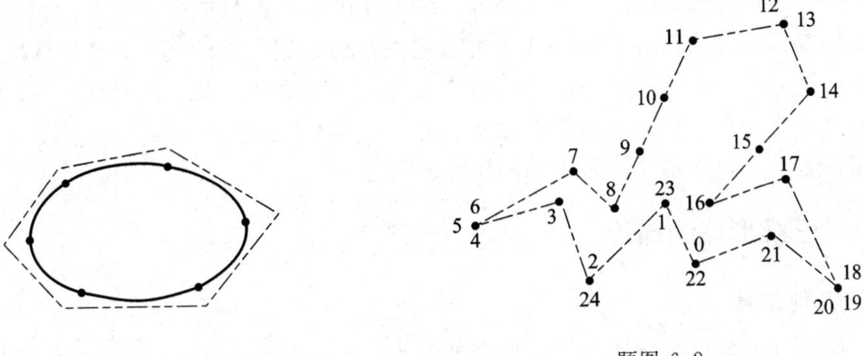

题图 6.1　　题图 6.2

12. 根据题图 6.3 中的特征点画出三次参数样条曲线、Bézier 曲线、二次 B 样条曲线、三次 B 样条曲线的大致形状。试比较后三者的逼近性。

13. 分别编写 AutoLISP 程序绘制题图 6.4(a)、(b)。其中，图(a)用三次 Bézier 曲线绘制，图(b)用三次 B 样条曲线绘制。

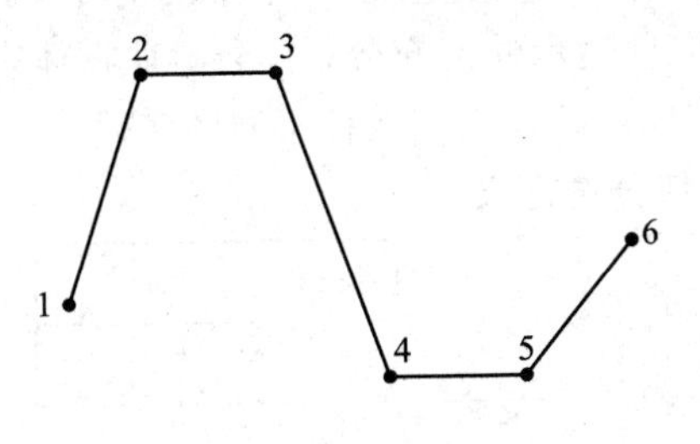

题图 6.3

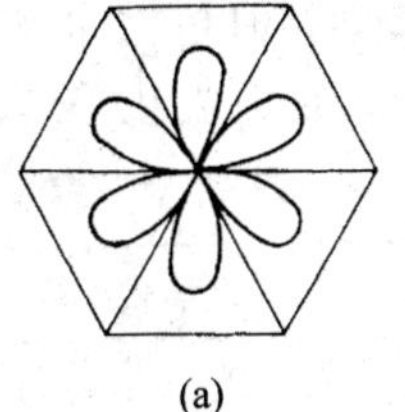

(a)

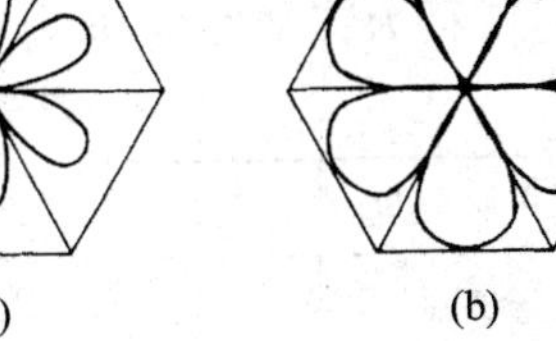

(b)

题图 6.4

第7章 三维形体建模及图形处理

随着计算机技术的发展，三维设计得到越来越多的应用。本章主要介绍三维形体建模与图形处理的有关计算机图形学理论与算法。

7.1 三维形体建模基础

计算机只能处理数据，因此用计算机来描述三维形体，首先需将三维形体抽象为数学模型，然后对其图形数据进行加工处理。在计算机中，数据是按一定的数据结构存放的。数据结构是指相互之间存在一种或多种特定关系的数据元素的集合，是计算机存储、组织数据的一种方式，如线性表、树、图、串等都是常见的数据结构。通常情况下，精心设计数据结构可以带来更高的运行或存储效率。由于三维图形绘制的复杂性，合理构建三维图形数据结构是计算机图形学非常重要的研究方向。

7.1.1 三维形体的描述

1. 几何信息

几何信息一般是指物体在世界坐标系中的位置和大小，常用几何分量的数学表示和边界条件来定义。几何分量指点、直线、曲线、平面、曲面。点、直线、平面、规则曲线、规则曲面都有确定的数学表示或数学表达式，而对于拟合曲线、曲面，其数学表示常采用Coons、Bézier、B样条、NURBS等方法。

如表7.1所示，对于多面体的几何信息，可用顶点、边和面三个几何分量来定义。图7.1所示的是多面体几何分量之间的相互关系，这些几何分量之间可以相互转换，这是几何造型中集合运算的基础。但是物体仅用几何信息表示并不充分，常会出现物体表示的不确定性(或称为二义性)，如图7.2所示，用5个顶点就可定义两种不同的多面体。

表7.1　多面体的几何分量定义

几何分量	数学表示	边界条件
顶点	(x, y, z)	/
边	$\frac{x-x_1}{l}=\frac{y-y_1}{m}=\frac{z-z_1}{n}$	端点 (x_1, y_1, z_1) (x_2, y_2, z_2)
面	$ax+by-cz+d=0$	由边围成的三角形或多边形

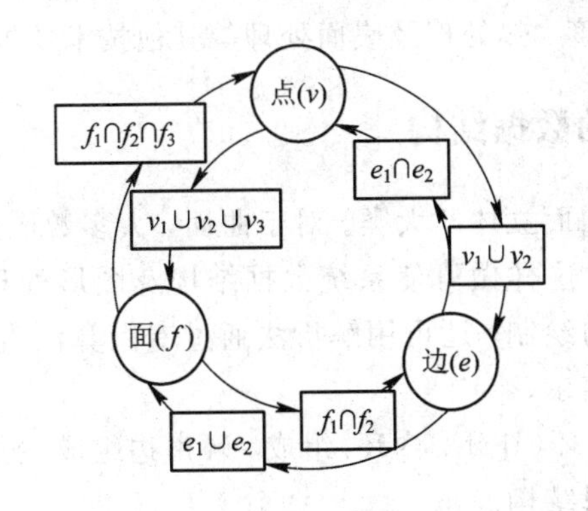

图 7.1　多面体几何分量间的相互关系

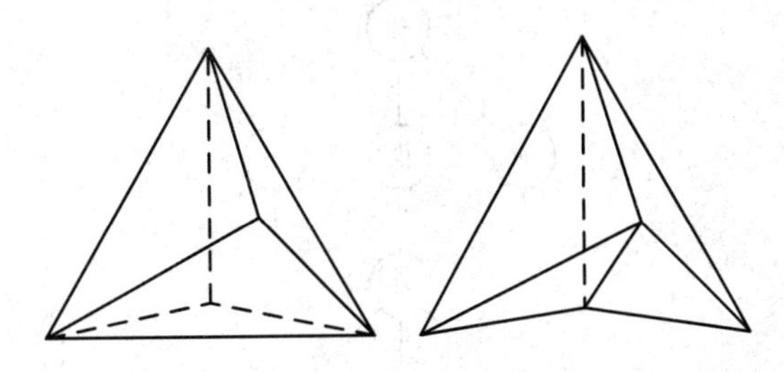

图 7.2　5 个顶点定义两种不同的多面体

2. 拓扑信息

拓扑信息是指物体各几何分量(点、边、面)的数目及其相互间的连接关系，如图 7.3 所示，多面体的几何分量之间共有 9 种拓扑关系。

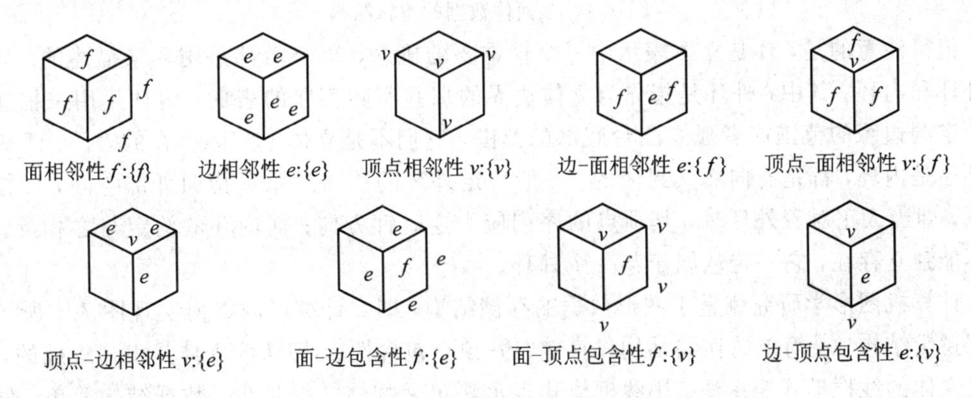

图 7.3　多面体各几何分量之间的拓扑关系

这 9 种拓扑关系可相互转换。从理论上讲，只要存储一种拓扑关系就可以表示物体，但实际上三维图形处理往往同时需要几种拓扑关系，因为从一种拓扑关系导出另一种拓扑关系常常要花费较大的代价，因此在三维图形处理中一般同时存储多种拓扑关系。由于存储的拓扑关系不同，从而形成了计算机绘图中不同的图形数据结构。

3. 非几何信息

随着 CAD/CAM 集成制造技术的发展，除了几何信息和拓扑信息外，还需要描述三维几何形体的非几何信息。非几何信息包括几何形体的物理属性(质量、性能等参数)和工艺属性(制造公差、表面粗糙度、热处理及表面处理等其他技术要求)。

7.1.2 描述三维形体的数据结构

立体分为平面立体和曲面立体两大类。对于曲面，大多数图形系统采用离散的方法用许多小平面片来逼近曲面，这样做可使系统数据结构及图形处理算法统一、简单。当然，对曲面及曲面立体的处理与绘制，还可用解析法通过专门算法直接进行处理。因此，对于任意形体都可用多面体来表示。

多面体由面组成，面由环(外环、内环)组成，环由边组成，边由顶点连线而成。图7.4所示的是多面体数据的逻辑结构。

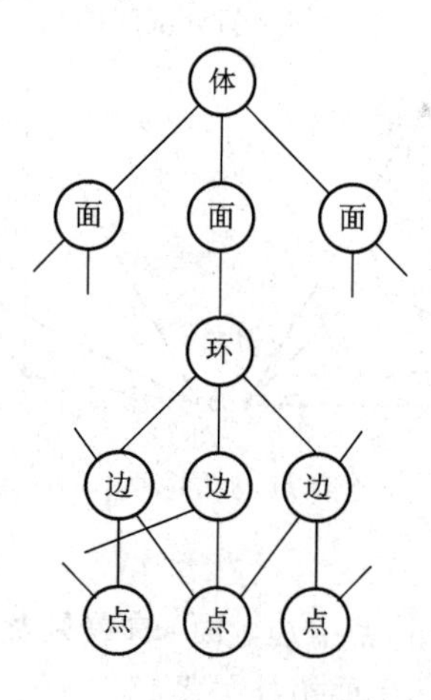

图7.4　多面体数据的逻辑结构

值得注意的是，环是立体表示中一个很重要的概念，每个面都是用环来描述的。环分为外环和内环。其中，外环是指作为立体边界的那些实际存在的表面；内环是用来描述立体上空洞边缘的范围或者孤立凸台底部的范围，它们不是立体上实际存在的表面。无论是外环还是内环，都是有向而又封闭的。一般规定外环的法向量永远指向外部空间，即按右手系，即当人正对着外环时，其顶点的序列应为逆时针方向；而内环的约定与之相反。内环不能独立存在，它一定从属于某一个外环。

计算机图形学研究侧重于图形数据的存储结构，即在计算机内如何实现图7.4所示的数据逻辑结构。最简单的存储结构仅存储“边-顶点包含性”，即认为立体是由边组成的，这就是立体的线框模式表示法。用线框模式表示法定义物体数据量少，数据结构简单，处理方便。但线框模式表示的立体不能进行消隐、不能求表面交线等。为了较完整地表示立体，需要存储两种以上的拓扑关系，即目前常用的表面模式表示法和实体模式表示法，下面介绍这两种表示模式常采用的数据结构。

1. 单链三表结构

三表是指面表、边表和顶点表。单链三表结构同时存储了“面-边包含性”和“边-顶点包含性”，它是以面(环)为中心的存储结构，图7.5是一个带矩形孔的长方体，由16个顶点、10个面组成，其中面②、④各有一个内环(孔)。图7.6是其单链三表数据结构。其中面表的第一列为该面的棱边总数，第二列为内环数，无内环时为0。在棱边表中存放着相应面棱边的顶点序列，各面的顶点依次排列。内环与外环之间用 0 隔开。顶点表中存放各顶点的 x，y，z 坐标(变换前、变换后的坐标)。

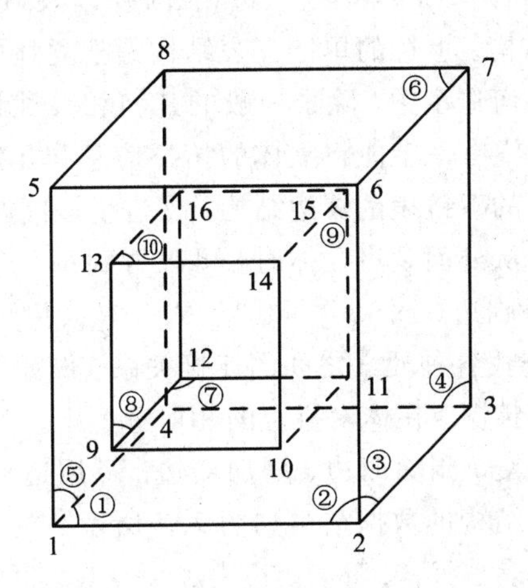

图 7.5　带矩形孔的长方体

单链三表结构(见图 7.6)由面表的指针(即链)检索到该面的边表，由边表的指针检索到形成该边的顶点。这种数据结构关系清楚，节省存储空间，但缺点是不便于查找，也不便于对立体频繁地进行变换、修改或布尔运算。

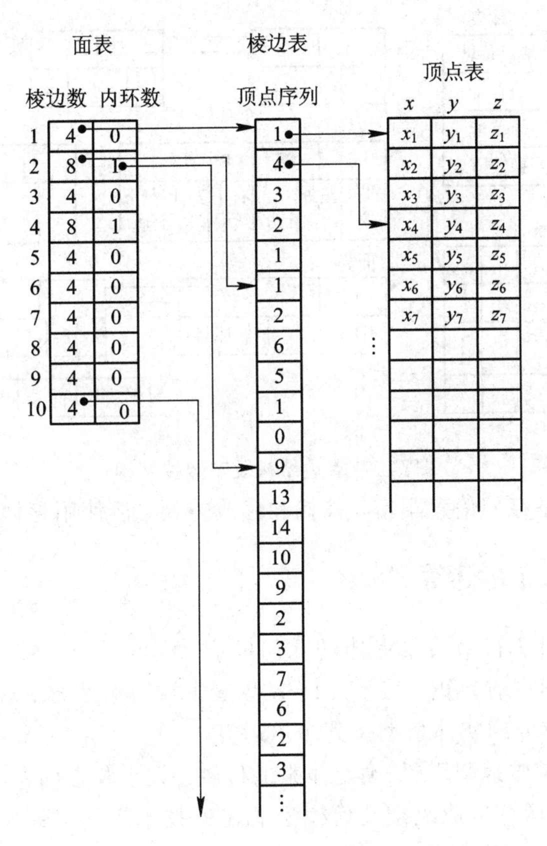

图 7.6　单链三表结构

2. 双链表的翼边结构

该数据结构同时存储了“边-面相邻性”“边相邻性”以及“边-顶点包含性”三种拓扑关系，是以边为中心的存储结构。上述的单链三表结构是把立体的拓扑关系和几何信息结合在一起进行处理。在三维几何造型中，除了一般的几何相关性计算外，还需要正确地改变立体的拓扑关系。为此，希望有一个能将立体的拓扑信息和几何信息分开进行处理的数据结构。美国斯坦福大学提出的双链表的翼边结构，促进了该问题的解决。

所谓翼边，是指当我们从外面观察立体时，可以看到每一条棱边都有左右两个邻面和构成这两个邻面周界的四条临边，图 7.7 所示的 R_{cw}、R_{cc}、L_{cw}、L_{cc}，好像是长出的翅膀。通过翼边结构可以方便地查找各种元素之间的连接关系，例如可快速查出一个面上的所有边、一条边的所有相邻边等情况。在体素拼合的几何造型中，最基本的运算单元可以是边，包括边与边相交、边与面相交、删除旧边、增加新边等，用边作为检索立体拓扑关系的中心环节是比较方便的。翼边结构的数据结构如图 7.7 所示。在该数据结构中，每个立体的信息分五层来存储，即立体表、面表、环表、边表和顶点表。每个面有一个外环和若干个内环，也可能无内环。因面表、边表和顶点表查找、修改频繁，故采用双链表结构，每一个结点都分别用右链和左链指向下一个和前一个节点的所在地址，以便在立体拼合过程中插入新边和顶点、删除旧边和顶点等，同时可以加快节点的检索。

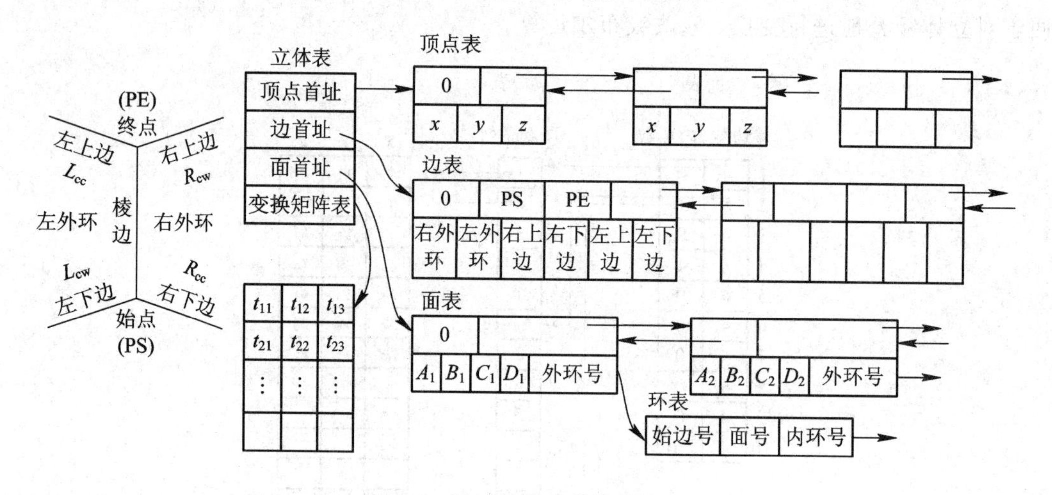

图 7.7 翼边结构及其数据结构

翼边结构的优点是存储信息丰富，查找和修改方便，但使用存储空间较多。

7.1.3 实体造型与布尔运算

几何造型就是用计算机来表示形体的几何模型，空间的点、线、面、体是构成形体几何模型的基本要素。到目前为止，三维几何造型方法经历了线框、表面、实体和特征造型等多个阶段。本节重点介绍实体造型及其布尔运算。

实体造型是通过对体素调用(如确定体素的位置、大小和方向)、几何变换(如平移、旋转、缩放等)以及布尔运算生成复杂几何模型的建模技术。局部造型(如倒圆角、切角、抽壳、面拉伸、面旋转等)和物性参数计算是优秀实体造型系统应具备的功能，这种造型方法也称为体素拼合造型。

基于实体造型的几何造型系统(Geometric Modelling System，GMS)是 CAD 系统的子系统，它提供了输入、存储、编辑物体几何信息的功能，计算机应用程序有赖于几何造型系统提供数据。通过 GMS 可以得到三维形体的体积、剖面、惯性矩、加工轨迹、有限元分析计算的前后处理信息，以及形体间的空间布置与干涉情况等。GMS 可以使设计人员在屏幕上预先看到产品的最终形状，判定产品是否达到设计要求，而不必人工制造一个耗费人力、物力的实物模型。因此几何造型是 CAD/CAM 的基础与核心技术。

1. 实体造型中的体素

实体造型中的体素可分为基本体素和广义体素。基本体素一般指人们熟知的长方体、楔形体、圆柱体、圆锥体、圆球体和圆环体等简单形体。广义体素是指由一个二维图形沿某轴移动或绕某轴转动形成的构造体。如图 7.8 所示，二维图形沿某轴移动(移动时截面可以变化)形成的体素称为拉伸体素。二维图形绕某轴转动形成的体素称为旋转体素，如图 7.9 所示。

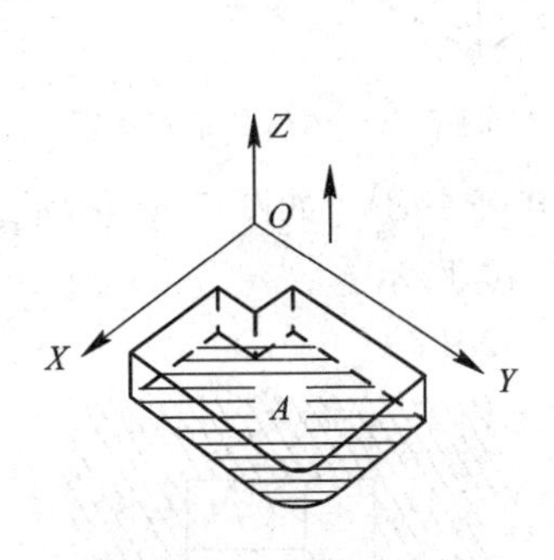

图 7.8　拉伸体素

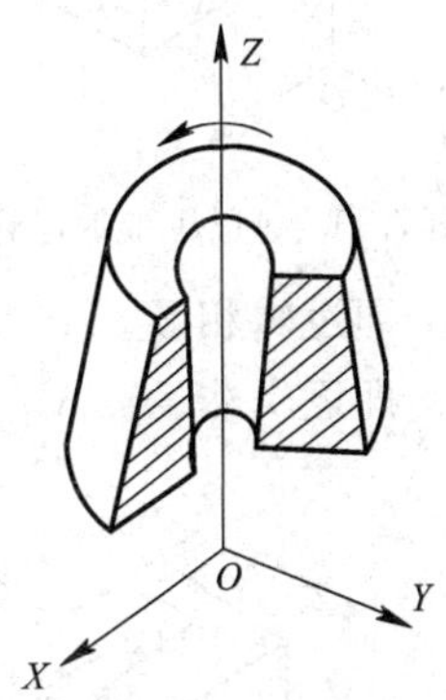

图 7.9　旋转体素

体素可以用半空间的集合表示。三维空间的半空间以有向面来划分，其数学表达式为

$$S_{ij}=\{(x,\ y,\ z)\mid F(x,\ y,\ z)\geqslant 0\}$$

式中，S_{ij} 为半空间；$F(x,\ y,\ z)=0$ 为面的方程表达式。

由表达式可见，半空间是面上及面之一侧的点的集合。体素 S_i 可用半空间的交集来描述，即

$$S_i=\bigcap_{j=1}^{m} S_{ij}$$

图 7.10 所示的长方体可定义为

$$S_1=S_{11}\cap S_{12}\cap S_{13}\cap S_{14}\cap S_{15}\cap S_{16}$$

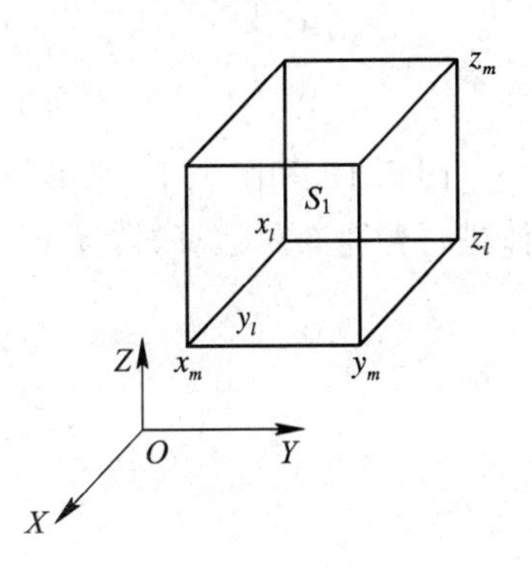

图 7.10　长方体半空间集合的描述

也可以定义为

$$S_1=\{(x,\ y,\ z)\mid x_l\leqslant x\leqslant x_m,\ y_l\leqslant y\leqslant y_m,\ z_l\leqslant z\leqslant z_m\}$$

2. 实体造型中的布尔运算

实体的布尔运算要经过以下三步操作：

Step1：求交。对一个形体中的所有几何元素与另一个形体的所有几何元素进行求交，把交点和交线作为几何元素保存下来，并通过拓扑关系使这些几何元素被两个形体所共享。

Step2：分类。把每个形体经求交后被适当分割的几何元素与另一形体进行分类，以确定这些元素是包含于另一形体，还是在另一形体之外，或是在另一形体边界上。

Step3：归并。决定哪些元素作为结果保留，哪些元素被丢弃，是取是舍取决于布尔运算的类型，即并运算、交运算还是差运算。

下面仅介绍与实体布尔运算有关的基本问题。

1）普通布尔运算

（1）并集，即逻辑相加。$A \cup B=\{P|P\in A \quad \text{OR} \quad P\in B\}$，如图 7.11 所示。

（2）交集，即逻辑相乘。$A \cap B=\{P|P\in A \quad \text{AND} \quad P\in B\}$，如图 7.12 所示。

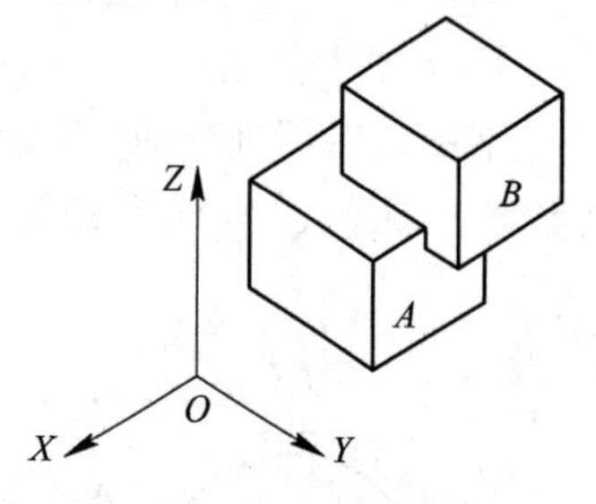

图 7.11　$A\cup B$ 布尔运算

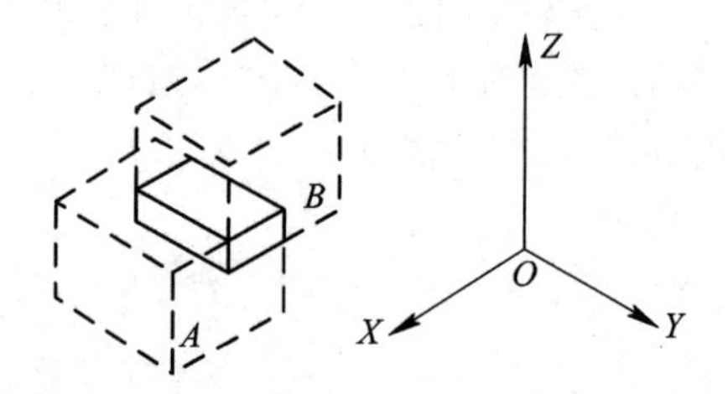

图 7.12　$A\cap B$ 布尔运算

（3）差集，即逻辑相减。$A-B=\{P|P\in A \quad \text{AND} \quad P\notin B\}$，如图 7.13 所示。

（4）补集，即逻辑非。$C(A)=\{P|P\notin A\}$，如图 7.14 所示。

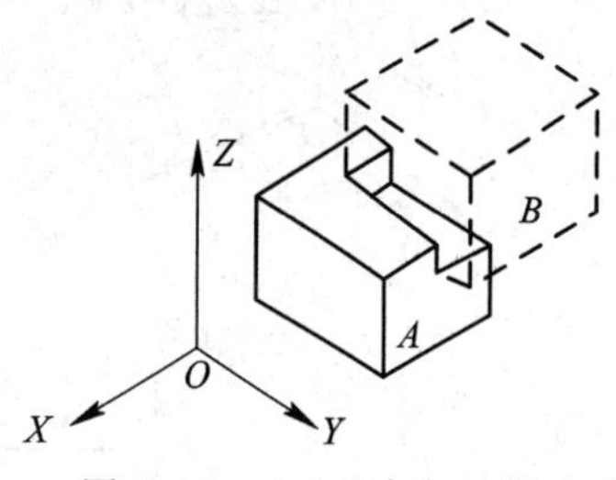

图 7.13　$A-B$ 布尔运算

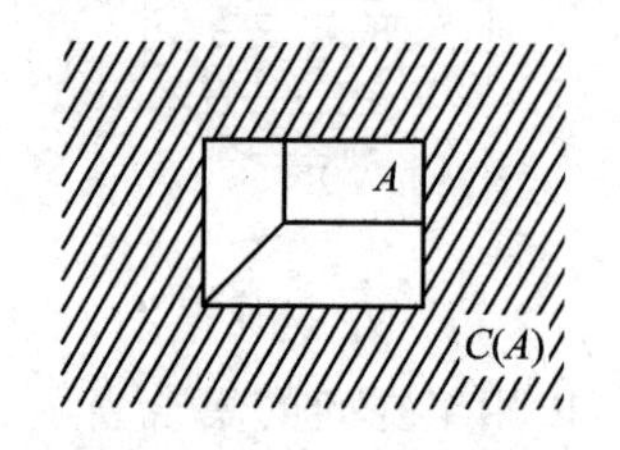

图 7.14　C(A)布尔运算

图 7.15 和图 7.16 是形体的布尔运算的实例。如图 7.15(b)及图 7.16(b)所示，对形体进行普通布尔运算时，有时会产生悬挂的边和面，这是非正则集合。

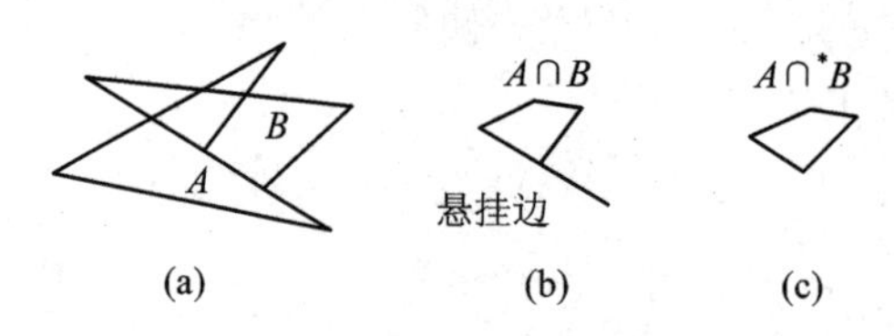

图 7.15　两个平面的交集

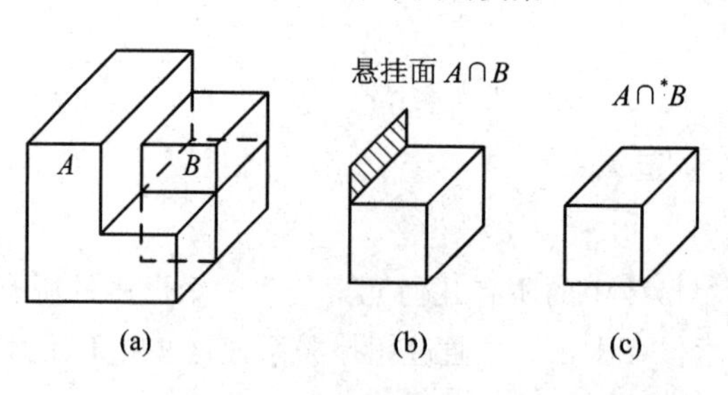

图 7.16　两个形体的交集

2）封闭正则集合

为避免非正则集合发生，需要进行正则布尔运算。即先对封闭正则集合进行定义：若对于形体 X，有 $X=\mathrm{Ki}X$，则称形体 X 是三维欧拉氏空间的一个封闭正则集合。其中 i 表示集合的内部，K 表示封闭，如图 7.17 所示。

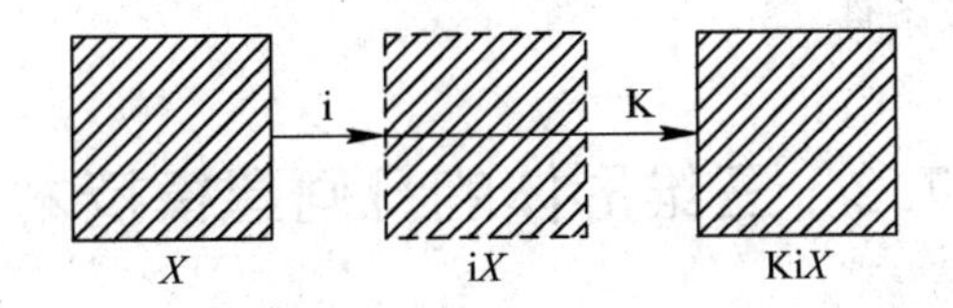

图 7.17　封闭正则集合的定义

3）正则布尔运算

正则布尔运算有正则并（$\cup^*$）、正则交（$\cap^*$）、正则差（$-^*$）及正则补（C^*）。分别定义如下：

$$A\cup^* B=\mathrm{Ki}\,(A\cup B),\quad A\cap^* B=\mathrm{Ki}\,(A\cap B)$$
$$A-^* B=\mathrm{Ki}\,(A-B),\quad C^*(A)=\mathrm{Ki}\,C(A)$$

图 7.15(c)、图 7.16(c)表示了正则交运算的情况，由于悬挂边及悬挂面属于非封闭正则集合被除掉，正则布尔运算生成封闭正则集合，从而保证构造形体的三维一致性（三维齐性）。

4）欧拉检验公式

在实体造型中，为保证造型过程中每一步所产生的形体的拓扑关系都是正确的，需要用欧拉公式进行检验。欧拉公式为

$$v-e+f=2$$

其中，v 为顶点数，e 为棱边数，f 为面数。

上式仅适用于简单的多面体及拓扑同构形体，当多面体上有通孔及面上有内环时，上述关系不成立。在几何造型中需要采取修改后的欧拉公式：

$$v-e+f-r+2h-2s=0$$

其中，r 是内环数，h 是通孔数，s 是不连接的形体个数（即多面体的个数）。

用修改后的欧拉公式检验图 7.18(a)所示的形体，则有

$$v-e+f-r+2h-2s=16-24+10-2+2-2=0$$

符合欧拉关系式，因此形体是合理的。用修改后的欧拉公式检验拓扑同构形体，如图 7.18(b)中的圆柱，可视为立方体的拓扑变换，上部分的圆柱与下部分的四棱柱已通过求并而成一

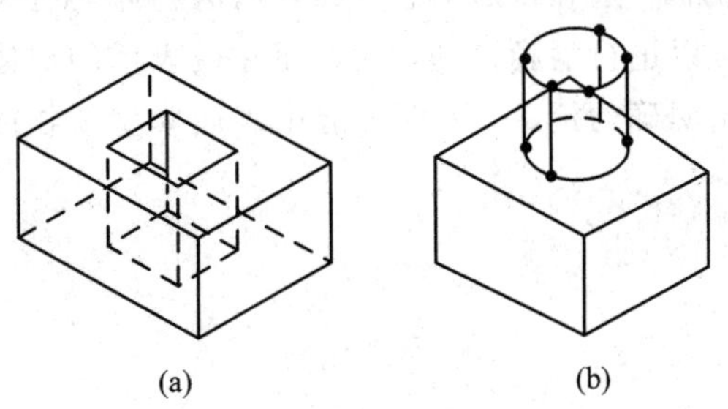

图 7.18　欧拉公式检验正确的形体

组合体，多面体的个数仍然为1，因而有

$$v-e+f-r+2h-2s=16-24+11-1+0-2=0$$

也满足欧拉关系式，该形体拓扑关系也是正确的。

值得注意的是，检验一个形体的拓扑关系是否正确、形状是否合理，符合欧拉公式只是必要条件，而不是充分条件。

7.2　三维形体的几何建模技术

几何建模技术用于形体的几何造型。在计算机图形系统中，按照对形体的几何信息和拓扑信息的描述和存储方法的不同，三维形体的建模方式分为三种，即线框建模、表面建模和实体建模。随着CAD/CAM集成化发展的需要，目前特征建模技术得到了迅猛的发展与应用。

7.2.1　线框建模

线框建模是计算机图形学中最早用来构建形体模型的方式，迄今仍在应用。线框建模就是将客观物体看成三维空间中线段的集合，也就是用物体轮廓边和顶点来描述物体的几何形状。对于平面立体来说，物体由其轮廓线直接构成；而对于曲面物体，则可以用一些线框来围成，图7.19为圆柱体线框建模的表示形式。

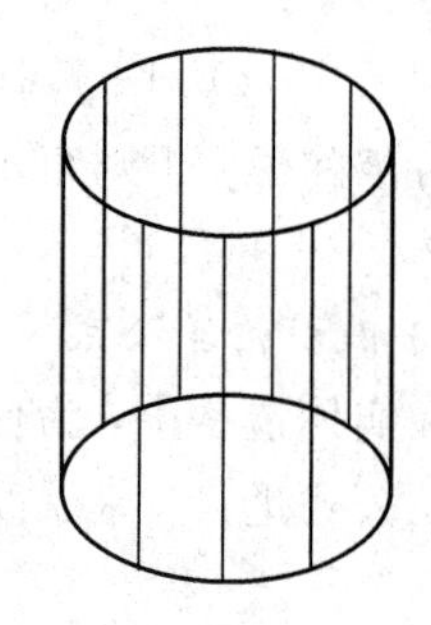

图7.19　圆柱体线框建模的表示形式

线框建模的特点是结构简单、易于理解，是表面建模和实体建模的基础。但由于其表示的形体具有不确定性，因而不能处理计算机图形学和CAD/CAM中的许多问题，比如剖面图、消隐、明暗处理、物性分析等。

7.2.2　表面建模

表面建模是用若干平面的集合或曲面(规则曲面或自由曲面)逼近空间物体的轮廓面来描述物体的几何形状。在图形系统中，曲面一般用离散化的平面片(如三角形、四边形)表示。

表面建模存储物体的面、边和顶点信息，其表示的物体具有确定性。用表面建模表示的物体可以求相贯线、可以进行消隐处理，但表面建模表示的形体，对于形体到底存在于表面的哪一侧，没有给出明确的定义，因而不能由表面模型求物体重量、惯性矩等重要物性以及剖面。

7.2.3　实体建模

1. 实体建模原理

在表面建模的基础上，对物体实体(即实心体，也就是有材料的部分)存在的一侧给出明确的定义。一般规定，实体表面外环边的走向沿逆时针方向，以右手定则决定该面的外法向矢量方向(见图7.20)，实体存在于该面外法向矢量方向相反的一侧，这一侧即实体存在的半空间。若干半空间的交集为所描述的实体。

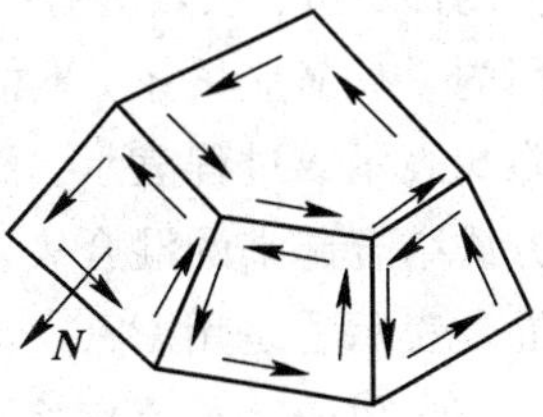

通过实体建模的物体，可以对其进行挖孔、开槽、倒角以及布尔运算等操作，还可以求实体模型的质量、惯性矩等重要物性。

外法向矢量(右手法则)

图 7.20　实体表面外法向矢量方向的决定

2. 实体定义方法

目前，用于构造实体模型的方法很多，且各具特点。

1) 构造实体几何(CSG)法

构造实体几何(Construction Solid Geometry，CSG)法构造实体模型分为两步：先定义体素，然后根据需要进行体素间的布尔运算，从而组成实体几何模型。图 7.21 是一个组合体的构造过程，其构造过程用树表示。

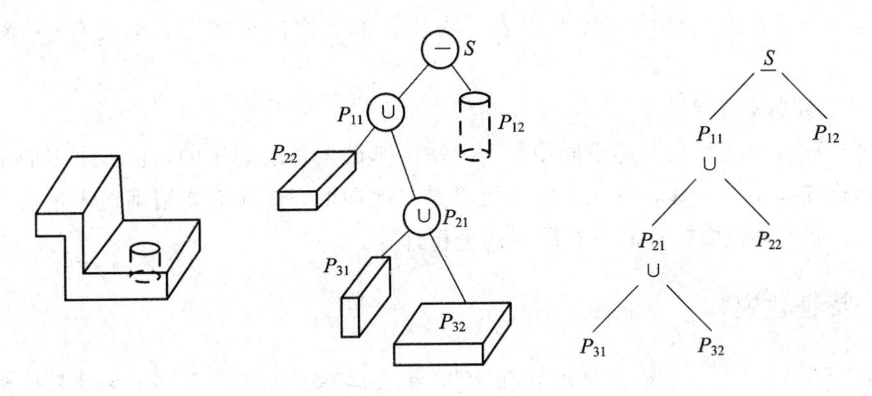

图 7.21　树形结构

在树结构中，P_{12}、P_{22}、P_{31}、P_{32} 为树叶，P_{11}、P_{21} 是分枝点。由树的最下部开始，在依次增加树叶的同时构成形体，图中的模型可以用下面的数学表达式表示：

$$S=((P_{31}\cup P_{32})\cup P_{22})-P_{12}$$

这种结构称为 CSG 树。

2) 边界表示(B-Rep)法

边界表示(Boundary Representation，B-Rep)法是用组成表面的边界表示三维形体的一种方法。B-Rep 法按一定的层次结构表达，即实体模型由几个表面组成，每一个表面由其外环和内环表示，环由棱边沿一定走向围成，而每个棱边由称为顶点的起点和终点定义。这样，在数据结构上有前面介绍的面表、环表、边表及顶点表。

B-Rep 法强调形体的面边界，它能够详细记录构成形体的所有几何元素的几何信息和相互间的拓扑关系，可以直接存取组成形体的各个面、边界及顶点的参数，便于以边和面为基础进行各种几何运算和操作。

3) 混合表示法

CSG 法具有构型方便、表现力强、数据结构简单、模型修改方便等优点，但是它不反映物体的面、边、顶点等有关边界信息，也不显式说明三维点集与所表示的物体在三维欧氏空间的一一对应关系，不能直接支持数控加工和有限元分析等，故CSG表示又被称为物体的隐式表示或过程表示。而B-Rep表示的优缺点恰好与CSG表示相反。因此将这两种表示方法结合起来的混合表示法是现代造型系统常采用的做法。

混合表示法是用CSG作为高层次抽象的数据模型，用B-Rep作为低层次的具体表示形式。CSG树的叶子节点除了存放体素的参数定义外，还存放该体素的B-Rep表示。CSG树的中间节点表示它的各子树的运算结果。用这样的混合模型对用户来说直观明了，可以直接支持基于特征的参数化造型功能，而对于形体加工或有限元分析所需的显式表示的表面、交线等，则可由底层的B-Rep表示直接提供。

4）空间单元表示法

空间单元表示法是指具有固定空间位置和大小的立方体(称为单元)组合起来表示空间物体，是一种近似表示法。每一个单元由一个点的坐标定位，用单元中心的坐标表示。单元网格的集合构成了空间物体。

这种表示法定义的实体唯一、完整，且易于检测，特别适合于模块化(如建筑设计)的造型。其缺点是存储空间大，且不能表示物体各部分之间的关系，也没有点、线、面的概念。

5）单元分解表示法

单元分解表示法是在上述空间单元表示法的基础上发展起来的，它所采用的单元可以是任意形状和大小的立体，单元表面也可以是二次曲面，这样就能精确地表示具有屈曲表面的实体。单元分解模式有助于有限元的分析计算。

7.2.4 特征建模

特征(Feature)这一术语最早出现在1978年美国麻省理工学院Gossard教授指导的学士论文“CAD中基于特征的零件表示”中。前述建模方式所表示的线框模型、表面模型和实体模型，仅仅表示了三维形体的几何信息和相互关系的拓扑信息，是低层次的信息描述，因而常称为产品的几何模型。而特征表示是从应用层面来定义形体，是设计者对设计对象的结构、功能、制造、检验、装配、管理与使用信息及其关系等具有确切的工程含义的高层次的信息描述，因而特征建模是面向整个设计、制造过程的。近几年，随着CAD/CAM集成制造技术的发展与要求，直接利用特征进行零件设计，即在设计阶段就采用特征造型，逐步根据几何信息和特征信息建立零件的特征数据模型，即基于特征识别的建模设计已成为三维建模软件的主流，如Pro/Engineer、Catia、UG等。

1. 特征的分类

特征是产品信息描述的集合。一般将机械产品零件的特征分为以下六类：

(1) 形状特征：描述与零件的几何形状、尺寸相关的信息集合，包括功能形状、加工工艺形状和辅助结构。

(2) 精度特征：描述零件的几何公差、尺寸公差和表面粗糙度等信息。

(3) 技术特征：描述零件的性能和技术要求等信息。

(4) 管理特征：描述与零件管理有关的信息，如有关标题栏的内容信息等。

(5) 材料特征：描述零件的材料类型、性能和热处理等信息。

(6) 装配特征：描述零件在装配过程中所需的信息，如零部件的装配方向、相互作用面、配合关系等。

通常将形状特征和装配特征称为造型特征，其他特征称为面向过程的特征。特征分类如图 7.22 所示。

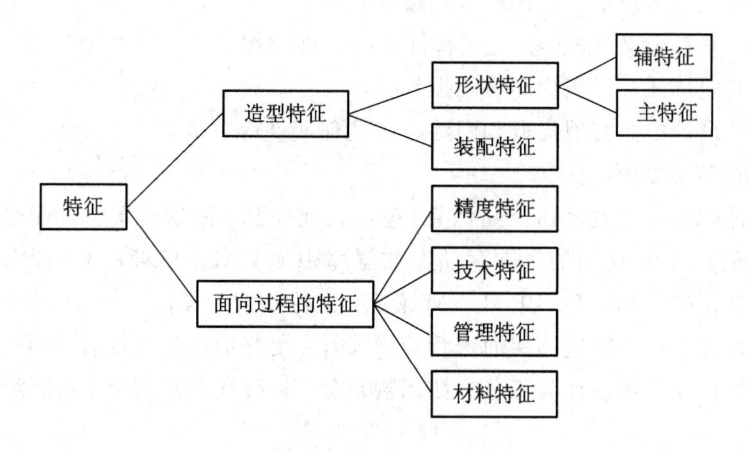

图 7.22　特征分类

上述各类特征中，形状特征是描述零件信息的最重要信息，是特征信息模型的核心和基础。形状特征又可分为主特征和辅特征，主特征用来构造形体的基本几何形状，是特征造型中最先构造的特征，也是后续构造其他特征的基础；辅特征是对形体局部形状的表示，反映了零件几何形状的细微结构。形状特征分类如图 7.23 所示。

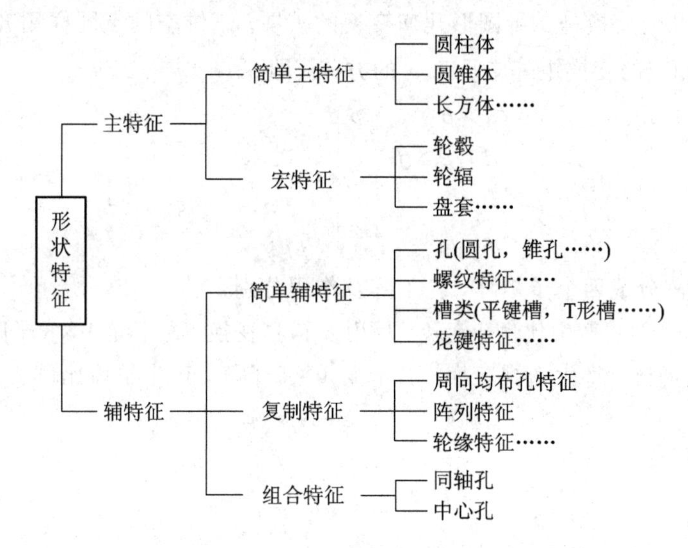

图 7.23　形状特征分类

2. 特征库

建立特征模型，必须有特征库的支持。调用特征库中的特征，可以对零件进行产品定义、拼装零件图和 CAPP 中的工序图等，因此，特征库中应包含完整的产品定义数据，并能实现对形状特征、精度特征、材料特征、技术特征和管理特征等的完整描述。特征库是基于特征的各系统得以实现的基础。

3. 特征建模功能与特点

特征建模的主要功能有：

(1) 预定义特征并建立特征库；

(2) 利用特征库实现基于特征的零件设计；

(3) 支持用户自定义特征，并完成特征库的管理操作；

(4) 对已有的特征进行删除和移动操作；

(5) 在零件设计中能实现提取和跟踪有关几何属性等功能。

特征建模的特点如下：

(1) 在设计中能完整地表达产品信息(包括几何信息、制造公差、表面粗糙度、材料、热处理及表面处理等)，这些信息被存储在数据库中为CAD、CAM、CAPP、CAE系统所共享，实现了真正的CAD、CAPP、CAM集成，支持并行工程；

(2) 便于设计者从功能应用层面进行建模设计，更好地反映设计者的意图；

(3) 有助于推动产品设计和工艺方法的规范化、标准化和系列化，从而降低生产成本。

7.3 三维图形的几何变换

7.3.1 几何变换矩阵

三维图形的几何变换是二维图形几何变换的扩展。三维空间点同样用齐次坐标表示为 $[x \ y \ z \ 1]$，其相应的变换矩阵应是 $\boldsymbol{T}_{4\times4}$ 的方阵，即

$$\boldsymbol{T}_{4\times4} = \begin{bmatrix} a & b & c & p \\ d & e & f & q \\ h & i & j & r \\ l & m & n & s \end{bmatrix} = \begin{bmatrix} [\ ]_{3\times3} & [\ ]_{3\times1} \\ [\ ]_{1\times3} & [\ ]_{1\times1} \end{bmatrix}$$

把 $\boldsymbol{T}_{4\times4}$ 的矩阵分成四个子矩阵，各子阵及作用分别是：

左上角3×3子阵，产生比例、旋转、反射及错移变换；左下角1×3子阵，产生平移变换；右上角3×1子阵，产生透视变换；右下角1×1子阵，产生整体比例变换。

7.3.2 基本变换

1. 平移变换

空间点沿 X、Y、Z 方向分别平移 l、m、n 后，坐标变为

$$x^* = x + l$$
$$y^* = y + m$$
$$z^* = z + n$$

平移后空间点的坐标各自增加了平移量 l、m、n。其变换矩阵为

$$T = \begin{bmatrix} 1 & 0 & 0 & 0 \\ 0 & 1 & 0 & 0 \\ 0 & 0 & 1 & 0 \\ l & m & n & 1 \end{bmatrix}$$

图 7.24 是立方体作平移变换的情况。其中，图 7.24(a)表示平移前的情形，图 7.24(b)表示平移后的情形。

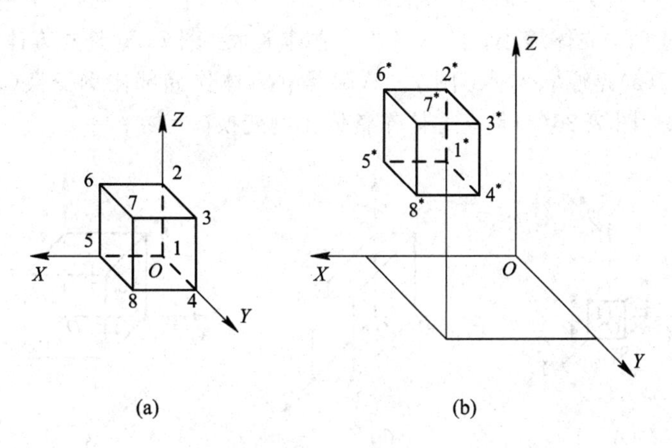

图 7.24　平移变换

2. 比例变换

1）局部比例变换

把空间点的坐标分别沿 X、Y、Z 方向按比例放缩 a、e、j 倍后变为

$$x^* = ax$$
$$y^* = ey$$
$$z^* = jz$$

其变换矩阵为

$$T = \begin{bmatrix} a & 0 & 0 & 0 \\ 0 & e & 0 & 0 \\ 0 & 0 & j & 0 \\ 0 & 0 & 0 & 1 \end{bmatrix}$$

2）整体比例变换

整体比例变换 $T_{4\times4}$ 方阵中，s 起全局比例变换的作用。

$$T = \begin{bmatrix} 1 & 0 & 0 & 0 \\ 0 & 1 & 0 & 0 \\ 0 & 0 & 1 & 0 \\ 0 & 0 & 0 & s \end{bmatrix}$$

当主对角线 $a=e=j=1$，$s\neq1$ 时，则有

$$[x \quad y \quad z \quad 1]\cdot T = [x \quad y \quad z \quad s] \xrightarrow{\text{正常化}} \left[\frac{x}{s} \quad \frac{y}{s} \quad \frac{z}{s} \quad 1\right]$$
$$= [x^* \quad y^* \quad z^* \quad 1]$$

即

$$\begin{cases} x^* = \dfrac{x}{s} \\ y^* = \dfrac{y}{s} \\ z^* = \dfrac{z}{s} \end{cases}$$

显然，当 $s>1$ 时，立体缩小；当 $s<1$ 时，立体放大。图 7.25 是立方体作比例变换的情况。其中，图 7.25(a)是原立方体，图 7.25(b)是立方体作局部比例变换($a=1$，$e=3$，$j=2$，$s=1$)后的结果，图 7.25(c)是立方体作整体比例变换($a=e=j=1$，$s=0.5$)后的结果。

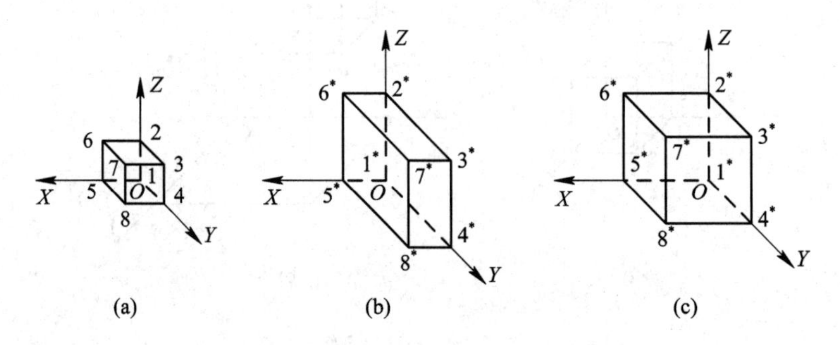

图 7.25　比例变换

3. 旋转变换

旋转变换就是指物体绕某个三维旋转轴线旋转。旋转轴可以是坐标轴，也可以是任意位置直线。若旋转轴是坐标轴时称为基本旋转变换。若旋转轴是任意位置直线时，可通过基本变换的组合来完成。下面介绍基本旋转变换。

在旋转过程中，由于基本旋转变换的空间点沿坐标轴(转轴)方向的坐标不变，因此其实质仍是二维旋转变换。

旋转方向按右手法则确定，即用大拇指指向转轴正向(箭头方向)，其余四指的方向则为正向旋转，其转角取正值；反之为负向旋转，转角取负值(见图 7.26)。

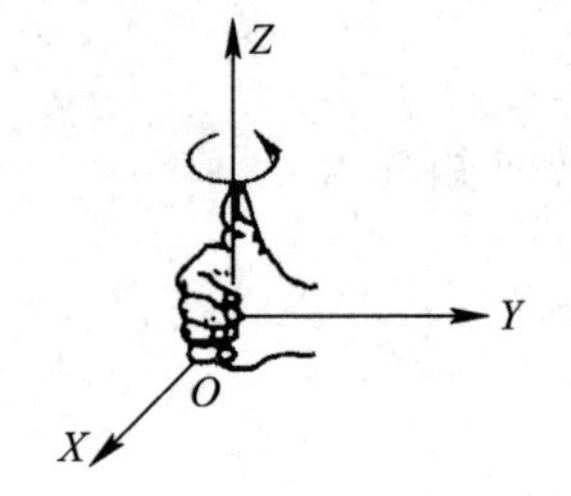

图 7.26　旋转方向的规定

1) 绕 X 轴旋转 θ_x 角

空间点绕 X 轴正向旋转 θ_x 角后，x 坐标不变，y、z 坐标变化，即

$$\begin{cases} x^* = x \\ y^* = y\cos\theta_x - z\sin\theta_x \\ z^* = y\sin\theta_x + z\cos\theta_x \end{cases}$$

其旋转变换矩阵为

$$\boldsymbol{T}_{\theta_x} = \begin{bmatrix} 1 & 0 & 0 & 0 \\ 0 & \cos\theta_x & \sin\theta_x & 0 \\ 0 & -\sin\theta_x & \cos\theta_x & 0 \\ 0 & 0 & 0 & 1 \end{bmatrix}$$

2）绕 Y 轴旋转 θ_y 角

空间点绕 Y 轴旋转 θ_y 角后，y 坐标不变，x、z 坐标改变，即

$$\begin{cases} x^* = x\cos\theta_y + z\sin\theta_y \\ y^* = y \\ z^* = -x\sin\theta_y + z\cos\theta_y \end{cases}$$

其旋转变换矩阵为

$$\boldsymbol{T}_{\theta_y} = \begin{bmatrix} \cos\theta_y & 0 & -\sin\theta_y & 0 \\ 0 & 1 & 0 & 0 \\ \sin\theta_y & 0 & \cos\theta_y & 0 \\ 0 & 0 & 0 & 1 \end{bmatrix}$$

3）绕 Z 轴旋转 θ_z 角

空间点绕 Z 轴旋转 θ_z 角后，z 坐标不变，x、y 坐标改变，即

$$\begin{cases} x^* = x\cos\theta_z - y\sin\theta_z \\ y^* = x\sin\theta_z + y\cos\theta_z \\ z^* = z \end{cases}$$

其旋转变换矩阵为

$$\boldsymbol{T}_{\theta_z} = \begin{bmatrix} \cos\theta_z & \sin\theta_z & 0 & 0 \\ -\sin\theta_z & \cos\theta_z & 0 & 0 \\ 0 & 0 & 1 & 0 \\ 0 & 0 & 0 & 1 \end{bmatrix}$$

图 7.27 表示了立方体分别绕 X、Y、Z 旋转 90°的变换。

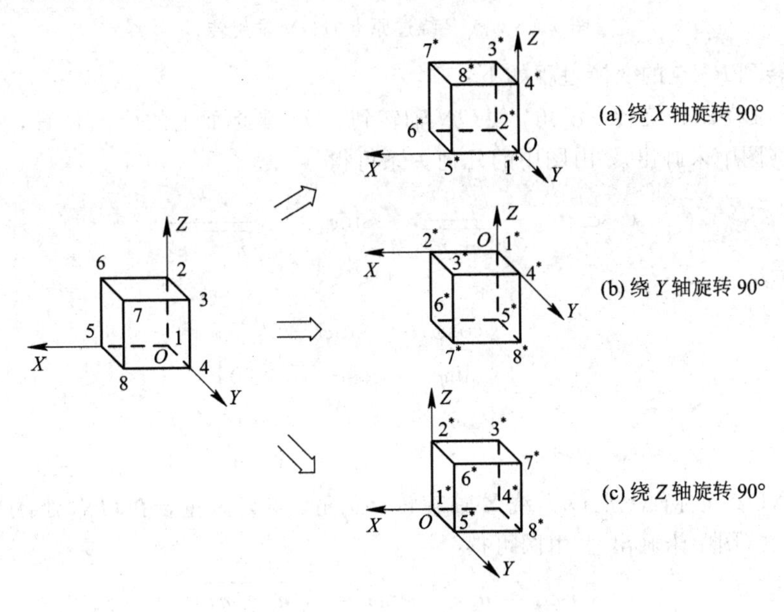

图 7.27　立方体绕各坐标轴的旋转变换

7.3.3　组合变换

同二维组合变换一样，三维组合变换矩阵可由若干基本变换矩阵按照变换次序相乘得到。下面以空间点绕过原点的一般位置直线旋转为例，介绍其组合变换过程。

如图7.28(a)所示，设转轴为ON，空间点P绕ON旋转θ角到P^*点。转轴ON与X、Y、Z坐标轴的夹角分别是α、β、γ。为描述方便，设$\boldsymbol{n}$为ON轴上的单位矢量，ON轴对三根坐标轴的方向余弦分别为

$$\begin{cases} n_1 = \cos\alpha \\ n_2 = \cos\beta \\ n_3 = \cos\gamma \end{cases}$$

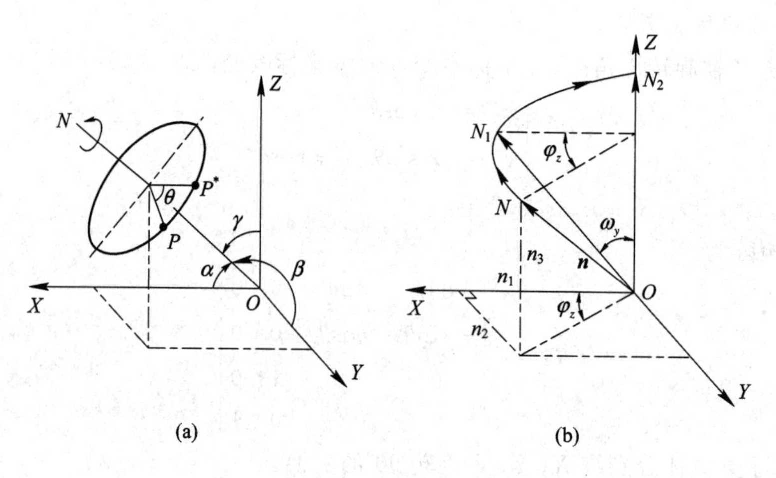

图7.28　点P绕过原点的ON轴旋转

P点旋转到P^*点的变换过程如下：

(1) ON轴绕Z轴旋转$-\varphi_z$角，使ON轴转到XOZ坐标面上的ON_1位置，此时P点随之转到P_1处(图中未画出)。由图中的几何关系可得

$$\cos\varphi_z = \frac{n_1}{\sqrt{n_1^2 + n_2^2}},\quad \sin\varphi_z = \frac{n_2}{\sqrt{n_1^2 + n_2^2}}$$

变换矩阵为

$$\boldsymbol{T}_{-\varphi_z} = \begin{bmatrix} \cos\varphi_z & -\sin\varphi_z & 0 & 0 \\ \sin\varphi_z & \cos\varphi_z & 0 & 0 \\ 0 & 0 & 1 & 0 \\ 0 & 0 & 0 & 1 \end{bmatrix}$$

(2) 在XOZ坐标面上把ON_1绕Y轴旋转$-\omega_y$角，与Z轴重合在ON_2处，此时P_1点随之转到P_2位置(图中未画出)。由图可得

$$\cos\omega_y = n_3,\quad \sin\omega_y = \sqrt{n_1^2 + n_2^2}$$

变换矩阵为

$$T_{-\omega_y} = \begin{bmatrix} \cos\omega_y & 0 & \sin\omega_y & 0 \\ 0 & 1 & 0 & 0 \\ -\sin\omega_y & 0 & \cos\omega_y & 0 \\ 0 & 0 & 0 & 1 \end{bmatrix}$$

(3) P_2点绕ON_2(Z轴)旋转θ角，转到P_3点(图中未画出)。变换矩阵为

$$T_\theta = \begin{bmatrix} \cos\theta & \sin\theta & 0 & 0 \\ -\sin\theta & \cos\theta & 0 & 0 \\ 0 & 0 & 1 & 0 \\ 0 & 0 & 0 & 1 \end{bmatrix}$$

(4) 对步骤(2)作逆变换，返回位置ON_1处，其变换矩阵为

$$T_{\omega_y} = \begin{bmatrix} \cos\omega_y & 0 & -\sin\omega_y & 0 \\ 0 & 1 & 0 & 0 \\ \sin\omega_y & 0 & \cos\omega_y & 0 \\ 0 & 0 & 0 & 1 \end{bmatrix}$$

(5) 对步骤(1)作逆变换，返回原位置ON处，其变换矩阵为

$$T_{\varphi_z} = \begin{bmatrix} \cos\varphi_z & \sin\varphi_z & 0 & 0 \\ -\sin\varphi_z & \cos\varphi_z & 0 & 0 \\ 0 & 0 & 1 & 0 \\ 0 & 0 & 0 & 1 \end{bmatrix}$$

以上 5 步变换的组合变换就是绕过原点的一般位置直线的旋转变换，其变换矩阵为

$$T_R = T_{-\varphi_z} \cdot T_{-\omega_y} \cdot T_\theta \cdot T_{\omega_y} \cdot T_{\varphi_z}$$

代入$\cos\omega_y$、$\sin\omega_y$、$\cos\varphi_z$、$\sin\varphi_z$的值，相乘化简后得到

$$T_R = \begin{bmatrix} n_1^2+(1-n_1^2)\cos\theta & n_1n_2(1-\cos\theta)+n_3\sin\theta & n_1n_3(1-\cos\theta)-n_2\sin\theta & 0 \\ n_1n_2(1-\cos\theta)-n_3\sin\theta & n_2^2+(1-n_2^2)\cos\theta & n_2n_3(1-\cos\theta)+n_1\sin\theta & 0 \\ n_1n_3(1-\cos\theta)+n_2\sin\theta & n_2n_3(1-\cos\theta)-n_1\sin\theta & n_3^2+(1-n_3^2)\cos\theta & 0 \\ 0 & 0 & 0 & 1 \end{bmatrix}$$

7.4　平行投影变换

投影法是用平面图形表达空间物体的一种方法。当投射中心距离投影平面无限远时，其投射线相互平行，所得的投影为平行投影。平行投影有两种：一是正平行投影，即投射方向垂直于投影面，如正投影、正轴测投影；另一种是斜平行投影，即投射方向倾斜于投影面，如斜轴测投影。

7.4.1　正投影变换

正投影变换就是用正投影法产生三视图以及其他的基本视图。这里以长方体为例，仅介绍生成三视图的投影变换。其他视图的生成，读者可参考完成。

1. 主视图(正面投影)的变换矩阵

主视图是将物体向 V 面进行正投影得到的，如图 7.29 所示。此时 $y=0$，其他坐标不

变，其变换矩阵为

$$
\boldsymbol{T}_{\mathrm{V}}=\begin{bmatrix}1 & 0 & 0 & 0\\0 & 0 & 0 & 0\\0 & 0 & 1 & 0\\0 & 0 & 0 & 1\end{bmatrix}
$$

$\boldsymbol{T}_{\mathrm{V}}$称为正面投影即主视图的变换矩阵。

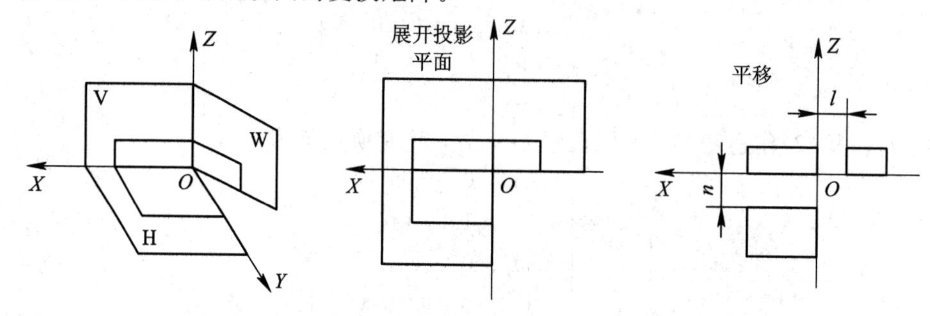

图 7.29　物体三视图的形成

2. 俯视图(水平投影)的变换矩阵

俯视图是将物体绕 X 轴旋转$-90°$，再向 V 面作正投影，然后沿 Z 轴平移$-\boldsymbol{n}$(使俯视图与主视图拉开一定距离)而得到的，如图 7.29 所示。其变换矩阵为

$$
\boldsymbol{T}_{\mathrm{H}}=\begin{bmatrix}1 & 0 & 0 & 0\\0 & \cos(-90°) & \sin(-90°) & 0\\0 & -\sin(-90°) & \cos(-90°) & 0\\0 & 0 & 0 & 1\end{bmatrix}\cdot\begin{bmatrix}1 & 0 & 0 & 0\\0 & 0 & 0 & 0\\0 & 0 & 1 & 0\\0 & 0 & 0 & 1\end{bmatrix}\cdot\begin{bmatrix}1 & 0 & 0 & 0\\0 & 1 & 0 & 0\\0 & 0 & 1 & 0\\0 & 0 & -n & 1\end{bmatrix}
$$

$$
=\begin{bmatrix}1 & 0 & 0 & 0\\0 & 0 & -1 & 0\\0 & 0 & 0 & 0\\0 & 0 & -n & 1\end{bmatrix}
$$

俯视图也可以通过先将物体向 H 面投影，然后绕 X 轴旋转$-90°$，再沿 Z 轴平移$-\boldsymbol{n}$(使俯视图与主视图拉开一定距离)而得到。请读者自行推导组合变换矩阵。

3. 左视图(侧面投影)的变换矩阵

左视图是将物体绕 Z 轴旋转 $90°$，再向 V 面作正投影，然后沿 X 轴平移$-\boldsymbol{l}$(使左视图与主视图保持一定距离)得到的，如图 7.29 所示。其变换矩阵为

$$
\boldsymbol{T}_{\mathrm{W}}=\begin{bmatrix}\cos 90° & \sin 90° & 0 & 0\\-\sin 90° & \cos 90° & 0 & 0\\0 & 0 & 1 & 0\\0 & 0 & 0 & 1\end{bmatrix}\cdot\begin{bmatrix}1 & 0 & 0 & 0\\0 & 0 & 0 & 0\\0 & 0 & 1 & 0\\0 & 0 & 0 & 1\end{bmatrix}\cdot\begin{bmatrix}1 & 0 & 0 & 0\\0 & 1 & 0 & 0\\0 & 0 & 1 & 0\\-l & 0 & 0 & 1\end{bmatrix}
$$

$$
=\begin{bmatrix}0 & 0 & 0 & 0\\-1 & 0 & 0 & 0\\0 & 0 & 1 & 0\\-l & 0 & 0 & 1\end{bmatrix}
$$

左视图也可以通过先将物体向 W 面投影，然后绕 Z 轴旋转 90°，再沿 X 轴平移 $-l$（使左视图与主视图保持一定距离）而得到。请读者自行推导组合变换矩阵。

用计算机绘制物体的三视图时，是先将物体的点集进行上述的投影变换，得到三视图的新点集，然后按一定的连线顺序绘制出三视图。

7.4.2　正轴测投影变换

根据正轴测图的形成过程，将 V 面设为轴测投影面，空间物体相对 V 面放正作为初始位置，然后把物体绕 Z 轴旋转 θ_z，再绕 X 轴旋转 $-\theta_x$，最后向 V 面作正投影就可得到正轴测图。其变换矩阵为

$$\boldsymbol{T}_{正}=\begin{bmatrix}\cos\theta_z & \sin\theta_z & 0 & 0\\ -\sin\theta_z & \cos\theta_z & 0 & 0\\ 0 & 0 & 1 & 0\\ 0 & 0 & 0 & 1\end{bmatrix}\cdot\begin{bmatrix}1 & 0 & 0 & 0\\ 0 & \cos\theta_x & -\sin\theta_x & 0\\ 0 & \sin\theta_x & \cos\theta_x & 0\\ 0 & 0 & 0 & 1\end{bmatrix}\cdot\begin{bmatrix}1 & 0 & 0 & 0\\ 0 & 0 & 0 & 0\\ 0 & 0 & 1 & 0\\ 0 & 0 & 0 & 1\end{bmatrix}$$

$$=\begin{bmatrix}\cos\theta_z & 0 & -\sin\theta_z\sin\theta_x & 0\\ -\sin\theta_z & 0 & -\cos\theta_z\sin\theta_x & 0\\ 0 & 0 & 0 & 0\\ 0 & 0 & 0 & 1\end{bmatrix}$$

1. 正等轴测图的变换矩阵

正等轴测图形成时，$\theta_z=45°$，$\theta_x=35°16'=35.26°$，将它们代入 $\boldsymbol{T}_{正}$ 中，则变换矩阵为

$$\boldsymbol{T}_{正等测}=\begin{bmatrix}0.7071 & 0 & -0.4082 & 0\\ -0.7071 & 0 & -0.4082 & 0\\ 0 & 0 & 0.8165 & 0\\ 0 & 0 & 0 & 1\end{bmatrix}$$

2. 正二等轴测图的变换矩阵

正二等轴测图形成时，$\theta_z=20°42'=20.7°$，$\theta_x=19°28'=19.47°$，代入 $\boldsymbol{T}_{正}$ 中，则变换矩阵为

$$\boldsymbol{T}_{正二等测}=\begin{bmatrix}0.9345 & 0 & -0.1178 & 0\\ -0.3535 & 0 & -0.3118 & 0\\ 0 & 0 & 0.9428 & 0\\ 0 & 0 & 0 & 1\end{bmatrix}$$

7.4.3　斜轴测投影变换

斜轴测投影属于斜平行投影，即投影方向不垂直于投影面的平行投影。下面是斜平行投影变换矩阵的推导过程：

设给定的投影方向矢量为$(\boldsymbol{x}_p, \boldsymbol{y}_p, \boldsymbol{z}_p)$。若把空间物体投影到 V 面（$XOZ$ 平面）上，物体上的点(x, y, z)的投影为(x_s, z_s)，如图 7.30 所示。

由投射方向矢量($\boldsymbol{x}_p$, $\boldsymbol{y}_p$, $\boldsymbol{z}_p$)可得到投射线的参数方程为

$$\begin{cases} X = x + x_p \cdot t \\ Y = y + y_p \cdot t \\ Z = z + z_p \cdot t \end{cases}$$

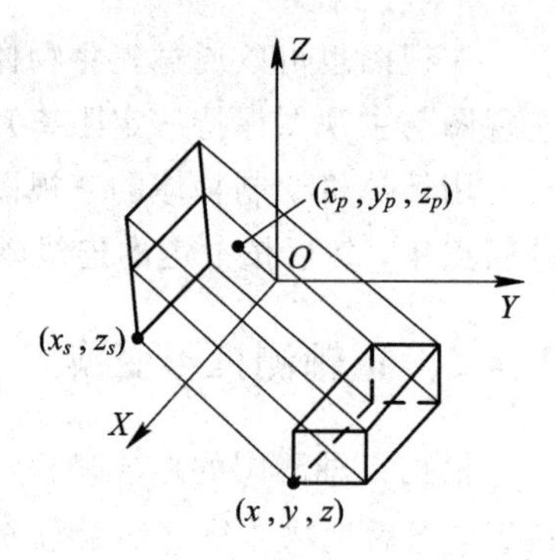

图 7.30 斜平行投影

由于$Y=0$，则$t=-y/y_p$，把t值代入上述参数方程可得

$$\begin{cases} x_s = x - \dfrac{x_p}{y_p} \cdot y \\ z_s = z - \dfrac{z_p}{y_p} \cdot y \end{cases}$$

令$S_{xp}=x_p/y_p$，$S_{zp}=z_p/y_p$，则上述方程用矩阵表示为

$$[x_s \quad y_s \quad z_s \quad 1] = [x \quad y \quad z \quad 1] \cdot \begin{bmatrix} 1 & 0 & 0 & 0 \\ -S_{xp} & 0 & -S_{zp} & 0 \\ 0 & 0 & 1 & 0 \\ 0 & 0 & 0 & 1 \end{bmatrix}$$

因此斜平行投影的变换矩阵为

$$\boldsymbol{T} = \begin{bmatrix} 1 & 0 & 0 & 0 \\ -S_{xp} & 0 & -S_{zp} & 0 \\ 0 & 0 & 1 & 0 \\ 0 & 0 & 0 & 1 \end{bmatrix}$$

斜平行投影具有平行投影的通用性，因此其变换矩阵也可用于正平行投影变换。

用斜平行投影可以绘制斜轴测图，如斜二等轴测图、斜等轴测图。根据斜轴测投影的几何关系可知，当$S_{xp}^2+S_{zp}^2=0.25$时可得到斜二等轴测图，当$S_{xp}^2+S_{zp}^2=1$时可得到斜等轴测图。

7.5 透视投影变换

透视投影采用中心投影法的原理。用中心投影法画出的投影图称为透视图，投影中心称为视点。透视图是模拟眼睛观察物体的过程，与人眼看物体的情况很相似，因而立体感较强，常用于艺术、建筑设计等领域。

7.5.1 透视投影与主灭点

进行透视投影时，一般把投影面放在视点(观察者)与物体之间，由视点向物体发出的投射线与投影面的交点形成物体的透视图。

1. 透视投影特性

(1) 空间线段的透视投影均被缩短，距投影面越远，缩短得越厉害。

(2) 空间相交直线的透视投影必然相交，投影的交点就是空间交点的投影。

(3) 任何一束平行线，只要不平行于投影面，它们的透视投影将汇集于一点，该点称为灭点。

(4) 一束平行线平行于投影面，其透视投影也平行。

2. 主灭点与透视投影的种类

在透视投影中，物体上与坐标轴平行的轮廓线的灭点称为主灭点。主灭点最多可以有三个。按主灭点数目的多少，透视投影分为一点透视、两点透视和三点透视三种。相应的透视图分别称为一点透视图、两点透视图和三点透视图。

7.5.2 点的透视变换

先从最简单的一个点的透视投影来研究。在图7.31中，设物体上有一点P，投影面为XOZ坐标面，在Y轴上有一视点$V_P(0, y_{V_P}, 0)$，V_P和P点的连线与投影面相交于P^*，P^*就是P点的透视投影，其变换矩阵推导如下：投射线PV_P的参数方程为

$$\begin{cases} X = 0 + (x-0)t \\ Y = y_{V_P} + (y - y_{V_P})t \\ Z = 0 + (z-0)t \end{cases}$$

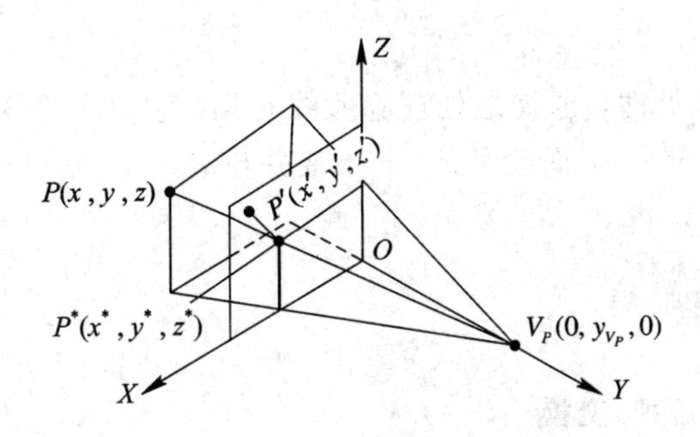

图 7.31 透视变换

投射线与XOZ投影面交于P^*点，此时$Y=0$，从而得到$t=\dfrac{y_{V_P}}{y_{V_P}-y}$，把$t$代入投射线方程得

$$\begin{cases} x^* = xt = \dfrac{y_{V_P}x}{y_{V_P}-y} = \dfrac{x}{1-y/y_{V_P}} \\ y^* = 0 \\ z^* = zt = \dfrac{y_{V_P}z}{y_{V_P}-y} = \dfrac{z}{1-y/y_{V_P}} \end{cases}$$

写成变换矩阵为

$$\boldsymbol{T}_{V_P} = \begin{bmatrix} 1 & 0 & 0 & 0 \\ 0 & 0 & 0 & \dfrac{-1}{y_{V_P}} \\ 0 & 0 & 1 & 0 \\ 0 & 0 & 0 & 1 \end{bmatrix}$$

它可以看作先进行透视变换：

$$\boldsymbol{T}_P = \begin{bmatrix} 1 & 0 & 0 & 0 \\ 0 & 1 & 0 & \dfrac{-1}{y_{V_P}} \\ 0 & 0 & 1 & 0 \\ 0 & 0 & 0 & 1 \end{bmatrix}$$

再向 XOZ 投影面作正投影变换：

$$\boldsymbol{T}_V = \begin{bmatrix} 1 & 0 & 0 & 0 \\ 0 & 0 & 0 & 0 \\ 0 & 0 & 1 & 0 \\ 0 & 0 & 0 & 1 \end{bmatrix}$$

两者的合成就是点的透视投影变换矩阵 $\boldsymbol{T}_{V_P}$。$\boldsymbol{T}_P$就是以 $V_P(0, y_{V_P}, 0)$为视点、V 面为投影面得到的透视变换矩阵，它是我们下面研究各种透视变换的基本变换矩阵。

点 $P(x, y, z)$经透视变换矩阵 $\boldsymbol{T}_P$变换得

$$[x \quad y \quad z \quad 1]\boldsymbol{T}_P = \left[x \quad y \quad z \quad \frac{y_{V_P} - y}{y_{V_P}}\right] \xrightarrow{\text{正常化}} \left[\frac{xy_{V_P}}{y_{V_P} - y} \quad \frac{yy_{V_P}}{y_{V_P} - y} \quad \frac{zy_{V_P}}{y_{V_P} - y} \quad 1\right]$$

$$= [x' \quad y' \quad z' \quad 1]$$

这里的 y'对判断可见性，也就是处理隐藏线有用，它是一个深度坐标。画投影图时，还要做正投影变换，使 $y'=0$，而此时 x'、z'不变并与 x^*、z^*分别相等，故可直接取 x'、z'坐标画图。

7.5.3 立体的透视图

1. 一点透视（平行透视）变换

在实际产生透视图时，为了方便地输入物体的数据，一般地，物体的初始位置放在原点，如图 7.32 所示，其主要表面与投影面平行。这个位置直接产生透视图效果不好，为增强透视图的立体感，通常将物体置于 V 面后，H 面（水平投影面）下。故一点透视变换是先把物体平移到合适的位置，然后进行透视变换。这时物体上只有一组棱线不平行于投影面，这组棱线的透视投影出现灭点，形成一点透视，其变换矩阵为

$$\boldsymbol{T}_1 = \begin{bmatrix} 1 & 0 & 0 & 0 \\ 0 & 1 & 0 & 0 \\ 0 & 0 & 1 & 0 \\ l & m & n & 1 \end{bmatrix} \cdot \begin{bmatrix} 1 & 0 & 0 & 0 \\ 0 & 1 & 0 & \dfrac{-1}{y_{V_P}} \\ 0 & 0 & 1 & 0 \\ 0 & 0 & 0 & 1 \end{bmatrix} = \begin{bmatrix} 1 & 0 & 0 & 0 \\ 0 & 1 & 0 & \dfrac{-1}{y_{V_P}} \\ 0 & 0 & 1 & 0 \\ l & m & n & 1 - \dfrac{m}{y_{V_P}} \end{bmatrix}$$

图 7.33 是图 7.32 中单位立方体经一点透视投影后得到的一点透视图（取 $y_{V_P}=2.5$，$l=0.8$，$m=-2$，$n=-1.6$）。图中，变换前物体上所有平行于 Y 轴的轮廓线变换后都交于原点（灭点），而 X，Z 方向的轮廓线仍保持与 X，Z 轴平行的关系。这种现象可做以下验证：

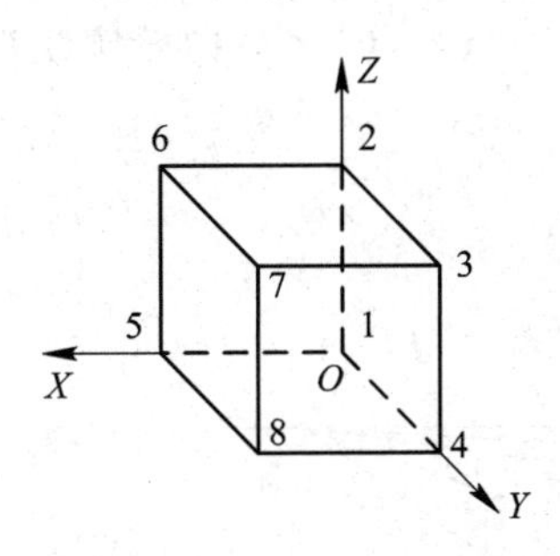

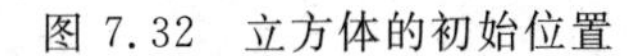

图 7.32　立方体的初始位置

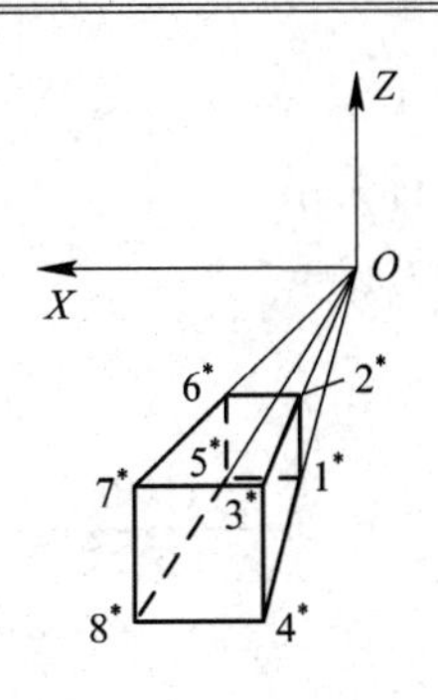

图 7.33　一点透视图

X、Y、Z 轴上无穷远点用齐次坐标表示为

$$\begin{bmatrix} 1 & 0 & 0 & 0 \\ 0 & 1 & 0 & 0 \\ 0 & 0 & 1 & 0 \end{bmatrix}$$

对无穷远点进行一点透视变换，有

$$\begin{bmatrix} 1 & 0 & 0 & 0 \\ 0 & 1 & 0 & 0 \\ 0 & 0 & 1 & 0 \end{bmatrix} \cdot \boldsymbol{T}_1 = \begin{bmatrix} 1 & 0 & 0 & 0 \\ 0 & 1 & 0 & \dfrac{-1}{y_{VP}} \\ 0 & 0 & 1 & 0 \end{bmatrix} \xrightarrow{\text{正常化}} \begin{bmatrix} \infty & \text{不定式} & \text{不定式} & 1 \\ 0 & -y_{V_P} & 0 & 1 \\ \text{不定式} & \text{不定式} & \infty & 1 \end{bmatrix}$$

可见，X、Z 轴上无穷远点变换后仍在无穷远处，说明原平行于 X、Z 轴的轮廓线变换后仍保持与 X、Z 轴平行，Y 轴上的无穷远点变换后为$[0 \quad -y_{V_P} \quad 0 \quad 1]$，该点向 XOZ 面正投影，也就是取其 x、z 值，即灭点与原点重合。

2. 两点透视(成角透视)变换

为了使物体的透视投影产生两个灭点，应使物体在初始位置的基础上绕 Z 轴转 θ 角，使物体上的 X、Y 向轮廓线与投影面倾斜。为获得较好的投影效果，两点透视变换为先平移物体，再旋转，最后进行透视变换。其变换矩阵为

$$\boldsymbol{T}_2 = \begin{bmatrix} 1 & 0 & 0 & 0 \\ 0 & 1 & 0 & 0 \\ 0 & 0 & 1 & 0 \\ l & m & n & 1 \end{bmatrix} \cdot \begin{bmatrix} \cos\theta & \sin\theta & 0 & 0 \\ -\sin\theta & \cos\theta & 0 & 0 \\ 0 & 0 & 1 & 0 \\ 0 & 0 & 0 & 1 \end{bmatrix} \cdot \begin{bmatrix} 1 & 0 & 0 & 0 \\ 0 & 1 & 0 & \dfrac{-1}{y_{V_P}} \\ 0 & 0 & 1 & 0 \\ 0 & 0 & 0 & 1 \end{bmatrix}$$

$$= \begin{bmatrix} \cos\theta & \sin\theta & 0 & -\dfrac{\sin\theta}{y_{V_P}} \\ -\sin\theta & \cos\theta & 0 & -\dfrac{\cos\theta}{y_{V_P}} \\ 0 & 0 & 1 & 0 \\ l\cos\theta - m\sin\theta & l\sin\theta + m\cos\theta & n & \dfrac{y_{V_P} - l\sin\theta - m\cos\theta}{y_{V_P}} \end{bmatrix}$$

利用$[x \quad y \quad z \quad 1] \cdot \boldsymbol{T}_2$不难推出两点透视变换后的坐标 x'、y'、z'。

图 7.34 是图 7.32 中单位立方体经两点透视投影后得到的两点透视图(取 $l=m=0$,

$n=-1.1$，$\theta=45°$，$y_{V_P}=3$)。X、Y 方向轮廓线各产生一个灭点，Z 方向轮廓线没有灭点，仍保持彼此平行关系。

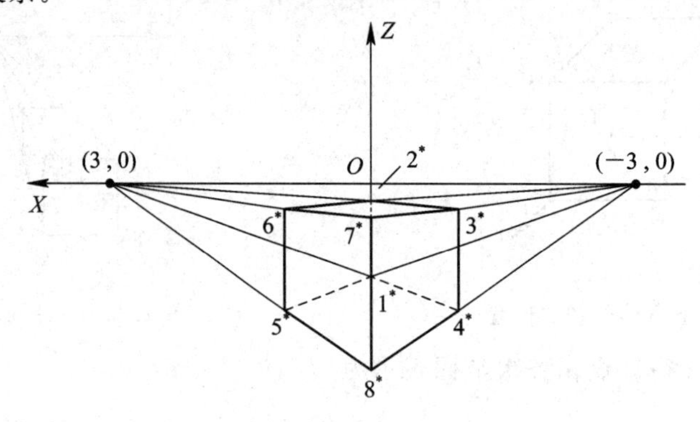

图 7.34　两点透视图

3. 三点透视(斜透视)变换

三点透视变换是物体先绕 Z 轴转 θ 角，再绕 X 轴转 φ 角，然后适当平移，再作透视变换而得到。其变换矩阵为

$$\boldsymbol{T}_3=\begin{bmatrix}\cos\theta & \sin\theta & 0 & 0\\ -\sin\theta & \cos\theta & 0 & 0\\ 0 & 0 & 1 & 0\\ 0 & 0 & 0 & 1\end{bmatrix}\cdot\begin{bmatrix}1 & 0 & 0 & 0\\ 0 & \cos\varphi & \sin\varphi & 0\\ 0 & -\sin\varphi & \cos\varphi & 0\\ 0 & 0 & 0 & 1\end{bmatrix}\cdot\begin{bmatrix}1 & 0 & 0 & 0\\ 0 & 1 & 0 & 0\\ 0 & 0 & 1 & 0\\ l & m & n & 1\end{bmatrix}\cdot\begin{bmatrix}1 & 0 & 0 & 0\\ 0 & 1 & 0 & \dfrac{-1}{y_{V_P}}\\ 0 & 0 & 1 & 0\\ 0 & 0 & 0 & 1\end{bmatrix}$$

$$=\begin{bmatrix}\cos\theta & \sin\theta\cos\varphi & \sin\theta\sin\varphi & \dfrac{-\sin\theta\cos\varphi}{y_{V_P}}\\ -\sin\theta & \cos\theta\cos\varphi & \cos\theta\sin\varphi & \dfrac{-\cos\theta\cos\varphi}{y_{V_P}}\\ 0 & -\sin\varphi & \cos\varphi & \dfrac{\sin\varphi}{y_{V_P}}\\ l & m & n & \dfrac{y_{V_P}-m}{y_{V_P}}\end{bmatrix}$$

图 7.35 就是三点透视图，物体沿 X、Y、Z 方向的轮廓线各自汇交形成三个灭点。

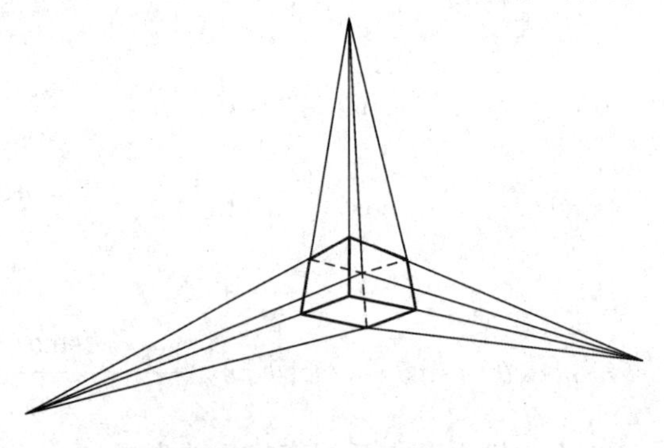

图 7.35　三点透视图

7.6 图形消隐技术

7.6.1 概述

用计算机绘制或显示三维物体的立体图时，描述物体的图形形式有两种：一种是用线条勾画的立体图叫线条图；另一种是用不同的灰度或色彩表现物体的各个表面的明暗度的图叫真实感图。真实感图与实际拍摄的照片几乎没有区别。不管哪种形式的图都是按照投影原理绘制的。沿着投影方向看去，物体上有的线或面被前面部分遮挡看不见，我们把看不见的线叫隐藏线，看不见的面叫隐藏面，绘制线条图时要消除隐藏线，绘制真实感图形时要消除隐藏面，这就是消隐处理。不经过消隐处理的图形具有不确定性，如图7.36所示。因此只有经过消隐处理的图形才有实际意义。

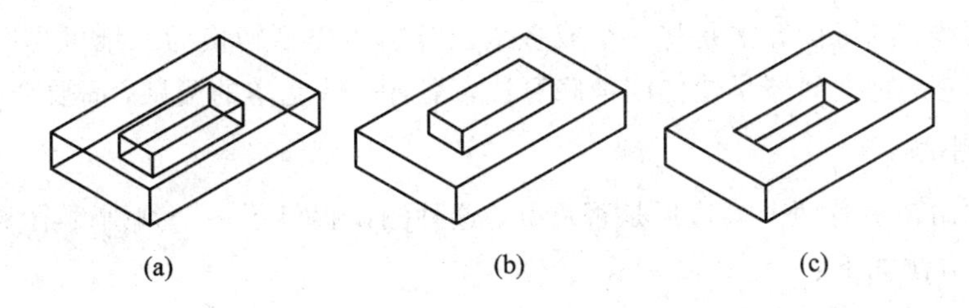

图7.36　未消隐立体图的不确定性

立体消隐处理是计算机图形学中一个令人关注的问题。目前国内外学者提出了多种算法，多数是针对某些具体应用问题而设计的，没有一种通用算法。

算法按照描述立体的图形形式分为“消除隐藏线”算法与“消除隐藏面”算法；按立体形状不同有凸多面体消隐、一般平面立体消隐、规则曲面消隐、自由曲面消隐等算法；按照算法所进行的空间又分为物空间消隐算法与像空间消隐算法及同时在物空间和像空间进行的算法。

物空间消隐算法是指在物体所在的空间(世界坐标系)进行的算法，可以是三维空间，也可以是投影后的二维空间。它着重分析物体之间的几何关系，确定线段和面的可见性，因此需要运用多种几何计算法实现。其计算量和计算速度随物体复杂程度的增加而增加，但所绘制的图精度较高，这类算法适用于对线条图消除隐藏线。

像空间消隐算法是在物体成像的空间(显示屏幕)进行消隐计算。它着眼于最终在视区中形成的图像，需要确定组成物体的各个面在图像范围内所对应的光栅像素点的可见性，算法精度与光栅显示屏幕的分辨率有关。计算时间与物体的复杂程度及像素点数量有关，这类算法适用于消除隐藏面。

消隐算法应考虑的问题有如下三个方面：

(1) 判别遮挡关系。采用几何排序方法找出离观察者近的形体及表面，确定有遮挡关系的形体和表面。

(2) 排除与消隐无关的要素。为减少计算量，先排除无遮挡关系的形体和表面，只考虑有隐藏关系的部分。

(3) 合理组织物体的数据结构。在消隐算法中，需要一定的数据结构来描述物体的几何信息和拓扑信息。这种数据结构既是输入量又是对物体进行投影变换、消隐处理及输出图形时生成新的数据结构的原始数据，其关系如图7.37所示。

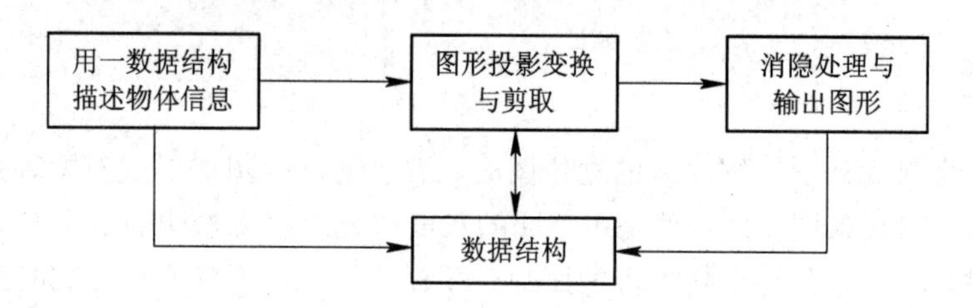

图7.37 消隐处理与数据结构的关系

7.6.2 消隐算法中的测试方法

消除隐藏线、隐藏面算法是将一个或多个三维物体模型转换为二维可见图形，并在屏幕上显示。无论是物空间还是像空间消隐算法，都有一些基本的测试，简要介绍如下：

1. 重叠测试

重叠测试用来检查两个多边形是否重叠。这种测试提供了一个判别两个多边形不重叠的快速方法。方法如下：

找到每个多边形的极值(x, y的最大最小值)，然后用一矩形去外接每个多边形，如图7.38所示，接着检查在X和Y方向任意两个矩形是否相交，如果不相交，则相应的多边形不重叠，如图7.39(a)所示。此时，必定有如下四个不等式中的一个得到满足，设两个多边形分别为A和B，即

$$x_{A\max} \leqslant x_{B\min}, \quad x_{A\min} \geqslant x_{B\max}$$
$$y_{A\max} \leqslant y_{B\min}, \quad y_{A\min} \geqslant y_{B\max}$$

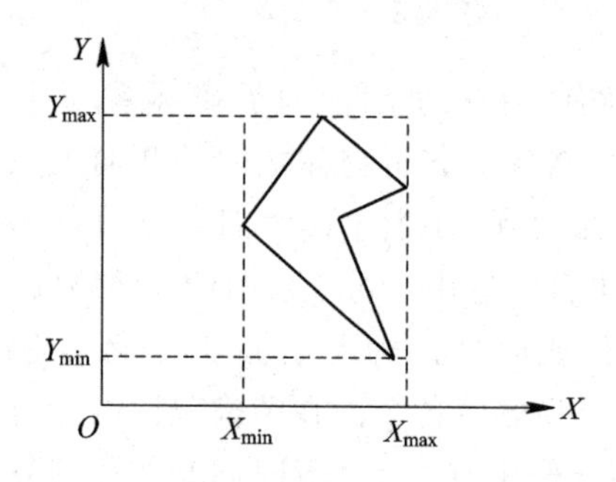

图7.38 多边形的外接矩形

在这种情况下，不需再对多边形的边进行进一步的测试。

如果上述的四个不等式均得不到满足，则两个矩形有可能重叠，如图7.39(b)和7.39(c)所示。此时，将一个多边形的每一条边与另一个多边形的边进行比较来测试是否相交。重叠测试也可用于边的测试，如图7.39(d)所示。

重叠测试同样可用于深度Z方向，来检查在这个方向是否有重叠。

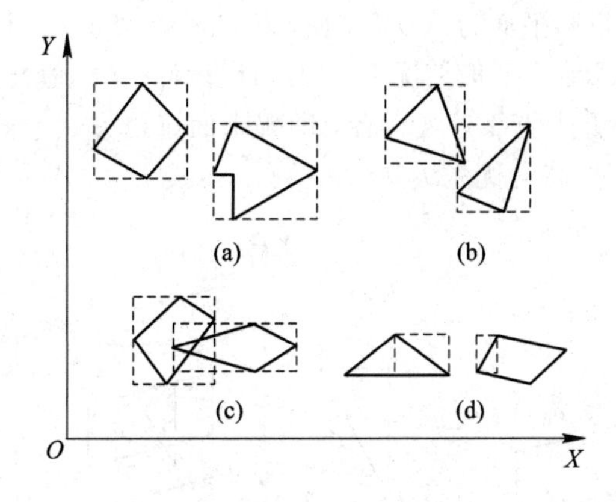

图 7.39　最大最小测试

2. 包含性测试

包含性测试用来检查一个给定的点是否位于给定的多边形或多面体内部。对于一个凸多边形，将该点的 x 和 y 坐标代入每条边的直线方程，所有结果符号相同，则说明该点在每条边的同一侧，因而是被包围的。

对于非凸多边形，有两种测试方法：

1）射线交点数算法

检验时，从给定点引一条射线，如图 7.40(a)和图 7.40(b)所示，该射线与多边形相交，若交点为偶数个，则该点在多边形外，若为奇数，则在多边形内。如果射线正好通过多边形的顶点，则为特异情况，需进行特殊处理：射线过多边形顶点时，若顶点的两条边在射线的两侧，记为一个交点；若两条边在射线的同侧，记为相交两次或零次。

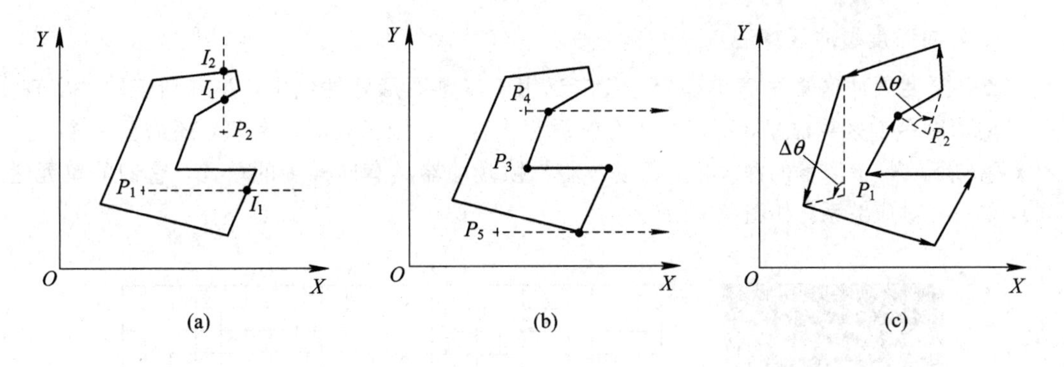

图 7.40　包含性测试

2）夹角求和算法

该方法是计算从测试点(P_1 或 P_2)方向看的每条有向边所对的角度，如图 7.40(c)所示。若角度和为零，则点在多边形外；若角度和为 2π 或 -2π，则该点在多边形内。多边形的顶点按顺时针方向排序时，角度值为负；按逆时针方向排序时，角度值为正。

3. 深度测试

深度测试是用来检测一个物体是否遮挡另外物体的基本方法。下面就深度测试中的优先级测试做简单介绍。

如图7.41所示，设投影平面为XOY平面，P_{12}是空间矩形F_1上的P_1点和三角形F_2上的P_2点正投影的一个重影点。一般情况下，通过计算其z坐标值并比较其大小，即可判定P_1点和P_2点所在的平面哪个更靠近观察者，即哪个面遮挡另一个面。图中，$z_1>z_2$，因而P_1点可见，即F_1比F_2有较高的优先级。

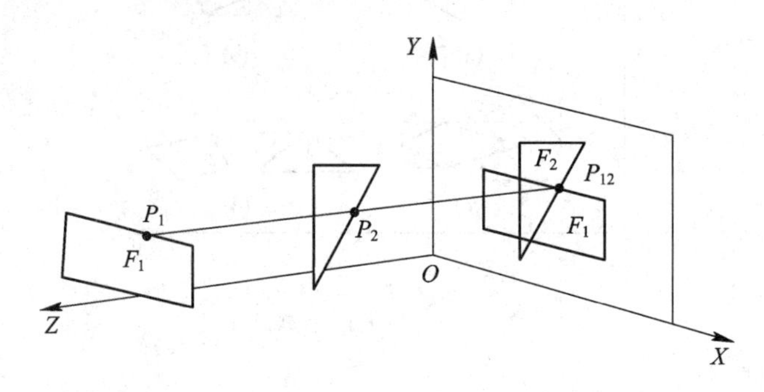

图7.41　深度测试

4. 可见性测试

可见性测试主要用来判定物体自身哪些部分是没有被其他部分遮挡，哪些部分被其他部分遮挡而不可见。

对于单一凸性物体，物体表面外法向矢量指向观察者方向的面是可见的，否则是不可见的。

7.6.3　常用的消隐算法

1. Z向深度缓冲区算法

Z向深度缓冲区算法简单稳定，被广泛用于三维图形软件包中，并有利于硬件实现。在Z向深度缓冲区算法里，不仅需要有帧缓存来存放每个像素的颜色值，还需要一个深度Z缓存来存放每个像素的深度值，Z缓冲器与帧缓冲器具有同样多的单元，它们的单元之间存在一一对应关系，如图7.42所示。

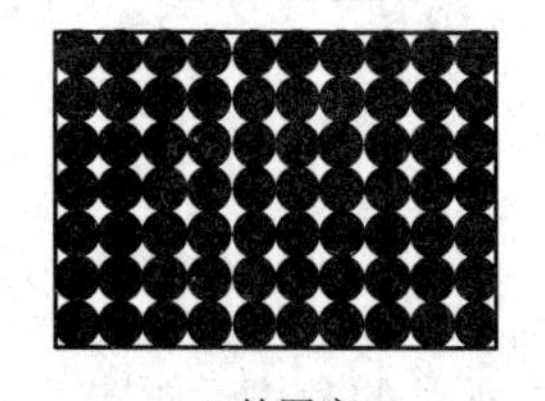

(a) 绘图窗口

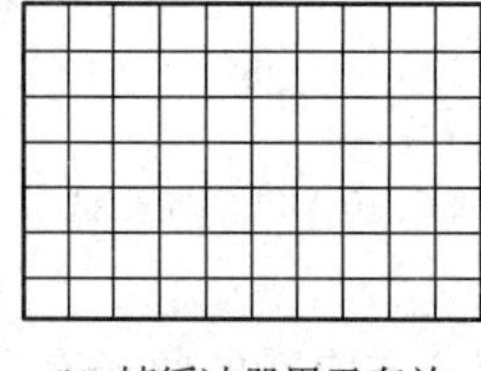

(b) 帧缓冲器用于存放对应像素的颜色值

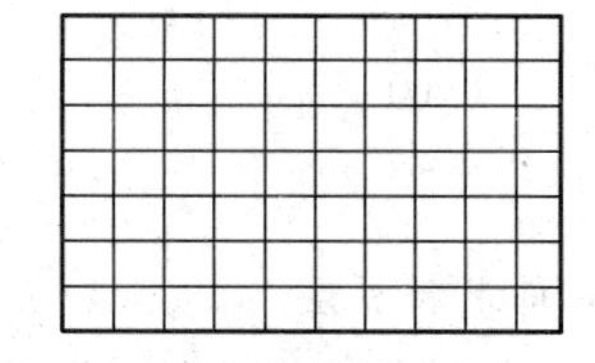

(c) Z缓冲器用于存放对应像素的深度值

图7.42　Z缓冲器中的单元与帧缓冲器中的单元一一对应

Z缓冲器中每个单元的值是对应像素点所反映对象的z坐标值。Z缓冲器中每个单元的初值取成z的最小值，帧缓冲器每个单元的初值可设置为对应背景颜色的值。图形消隐的过程就是给帧缓冲器和Z缓冲器中相应单元填值的过程。当要改变某个像素的颜色值时，先要把这点的深度值和 Z 缓冲器中相应单元的值进行比较，如果该点的深度值大，说明当前点更靠近观察点，用它的颜色替换像素原来的颜色，同时 Z 缓冲器中相应单元的值也要改成这点的 z 坐标值；否则，像素的颜色值不改变。对显示对象的每个面上的每个点都做了上述处理后，便可得到消除了隐藏面的图形。

2. 扫描线算法

扫描线算法的特点是在图像空间中按扫描线从上到下的顺序来处理所显示的对象，将二维问题简化为三维问题。现简单介绍常用的两种扫描线算法。

1) *扫描线 Z 缓冲区算法*

对上述的 Z 向深度缓冲区算法，利用相关性提高点与多边形的包含性测试和深度计算的速度，就得到扫描线 Z 缓冲区算法。其算法的主要思想是，按扫描行的顺序处理一帧画面，在由视点和扫描线所决定的扫描平面上解决消隐问题。具体步骤是：在处理当前扫描线时，定义一个一维数组作为当前扫描线的 Z 缓冲器。首先找出与当前扫描线相关的多边形，以及每个多边形中相关的边对，对每一个边对之间的小区间上的各像素计算深度，并与 Z 缓冲器中的值比较，找出各像素处可见平面，计算颜色，写帧缓存。对深度计算，采用增量算法。

2) *区间扫描线算法*

扫描线 Z 缓冲区算法对上述的 Z 向深度缓冲区算法做了两方面的改进：一是将整个绘图窗口内的消隐问题分解到一条条扫描线上解决，使所需的 Z 缓冲器大大减少；二是计算深度值时，利用了面连贯性，只用了一个加法，但它在每个像素处都计算深度值，计算量仍然很大。

区间扫描线算法克服了这一缺陷，使得在一条扫描线上每个区间只计算一次深度值，并且不需要 Z 缓冲器。它是把当前扫描线与各多边形在投影平面的投影的交点进行排序后，使扫描线分为若干子区间，在小区间上确定可见线段并予以显示。因此，只要在区间任一点处找出在该处深度值 z 最大的一个面，这个区间上的每一个像素就可用这个面的颜色来显示。

下面简述如何确定小区间$[a_i, a_{i+1}]$$(i=1, 2, \cdots, n)$的颜色。可分为三种情况考虑：

(1) 小区间上没有任何多边形，该小区间用背景色显示。

(2) 小区间上只有一个多边形，以对应多边形在该处的颜色显示。

(3) 小区间上存在两个或两个以上的多边形，必须通过深度测试判断哪个多边形可见。若允许物体表面相互贯穿时，还应求出它们在扫描平面的交点。用这些交点把该小区间分成更小的子区间(称为间隔)，在这些间隔上决定哪个多边形可见。其算法如图 7.43 和图 7.44 所示。

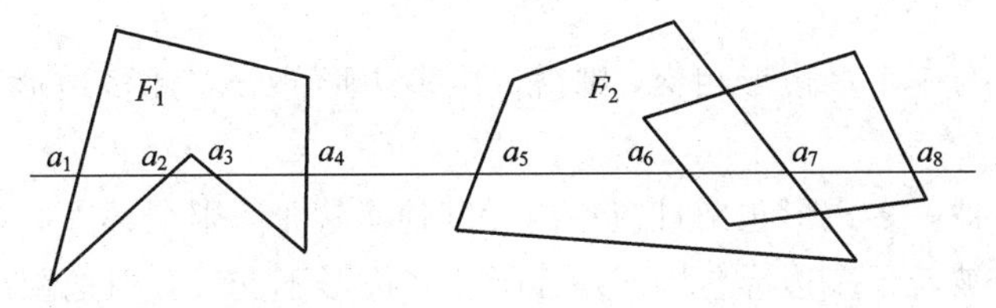

图 7.43　扫描线与多边形的投影相交得到若干个子区间

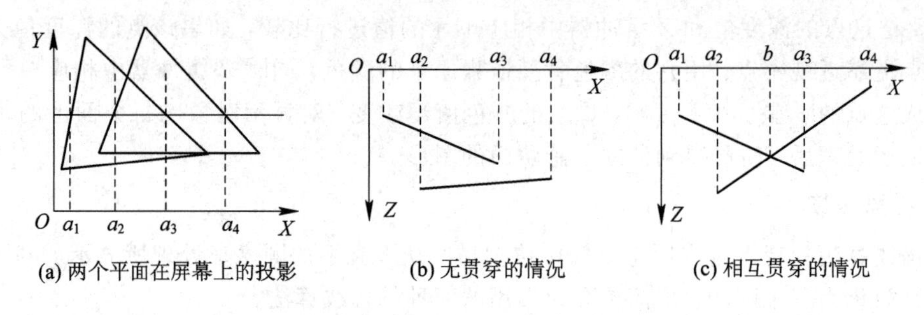

(a) 两个平面在屏幕上的投影　(b) 无贯穿的情况　(c) 相互贯穿的情况

图 7.44　两个平面在屏幕上的投影情况

3. 区域采样 Warnock 算法

在进行消隐处理时，十分明显的是物体表面的可见部分或不可见部分存在着区域连贯性，即若一处可见，则其周围就有相当的区域是可见的，否则其周围就有相当的区域是不可见的，Warnock 算法就充分利用了区域的连贯性，在连续的区域上确定可见面及其颜色、亮度。Warnock 算法直接对区间进行讨论，是一种分而治之的算法，既适合于消除隐藏线又适合于消除隐藏面。以下以消除隐藏面为例，介绍 Warnock 算法。

Warnock 算法的基本思想是：首先观察整个窗口区域，如果窗口中只需显示一个多边形面，则可以直接显示出来，此时称窗口为单纯的，否则称窗口为非单纯的。如果当窗口内没有可见物体，或窗口内只有一个多边形面颜色时，该窗口就是单纯的。如果窗口为非单纯，则将窗口分为 4 个子窗口，再判断每个子窗口是否是单纯的。这样一直继续，直到窗口都是单纯的或不能分为止，如图 7.45 所示。

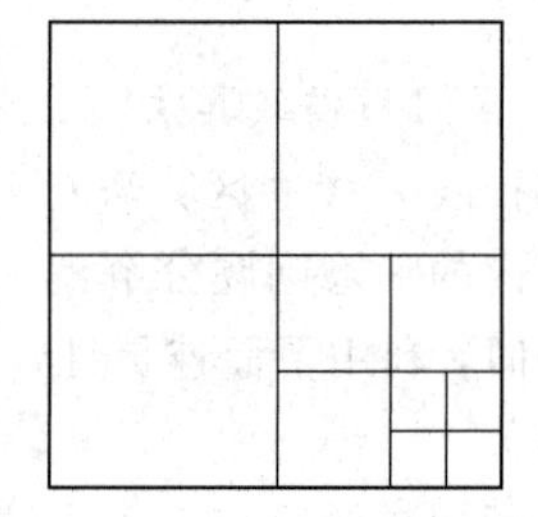
图 7.45　窗口 4 等分为 4 个子窗口

Warnock 算法的过程可用一棵四叉树来描述，它有很高的效率。即使是 1024×1024 的视图窗口，被细分十次后也成为一个像素面而不能再分。

Warnock 算法的关键就是判别窗口是否单纯，这就需要分析窗口与物体的所有投影后的多边形面之间的关系。多边形面与窗口的关系有分离、内含、相交、包围四种类型，如图 7.46 所示。其中分离是指多边形在窗口之外，内含是指多边形在窗口之内，相交是指多边形与窗口部分相交，包围是指多边形完全包含整个窗口。根据这四种类别，可以判断面片的可见性，因此，Warnock 算法步骤如下：

Step1：对每个窗口进行判断，若所有多边形都没在某个窗口，则该窗口设为背景色。

Step2：若窗口内只含一个多边形，则窗口中多边形部分着此多边形色，其余部分都着背景色。

Step3：若窗口与一个多边形相交，则窗口内多边形部分着此多边形色，其余部分着背景色。

Step4：若窗口被一多边形包围且窗口内无其他多边形，则全部着此多边形色。

Step5：若窗口被若干多边形包围，并且所有多边形不交叉，则把距离视点最近的多边形颜色给窗口着色。

Step6：若以上条件都不满足，则继续细分窗口，并重复上述步骤。

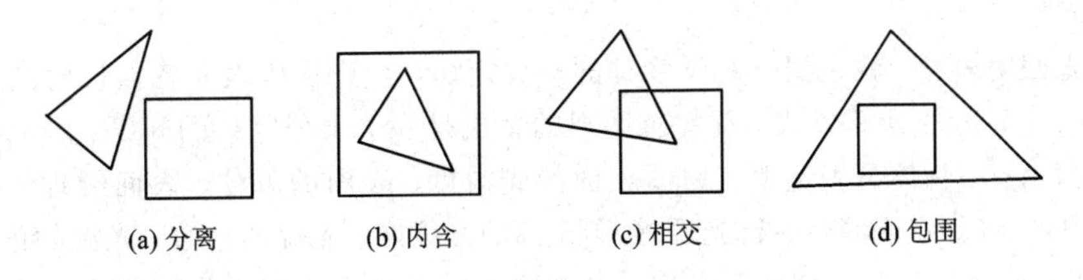

图 7.46　多边形面与窗口的关系

以上几个步骤中，步骤 5 是消隐的关键。要找出包含窗口的多边形中距离视点最近的一个多边形，需要做深度检测，具体实现时，可将面片根据它们距离视点的最小距离先进行深度排序，然后，再取最小深度的多边形的颜色作为窗口颜色。

组成物体的表面有平面和曲面。单就曲面而论，曲面的消隐比较复杂，它有可能被自身或其他形体遮挡。如前所述，曲面可以用平面片去逼近。因此曲面消隐算法完全可以采用平面立体的消隐算法。曲面的消隐也有专门的处理方法，如对规则曲面，有高程线算法，对用双参数表示的拟合曲面，有扫描网格法以及用外形线表示曲面的外形线消隐算法等。

7.7　真实感图形生成

7.7.1　概述

建模得到的物体在屏幕上以三维线框图(即线条图)显示并经消隐处理后已经具有较强的立体感，但为了使图形更为逼真，还要考虑到物体表面由于光照而产生的明暗变化，因此对物体表面进行浓淡处理，使计算机产生的图形与现实世界中的物体更为接近，就是真实感图形(又称为光照明仿真图像)的生成问题。

用计算机在显示器上生成真实感图形必须完成四个基本内容：第一，几何建模，这部分工作可由三维实体造型和表面造型系统来完成。第二，将三维几何模型转换为二维透视图，这可通过对场景(即物体对象)的透视变换来完成。第三，确定场景中的所有可见面，这需使用隐藏面消除算法将不可见面消除。第四，计算场景中可见面的颜色，即计算可见面投射到观察者眼中的光亮度大小和色彩分量，并将它转换成适合图形设备的颜色值，从而确定投影画面上每一像素的颜色，如图 7.47 所示，最终生成真实感图形。

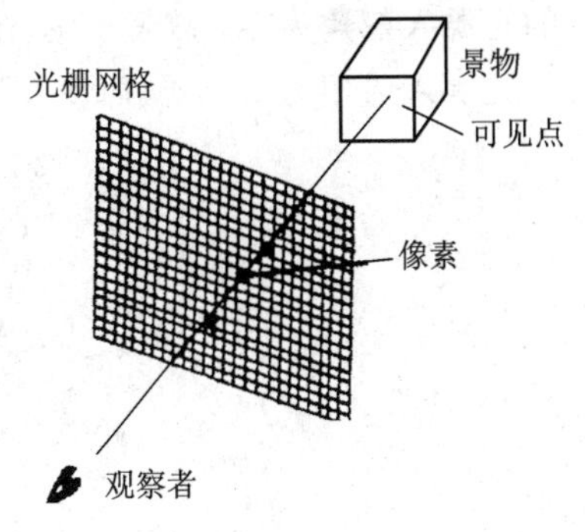

图 7.47　画面像素颜色值的确定

7.7.2　基本光照明模型

在计算机图形学中，为了描述物体表面朝某方向辐射光能的颜色，常使用一个既能表示光能大小又能表示其色彩组成的物理量，这就是光亮度。采用光亮度可以正确描述光在物体表面的反射、透射(折射)和吸收现象，因而可以正确计算出物体表面在空间给定方向上的光能颜色。

所谓光照明模型，就是根据光学物理的有关定律，计算物体表面各点投射到观察者眼中的光线的光亮度的计算公式。真实感图形的生成是一个十分复杂的问题，影响物体表面光亮度的因素有：物体是否透明、物体表面的光滑度、表面的方位、表面纹理、物体的阴影、光源的种类(如点光源、平行光源等)、光源的光强度、光源的个数、光源的位置、环境光、视点的位置、光源和物体的颜色等。考虑物体不透明且光只有漫反射和镜面反射，由此得到的光照明模型称为基本光照明模型。基本光照明模型是一个经验模型，但能在较短的时间内获得具有一定真实感的图形，且计算简单，所涉及的参数值易于确定，故有广泛的应用。

在基本光照明模型中，我们假设由白光照明、物体不透明，也就是物体表面的颜色仅由其反射光决定的。通常，人们把反射光考虑成三个分量的组合。这三个分量分别是环境反射(ambient)、漫反射(diffuse)和镜面反射(specular)。环境反射分量假定入射光均匀地从周围环境入射至景物表面并等量地向各个方向反射，而漫反射分量和镜面反射分量则表示特定光源照射在景物表面上产生的反射光。

漫反射分量表示特定光源在景物表面的反射光中那些向空间各方向均匀反射出去的光。这种反射光可以使用朗伯(Lambert)余弦定律计算。朗伯定律指出：对于一个漫反射体，表面的反射光亮度和光源入射角的余弦成正比，即

$$I = I_{pd} \cos i \tag{7-1}$$

式中：I——表面反射光的光亮度；

I_{pd}——光源垂直入射时反射光的光亮度(见图7.48)；

i——光源入射角。

式(7-1)说明观察一个漫反射体时，人眼接收到的光亮度与观察者的位置无关。我们把这种反射称为漫反射或朗伯反射。图7.48表示了将式(7-1)用于球面的情形。由于点A的光源入射角为零，故发出的光亮度最大(为I_{pd})，而B和B'的光亮度较弱。由于C和C'的光源入射角为90°，从而使发出的光亮度为零。球面的明暗过渡曲线如图7.48(b)所示。

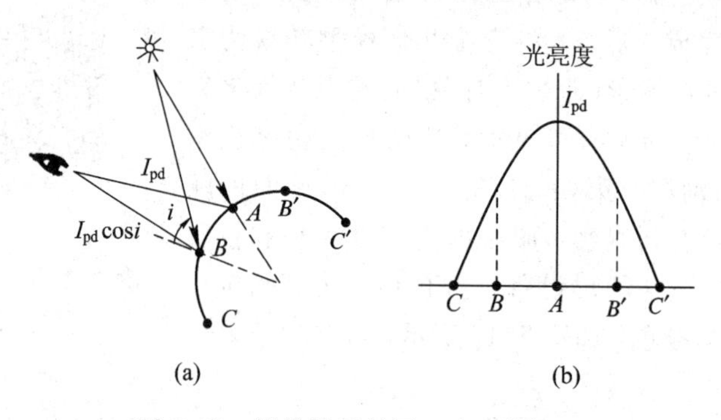

图7.48　朗伯漫反射用于球面的情况

采用式(7-1)计算物体表面的反射光亮度与对现实场景的观察不符。根据式(7-1)将球面的C和C'处理成黑色就会失真。实际上，因为物体表面除受特定光源照射外，还受到从周围环境来的反射光(如来自地面、天空、墙壁的反射光)的照射。这些环境光的透明效果，可用环境反射分量进行模拟。由于假定环境反射分量是均匀入射的漫反射光，故可用一常数来表示。这样，适用于漫反射体的光照明模型为

$$I = I_{pa} + I_{pd}\cos i \tag{7-2}$$

其中，I_{pa}是环境反射分量，一般取$I_{pa}=(0.02\sim0.2)I_{pd}$。

对许多物体，如石灰粉刷的白墙、纸张等使用式(7-2)计算其反射光亮度是可行的。但对大多数物体，如经切削加工后的金属体表面、光滑的塑料物体表面等，受光照射后给人的感觉并非那样呆板，而表现出特有的光泽。如一个点光源照射一个金属球时会在球面上形成一块特别亮的区域，呈现所谓的“高光”，它是光源在金属球面上产生的镜面反射光。

镜面反射光为一定方向的反射光，它遵循光的反射定律。反射光和入射光对称地位于表面法向的两侧。如果表面是纯镜面，入射到表面面元上的光严格地遵从光的反射定律单向反射，如图 7.49(a)所示。对于一般光滑表面，由于表面实际上是由许多朝向不同的微小平面组成的，其镜面反射光分布于表面镜面反射方向的周围，如图 7.49(b)所示。

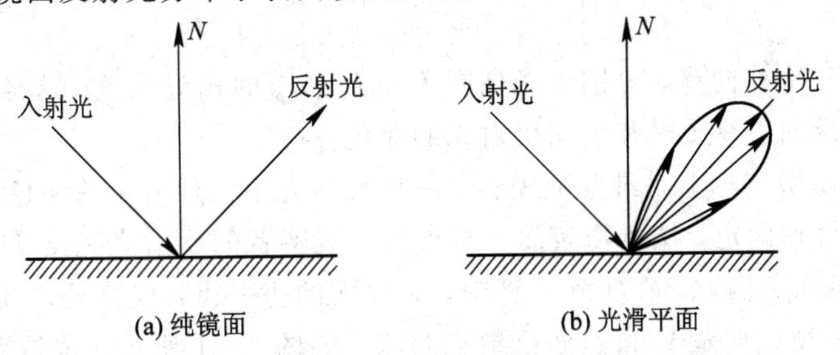

图 7.49　镜面反射

按照 B. T. Phong 提出的公式，镜面反射采用余弦函数的幂次进行模拟，即

$$I = I_{ps}\cos^{n}\theta \tag{7-3}$$

式中：I——观察者接收到的镜面反射光亮度；

I_{ps}——镜面反射方向上的镜面反射光亮度；

θ——镜面反射方向和视线方向的夹角；

n——镜面反射光的会聚指数。

图 7.50 表示式(7-3)应用于一个光滑球面时的情形。在图 7.50(a)中点 D 处镜面反射方向和视线方向一致，$\theta=0$，D 处呈现明亮的高光。而在点 E 和点 E'，θ 变大，使观察者接收到的镜面反射光急剧下降。图 7.50(b)给出了镜面反射分量的光亮度曲线。

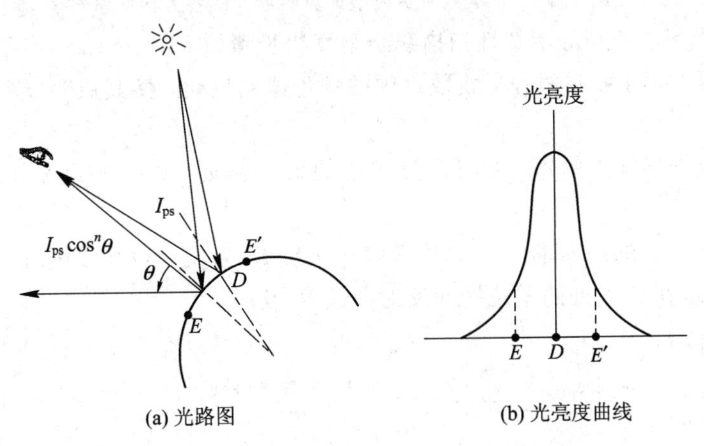

图 7.50　Phong 镜面反射用于光滑球面的情况

如前所述，表面反射光可认为是环境反射、漫反射、镜面反射三个分量的组合。对于一特定的物体表面，这三种分量所占的比例具有一定的值。令 k_a，k_d和 k_s分别表示环境反射、漫反射和镜面反射分量的比例系数，则基本光照明模型可表示如下：

$$I = k_a I_{pa} + \sum [k_d I_{pd} \cos i + k_s I_{ps} \cos^n \theta] \tag{7-4}$$

其中，求和号 $\sum$ 表示对所有特定光源求和(存在多个光源的情况)，$k_d + k_s = 1$。

注意：式(7-4)中的 I_{pa}，I_{pd}，I_{ps}和 I 均是光谱量。为避免光谱计算，可将式(7-4)转换至光栅图形显示器的 RGB 三原色颜色系统。此时基本光照明模型可写成

$$\begin{bmatrix} r \\ g \\ b \end{bmatrix} = k_a \begin{bmatrix} r_{pa} \\ g_{pa} \\ b_{pa} \end{bmatrix} + \sum \left[k_d \begin{bmatrix} r_{pd} \\ g_{pd} \\ b_{pd} \end{bmatrix} \cos i + k_s \begin{bmatrix} r_{ps} \\ g_{ps} \\ b_{ps} \end{bmatrix} \cos^n \theta \right] \tag{7-5}$$

式中的等号右边三个列向量，分别为光亮度 I_{pa}、I_{pd}、I_{ps}的相应颜色。这样，用户可直接指定物体表面环境反射、漫反射和镜面反射光的颜色。

基本光照明模型实际上是纯几何模型。一旦反射光中三种分量的颜色以及它们的比例系数 k_a，k_d和 k_s得到确定，从景物表面上某点到达观察者的反射光亮度 I 就仅仅和光源入射角 i 和视角 θ 有关。因此，在实际计算中，对表面的每一点，仅需要求出它的法向量 $\boldsymbol{N}$、入射光线向量 $\boldsymbol{L}$、视线向量 $\boldsymbol{V}$ 和镜面反射向量 $\boldsymbol{R}$，如图 7.51 所示。这是因为$(\boldsymbol{L}_0 \cdot \boldsymbol{N}_0) = \cos i$，$(\boldsymbol{R}_0 \cdot \boldsymbol{V}_0) = \cos\theta$，$\boldsymbol{L}_0$、$\boldsymbol{N}_0$、$\boldsymbol{R}_0$、$\boldsymbol{V}_0$分别是 $\boldsymbol{L}$ 、$\boldsymbol{N}$ 、$\boldsymbol{R}$ 、$\boldsymbol{V}$ 的单位向量。

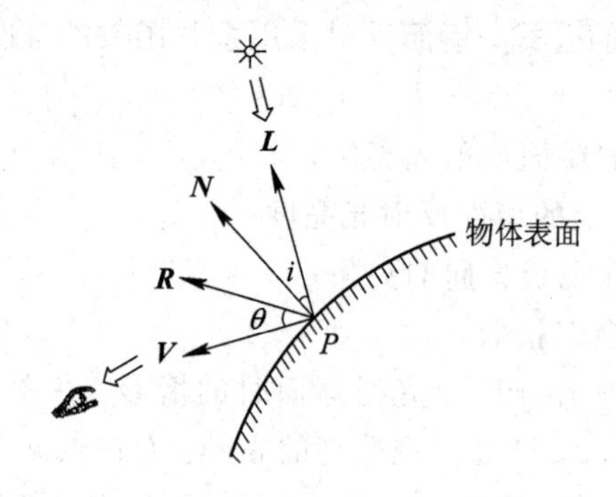

图 7.51 基本光照明模型计算中涉及的各方向向量

使用基本光照明模型的示意性扫描线绘制算法步骤如下：

(1) 对屏幕上每条扫描线 y_i，将数组中的颜色值初始化，使其成为 y_i扫描线的背景颜色值；

(2) 对于 y_i扫描线上的每一可见间隔 S 中的第 i 点(x_i, y_i)，则设(x_i, y_i)对应的空间可见点为 p_i；

(3) 求出点 p_i处的法向量 $\boldsymbol{N}_0$、单位入射光向量 $\boldsymbol{L}_0$ 以及单位视线向量 $\boldsymbol{V}_0$；

(4) 求出 $\boldsymbol{L}_0$在点 p_i处的单位镜面反射向量 $\boldsymbol{R}_0$及

$$\begin{bmatrix} r \\ g \\ b \end{bmatrix} = k_a \begin{bmatrix} r_{pa} \\ g_{pa} \\ b_{pa} \end{bmatrix} + \sum \left[k_d \begin{bmatrix} r_{pd} \\ g_{pd} \\ b_{pd} \end{bmatrix} (\boldsymbol{L}_0 \cdot \boldsymbol{N}_0) + k_s \begin{bmatrix} r_{ps} \\ g_{ps} \\ b_{ps} \end{bmatrix} (\boldsymbol{R}_0 \cdot \boldsymbol{V}_0)^n \right]$$

(5) 置 $\mathrm{Color}(x_i) := (r, g, b)$，显示 Color。

由于 $\cos\theta=(\boldsymbol{R}_0 \cdot \boldsymbol{V}_0)$ 在实际使用中不便于计算，常用 $(\boldsymbol{N}_0 \cdot \boldsymbol{H}_0)$ 来代替。在此，$\boldsymbol{H}_0$ 为沿 $\boldsymbol{L}$ 和 $\boldsymbol{V}$ 的角平分线的单位向量，可理解为朝观察方向产生镜面反射的虚拟表面的法向量，如图 7.52 所示。显然，$\boldsymbol{H}$ 和表面的实际法向量 $\boldsymbol{N}$ 之间的角度反映了射向观察者的镜面反射光的大小，于是基本光照明模型可写为

$$I = k_a I_{pa} + \sum [k_d I_{pd} E_d + k_s I_{ps} E_s^n] \tag{7-6}$$

其中，$E_d=(\boldsymbol{N}_0 \cdot \boldsymbol{L}_0)$、$E_s=(\boldsymbol{N}_0 \cdot \boldsymbol{H}_0)$ 分别称为漫反射明暗度和镜面反射明暗度。

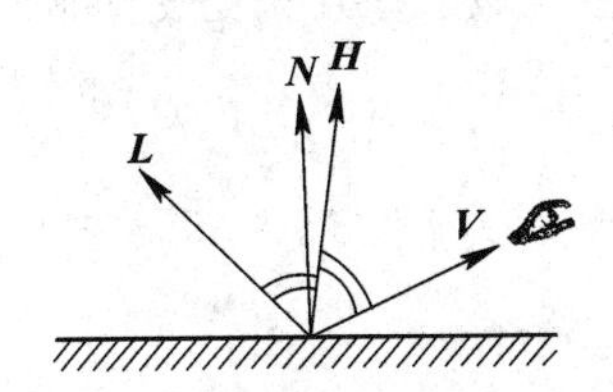

图 7.52　**L** 和 **V** 的角平分向量 **H**

7.7.3　阴影

阴影是指景物中那些没有被光源直接照射到的区域。当观察方向与光源方向重合时，观察者看不到阴影，但当两者不一致时，就会出现阴影。在计算机生成的真实感图形中，阴影可以反映画面中景物的相对位置，增加图形的立体感和场景的层次感，从而丰富画面的真实感。

根据观察，阴影可分为本影和半影。位于中间的全黑的轮廓分明的部分称为本影，本影周围半明半暗的区域称为半影。显然，单个的点光源只能形成本影，而分布光源能同时形成本影和半影。一般来说，半影的计算比本影要复杂得多，这是由于计算半影首先要确定线光源和面光源中对于被照射点未被遮挡的部分，然后再计算光源的有效部分向被照射点辐射的光能。由于半影的计算量较大，在许多场合只考虑本影，即假设环境由点光源或平行光源照明。

1. 什么是图形的几何信息和拓扑信息？

2. 本章 7.1 节介绍的两种图形数据结构各有什么优缺点？各存储了哪些信息？双链表的翼边结构主要用于解决什么问题？

3. 形体布尔运算有几种？什么是正则布尔运算？

4. 线框建模、表面建模、实体建模各有什么特点？

5. 实体的 CSG 表示和 B-Rep 表示有何区别？

6. 特征怎样分类？特征建模的特点是什么？

7. 写出三维图形几何变换矩阵的一般形式，并指出各子阵的含义。

8. 写出三维平移、绕 Z 轴旋转、绕 X 轴旋转、绕 Y 轴旋转、正面投影、透视变换等几个基本变换矩阵。

9. 正投影中的侧面投影变换、水平投影变换是如何形成的？推导其变换矩阵。
10. 正轴测投影变换是如何形成的？推导其变换矩阵。
11. 什么是灭点？透视图与灭点有什么关系？
12. 一点、两点、三点透视变换是如何形成的？推导其变换矩阵。
13. 消隐算法分哪几类？各解决什么问题？
14. 什么是光照明模型？
15. 基本光照明模型做了哪些假设？每点光亮度如何计算？

第 8 章 三维 CAD 软件的二次开发技术

随着科学技术和计算机技术的快速发展，大型的 CAD/CAM/CAE 软件系统如 Pro/Engineer、CATIA、UG、I-DEAS、SolidWorks 在各行各业发挥着越来越重要的作用。这些软件都独具特色，尤其在三维实体建模、虚拟装配、运动仿真等方面的功能愈加强大，人机交互性也更加完美。但是对于一些应用广泛、专业性强的设计领域，应用时仍然需要针对设计领域特点进行软件的二次开发。本章主要介绍 Win 7 旗舰版 64 位系统下的 Pro/Engineer Wilderfire 5.0 软件的二次开发技术，其开发思路和开发方法将对其他 CAD/CAM/CAE 软件的二次开发提供参考。

8.1 概　　述

数字化设计与制造是实现“智能制造”的必然手段，而实现数字化设计与制造的关键技术就是要探索一种自然（便于理解）、准确、高效的产品设计和制造等信息的表达方法，以支持产品设计、工艺设计、加工、装配和维修等产品全生命周期各阶段的数据定义和传递，由此基于模型的定义（Model Based Definition，MBD）、基于模型的制造（Model Based Manufacturing，MBM）、基于模型的维修保障（Model Based Support，MBS）、基于模型的企业（Model Based Enterprise，MBE）等概念应运而生。其中，基于模型的定义（MBD）就是将产品的所有相关设计定义、工艺描述、属性和管理等信息都附着在产品三维模型中的数字化定义方法，它是基于模型的制造、基于模型的维修保障、基于模型的企业的基础。

美国于 2005 年就在下一代制造技术计划（Next Generation Manufacturing Technologies Initiative，NGMTI）中，将基于模型的企业列为振兴美国国防制造业和美国制造业的六大领域技术之首，并发布了 MBE 的计划路线报告。其核心思想是通过使用模型来定义、执行、控制和管理一切企业流程，通过应用基于科学的仿真和分析工具在产品生命周期的每个环节辅助决策，从而快速减少产品创新、开发、制造和支持的时间和成本。以美国波音公司的 787 新型客机研制为例，它全面采用 MBD 技术，建立了三维数字化设计制造一体化集成应用体系。

目前，像 Pro/Engineer、CATIA、UG、I-DEAS、Solidworks 等大型的 CAD/CAM/CAE 软件系统，已经成为企事业进行产品研发必需的技术性平台。虽然其强大的功能几乎可以满足产品设计过程的所有需要，但对于相对复杂的产品设计，比如复杂的产品造型、复杂的零部件装配关系，以及一些系列化程度高的非标准件的设计，软件存在着通用性有余、专用性不足的突出问题。尤其企事业产品大多是具有系列化、通用化或标准化的特点，多数新产品的开发只需对很少一部分零部件进行全新设计，绝大部分零部件都可以得到重用，因此，如果企事业采用的产品开发系统只支持设计的详细阶段，丢失大量设计意图和设计过程信息，给产品设计信息的继承和重用带来了困难，这将为制造、工装、生产成本以及交货周期等带来诸多不利。因此，针对专业领域产品特点，在现有三维设计软件平台下进行二次开发，实现产品设计的通用化、模块化、系列化，规范和简化设计流程、提高设计效率是实现数字化设计制造非常有效的方法之一。

8.2 Pro/Engineer 软件简介

Pro/Engineer(简称 Pro/E)软件是美国 PTC(Parametric Technology Corporation)旗下的主要产品，如同其他三维 CAD/CAM/CAE 软件一样，它是当今世界应用非常广泛的 CAD/CAM/CAE 软件之一。Pro/Engineer 软件典型版本包括 Pro/E R20、Pro/E 2000i、Pro/E 2000i2、Pro/E 2001、Pro/E Wildfire(Pro/E 2003)、Pro/E Wildfire 3.0、Pro/E Wildfire 4.0、Pro/E Wildfire 5.0。2010 年 10 月美国 PTC 公司又推出了新型的 CAD 设计软件包 Creo。Creo 是一个可伸缩的套件，集成了多个可互操作的应用程序，包括 Pro/Engineer 的参数化技术、CoCreate 的直接建模技术和 ProductView 的三维可视化技术，功能覆盖整个产品开发领域。目前 Creo 版本主要有 Creo1.0、Creo2.0、Creo3.0。随着 PTC 公司推出的软件版本不断更新，产品功能更加强大，用户使用也更加便捷，但是 PTC 产品的软件特点没有本质的改变。本章重点介绍 Pro/Engineer Wilderfire 5.0。

1. Pro/Engineer 软件特点

Pro/Engineer 软件功能强大，涵盖了零件设计、虚拟装配、绘制工程图、应力分析、钣金设计、模具开发、CNC 加工、造型设计、自动测量、应力分析、机构仿真、数据库管理等功能模块。Pro/Engineer 系统界面简洁，概念清晰，符合工程人员的设计思想与习惯，因此操作简便，深受用户青睐。自 1989 年问世以来，除了用于传统的机械、模具业外，在工业设计、电子产品、家电业等方面都得到了广泛应用。

Pro/Engineer 提出的基于特征、单一数据库、全相关、参数化等概念是当今世界 CAD/CAM/CAE 的新标准，也彻底改变了 CAD/CAM/CAE 的传统观念。

1) 基于特征

Pro/Engineer 软件提供了具有一定智能化的基于特征的建模工具，比如拉伸、旋转、扫描、混合、钻孔、挖槽、倒角等基础特征，用户可方便快速地构建各种基础特征，进而构建复杂模型。同时允许用户随时对特征做不违反几何顺序的合理性调整、插入和重新定义等修正工作，给设计人员提供了极大的方便和灵活性。

基于特征的模型能完整地表达产品信息(包括几何信息、公差、表面粗糙度、材料、热处理及表面处理等)，它可以代替传统的产品设计、工艺设计各环节的连接，保证了产品设计和后续生产等诸环节并行展开，实现了真正意义上的 CAD、CAPP、CAM、CAE 集成。基于特征的建模还有助于推动产品设计和工艺方法的规范化、标准化和系列化，从而降低生产成本。

2）单一数据库、全相关性

Pro/Engineer软件采用的是单一数据库，因此从三维实体模型到二维工程图、虚拟装配、虚拟制造、仿真分析等各模块均做到全相关性，即在任何环节进行的形体或者尺寸的修改，都会即时反映到其他相关模块，确保了模型数据的完整性与设计修正的高效性。

因Pro/Engineer软件整个系统建立在同一个数据库上，具有完整而统一的数据模型，使得设计到制造的全过程可以集成在一起，也可以使所有用户能够同时进行同一产品的设计制造过程，即实现并行工程。该特性也是当前智能制造应必备的特性。

3）参数化

参数化是Pro/Engineer软件最显著的特点。参数化设计也叫基于尺寸驱动的设计，它是一种基于几何、拓扑信息约束的产品描述方法，它允许用户定义几何和拓扑信息的约束，并通过改变约束参数值实现对现有设计的修改。参数化设计的本质就是几何约束关系的表达、提取、求解以及参数化几何模型的构造。利用参数化设计手段可使设计人员从大量繁重而琐碎的设计工作中解脱出来，大大提高了设计速度，减少了信息的存储量。

Pro/Engineer软件结合单一数据库、全相关的特性，将设计过程中的所有特征模型尺寸均保存在同一数据库中，设计人员在任何模块只需更改特征模型的尺寸参数，则由尺寸参数驱动的模型就会作出相应的改变，由此实现参数化设计的目的，也达到了设计修改的高度一致性。

2. Pro/Engineer主要功能模块

Pro/Engineer是一个大型软件包，由多个功能模块组成。用户可以根据需要装载、调用其中一个模块进行工作。各个模块创建的文件有不同的文件扩展名。

1）草绘模块

草绘模块用于绘制和编辑二维平面草图，二维平面草图绘制是使用零件模块进行三维建模时的重要步骤。在零件模块中进行三维建模时，系统根据需要会自动切换至草绘模块，当然也可以直接读取事先在草绘模块下绘制好并存储的文件。

2）零件模块

零件模块用于创建三维实体模型。该模块是参数化实体造型最基本和最核心的模块。用Pro/Engineer进行三维建模的过程，就是依次创建各种类型特征的过程。零件模块提供了简单特征(拉伸、旋转、扫描等)、高级特征(螺旋扫描、混合扫描、变截面扫描等)、特征的操作(阵列、倒角、扭曲、抽壳等)等丰富的创建方法。特征之间可以是独立的，也可以存在一定的参考关系。

3）装配模块

装配模块就是将多个零件按照装配关系虚拟组装成部件或者完整产品的过程。装配过程中，用户可以添加新零件或者对已有的零件进行编辑修改，也可以在装配模块中创建新的特征。系统可使用“分解装配”功能显示所有零件以及编辑零件分解位置的状态。

4）曲面模块

曲面模块用于创建各种类型的曲面特征模型。曲面特征模型是没有厚度、质量、密度以及体积等物理属性的一类模型，它通常用于实现一些复杂曲面的造型。有些曲面特征通过适当的操作，比如实体化，可以将曲面转化成实体模型。

5）工程图模块

工程图模块用于将三维实体模型转换成二维工程图。Pro/Engineer系统提供了工程制图中常用的视图表达方法(基本视图、剖视图、局部视图、轴测图等)，使用时，用户需要对工程图环境进行合理设置。同时由于系统为尺寸驱动的CAD系统，因此在实体模型或工程图模块中作任何修改，改动结果都会反映到另一个模块中。

Pro/Engineer除了上面常用的模块外，还有制造模块、仿真模块、布线模块、模具设计、二次开发模块、网格生成模块等，这些模块均属于用户可选用的模块。

3. Pro/Engineer软件的二次开发工具

同其他三维CAD软件一样，Pro/Engineer软件提供了丰富的二次开发手段，如表8.1所示。

表8.1　Pro/Engineer软件常用的二次开发工具

二次开发工具	特　　性
族表(Family Table)	族表是利用表格来进行尺寸参数或者特征驱动的工具。它主要用来创建和管理具有相同或相近结构的零件，适用于标准化、系列化零件
用户定义特征(UDF)	用户定义特征是将若干个系统特征融合为一个自定义特征，以.gph文件保存，使用时作为一个整体出现。它适用于特定产品中的特定结构，有利于设计者根据产品特征快速生成几何模型
Pro/Program	Pro/Program是一个控制并修改宏文件的工具，由类似BASIC的高级语言构成。用户根据设计需要来编辑模型的Program，使其作为一个程序来工作
J-link	J-link是Pro/Engineer自带的基于JAVA语言的二次开发工具，属于一种面向对象、独立于操作系统平台的开发工具。用户可通过JAVA编程实现Pro/Engineer软件的功能添加
VB.NET	在VB.NET编程环境中，利用Pro/Engineer提供的VB.API接口函数控制三维模型的特征进行参数化设计。该方法采用的语法规则较为简单，易于掌握
Pro/TOOLKIT	Pro/TOOLKIT是Pro/Engineer软件提供的工具开发包，即应用程序接口(API)，其目的是让用户或第三方通过C语言编程扩充Pro/Engineer软件系统的功能

表8.1列出了在不同程度上对Pro/Engineer系统进行二次开发的手段。其中，由于Pro/TOOLKIT几乎可以直接访问Pro/Engineer软件所有底层资源，它可以对Pro/Engineer进行深层次的二次开发，因此Pro/TOOLKIT是当前Pro/Engineer软件使用的最普遍的二次开发工具(本章重点介绍该方法)。

利用Pro/TOOLKIT，结合Pro/Program和Family Table可方便快捷地实现系列化、标准化程度较高的一类零部件参数化设计建模，再利用Pro/Engineer系统提供的UI对话框、菜单以及MFC可视化界面设计技术，可以设计出方便实用的人机交互界面，帮助用户实现参数的可视化设计与管理，大大提高系统的使用效率。

8.3　Pro / TOOLKIT 开发技术

Pro/TOOLKIT 开发就是指基于 Pro/Engineer 平台开发出用于解决某些问题的 Pro/TOOLKIT 应用程序。Pro/TOOLKIT 应用程序是利用 Pro/Engineer 软件自带的 Pro/TOOLKIT 工具包、C(C++)语言进行程序设计，然后通过 C 编译器和链接器创建出能够在 Pro/Engineer 环境中运行的可执行程序或动态链接库形式的程序。Pro/TOOLKIT 开发时，可以直接利用 VC 的应用程序设计向导(Appwizard)和类向导(Classwizard)进行其应用程序的设计、创建和调试。

8.3.1　Pro / TOOLKIT 的工作模式

Pro/TOOLKIT 是非常强大的二次开发工具，它基于 C 语言，实现与 Pro/Engineer 的无缝集成。Pro/TOOLKIT 使用面向对象的风格，在 Pro/Engineer 与应用程序之间通过函数调用来实现数据信息的传递。Pro/TOOLKIT 工作模式有两种：同步模式和异步模式(见表 8.2)。

表 8.2　Pro/TOOLKIT 的工作模式

<table>
<tr><td rowspan="2">同步模式
(Synchronous Mode)</td><td>动态链接模式(DLL Mode)</td></tr>
<tr><td>多进程模式(Mutiprocess Mode)</td></tr>
<tr><td rowspan="2">异步模式
(Asychronous Mode)</td><td>简单异步模式(Simple Mode)</td></tr>
<tr><td>完全异步模式(Full Mode)</td></tr>
</table>

1. 同步模式(Synchronous Mode)

同步模式下，Pro/TOOLKIT 应用程序是与 Pro/Engineer 系统同步运行，即若 Pro/Engineer 没有启动，Pro/TOOLKIT 应用程序将无法运行。Pro/TOOLKIT 应用程序运行时，Pro/Engineer 系统处于停止状态。在同步模式下加载二次开发生成的可执行应用程序文件，则 Pro/Engineer 将应用程序作为其子程序执行相关操作。

同步模式包括动态链接库(DLL)模式和多进程(Multiprocess 或 Spawned)模式两种。其中，动态链接库模式是将用户编写的 C 程序代码编译成一个 DLL 文件(*.DLL)，Pro/TOOLKIT 应用程序和 Pro/Engineer 运行在同一进程中，它们之间的信息交换是通过直接函数调用实现的；多进程模式是将用户编写的 C 程序代码编译成一个可执行文件(*.EXE)，Pro/TOOLKIT 应用程序和 Pro/Engineer 运行在各自的进程中，它们之间的信息交换是由消息系统来完成的。由于动态链接库模式运行速度快，因此在同步模式下常用动态链接库模式。

在同步模式下，应用程序的启动依赖于 Pro/Engineer，因此必须制作一个注册文件，即将该应用程序注册到 Pro/Engineer 系统中运行。

2. 异步模式(Asynchronous Mode)

异步模式是无需启动 Pro/Engineer 就能够单独运行 Pro/TOOLKIT 应用程序的模式。

在异步模式下，Pro/TOOLKIT 应用程序和 Pro/Engineer 两个程序是并行运行的，能够同时进行各自的操作。异步模式下，应用程序与 Pro/Engineer 的信息交换采用远程程序调用(rpc)方式。

相对同步模式，异步模式具有代码复杂、执行速度慢的缺点。另外一个主要区别在于，在异步模式下，Pro/TOOLKIT 应用程序能够独立于 Pro/Engineer 而启动，启动后再启动 Pro/Engineer 或连接正在运行的 Pro/Engineer 进程。而在同步模式下，Pro/Engineer 根据注册文件的信息启动应用程序。

8.3.2　Pro/TOOLKIT 的安装与测试

安装 Pro/Engineer 时，在选择“安装组件”步骤中选中 Pro/TOOLKIT 选项。安装完成后需进行安装测试。安装测试的主要步骤如下：

Step1：在 Pro/Engineer 安装目录下的 protooltik 文件夹中，用写字板打开“..\protoolkit\i486_nt\obj”路径下 make_install 文件，把“# Pro/Toolkit Source & Machine Loadpoint (EXTERNAL USE-DEFAULT)”下面的“PROTOOL_SRC=../.”改成“PROTOOL_SRC = ...\PTC\protoolkit”，并保存、关闭该文件。

Step2：在“开始”处点击“Microsoft Visual Studio Tools 2008”。在打开的界面中输入 cd ...\PTC\protoolkit\i486_nt\obj，回车，再输入字符：nmake/f make_install dll，回车，等运行完毕关掉命令提示符。这时在“...\PTC\protoolkit\i486_nt\obj”文件夹中出现了 pt_inst_test.dll 文件。

Step3：在...\PTC\protoolkit 文件夹中，用写字板打开 protk.dat 文件，将第二行和第三行前面的“.”改成路径...\PTC\protoolkit，将第五行后面的“18”改成“wildfire5.0”，其他保持不变，然后保存、关闭该文件。

Step4：启动 Pro/Engineer 5.0，在“工具”菜单下点击“辅助应用程序”，点击“注册”，再在...\PTC\protoolkit 目录下选中 protk.dat，点击“启动”，这时左上角出现“pt_inst_test.dll”启动成功”。然后关闭“辅助应用程序”。

Step5：打开“文件”菜单栏，会有一个“安装检测”选项。点击后会出现“Pro/TOOLKIT 安装检测成功”提示信息，如图 8.1 所示。至此，Pro/TOOLKIT 安装检测完成。

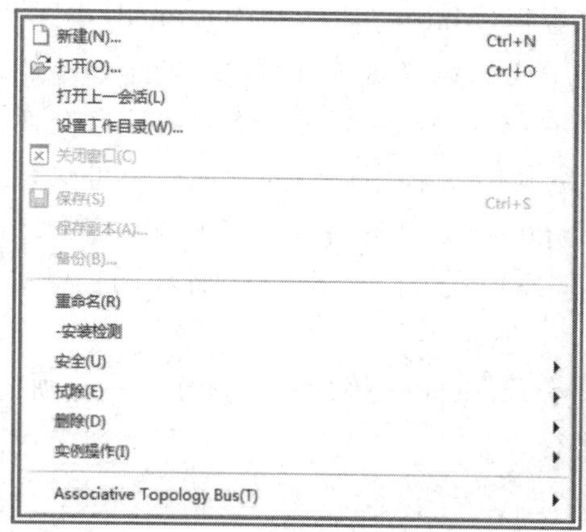

图 8.1　Pro/TOOLKIT 安装检测

8.3.3　Pro/TOOLKIT 的开发环境配置

本节以 Pro/Engineer Widefire 5.0 为开发平台、以 Visual Studio 2008 为二次开发工具、以操作系统 Win 7 为例，介绍 Pro/TOOLKIT 开发环境的配置。完成了 Pro/TOOLKIT 环境配置，就实现了 Pro/Engineer 与 Visual Studio 的连接。

1. 确定新建项目

在 Visual Studio 2008 集成开发环境中新建项目。在弹出的对话框中(见图 8.2)，指定项目类型为 MFC，项目模板为 MFC DLL，输入项目名称，点击“确定”按钮。

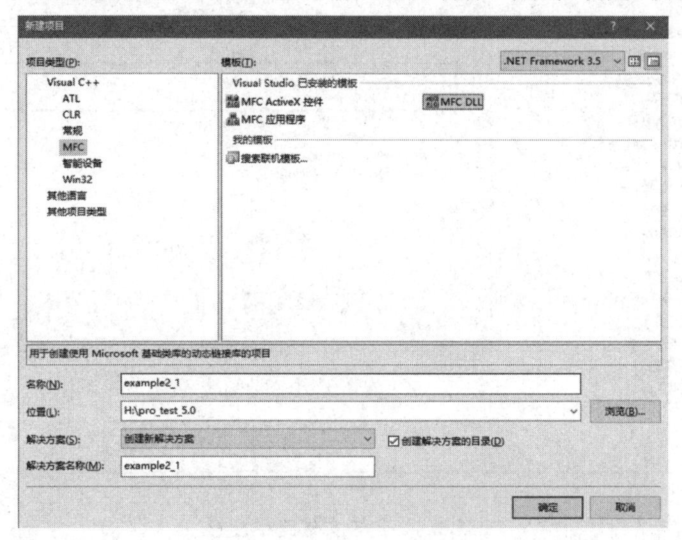

图 8.2　新建项目

在弹出的“MFC DLL 向导”对话框中(见图 8.3)进行应用程序连接方式设置。在“DLL 类型”中选择“使用共享 MFC DLL 规则 DLL (D)”进行连接，然后点击“完成”按钮，完成项目创建。

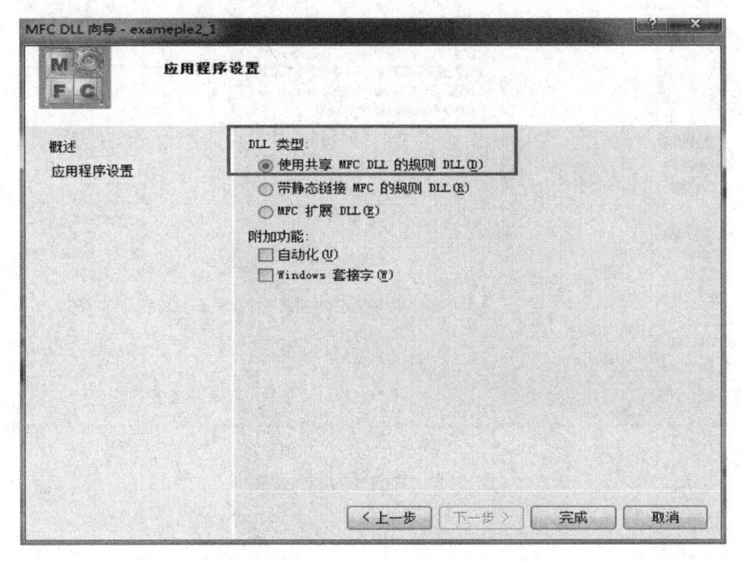

图 8.3　指定连接方式

2. 设置包含文件和库文件

在Visual Studio 2008集成开发环境中，选择菜单的“工具”→“选项”，在弹出的“选项”对话框中选择列表框中“项目和解决方案”节点下的“VC++目录”。在“平台”下拉列表框中选择“x64”，在“显示以下内容的目录”下拉列表框中选择“包含文件”，添加Pro/TOOLKIT头文件所在的文件夹位置(见图8.4)。在“显示以下内容的目录”下拉列表中选择“库文件”，添加Pro/TOOLKIT库文件所在的文件夹位置(见图8.5)。

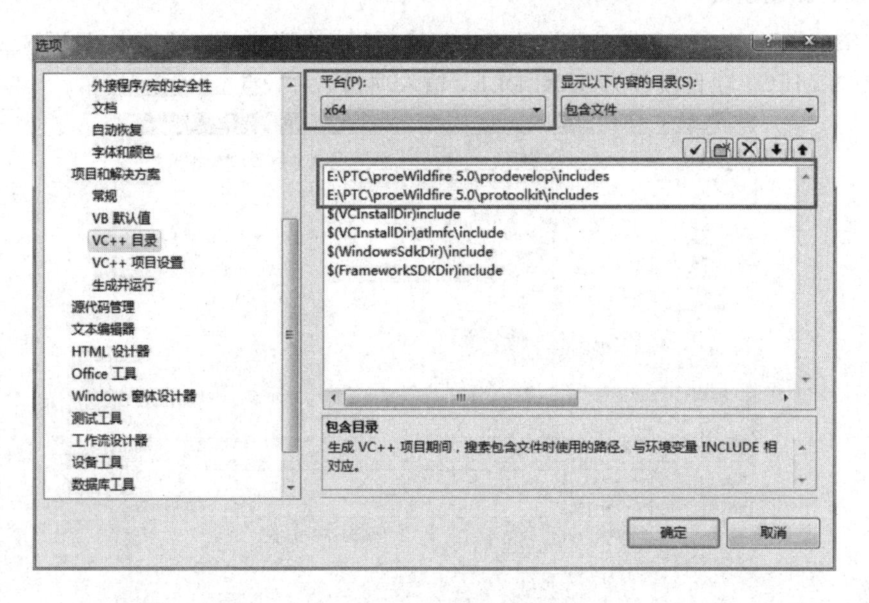

图8.4　包含文件路径设置

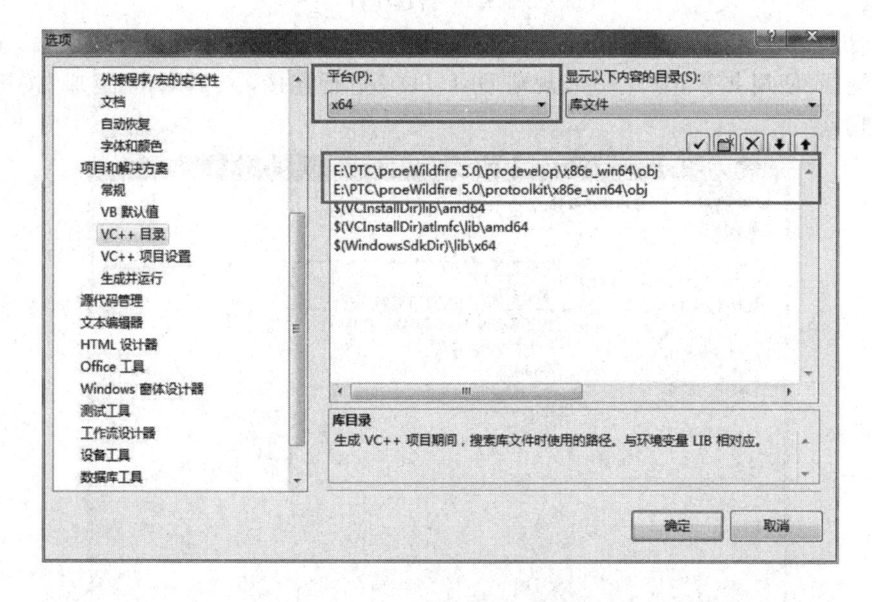

图8.5　库文件路径设置

3. 设置项目属性

在 Visual Studio 2008 集成开发环境中，选择菜单“项目”→“属性”，在弹出的“example2_1 属性页”对话框中点击“配置管理器”，在弹出“配置管理器”对话框的“活动解决方案平台”下拉列表框中选择“〈新建…〉”，如图 8.6 所示。

图 8.6　新建配置管理器

在弹出的“新建解决方案平台”对话框的“键入或选择新平台”的下拉列表中选择“x64”（见图 8.7）。

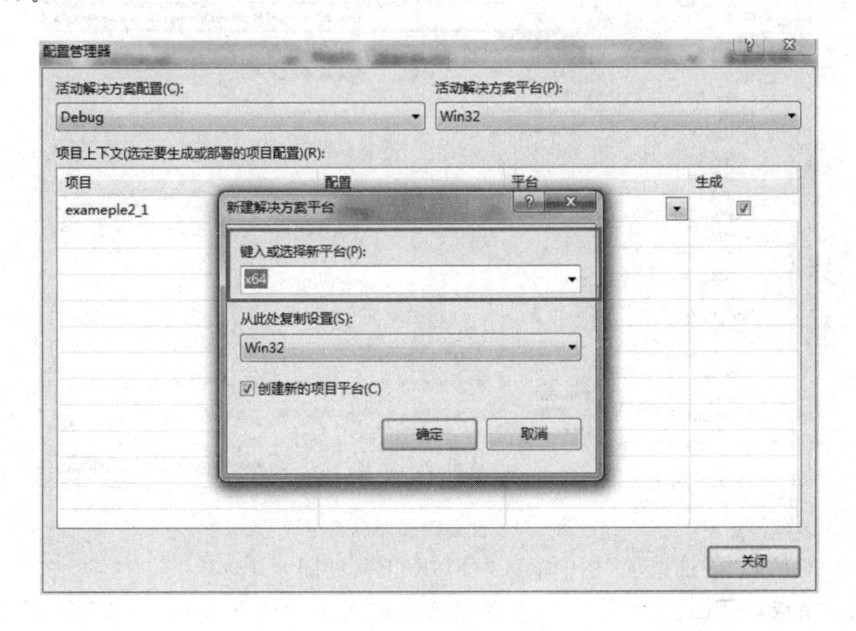

图 8.7　新建解决方案平台(x64)

选择“C/C++”节点下的“预处理器”，在“预处理器定义”栏添加 PRO_USE_VAR_ARGS，如图 8.8 所示。

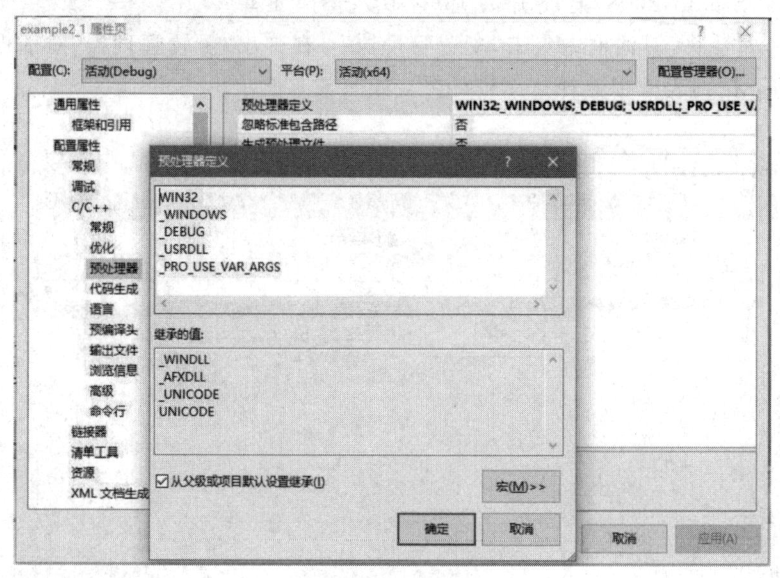

图 8.8　预处理器定义

然后，选择“链接器”节点下的“输入”，在“附加依赖项”栏中添加 wsock32.lib、protk_dllmd.lib、mpr.lib、prodev_dllmd.lib、netapi32.lib、psapi.lib 库文件。在“忽略特定库”栏中添加 libcmtd(见图 8.9)。

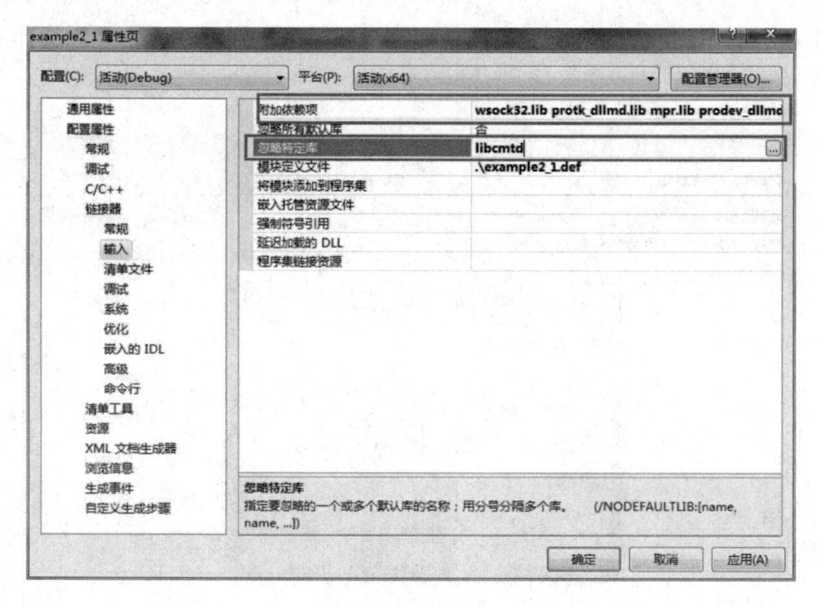

图 8.9　设置附加库和特定库

在“命令行”的“附加选项”栏中输入“/FORCE”(见图 8.10)。

至此，完成了 Pro/TOOLKIT 环境配置，实现了 Pro/Engineer 与 Visual Studio 的连接。

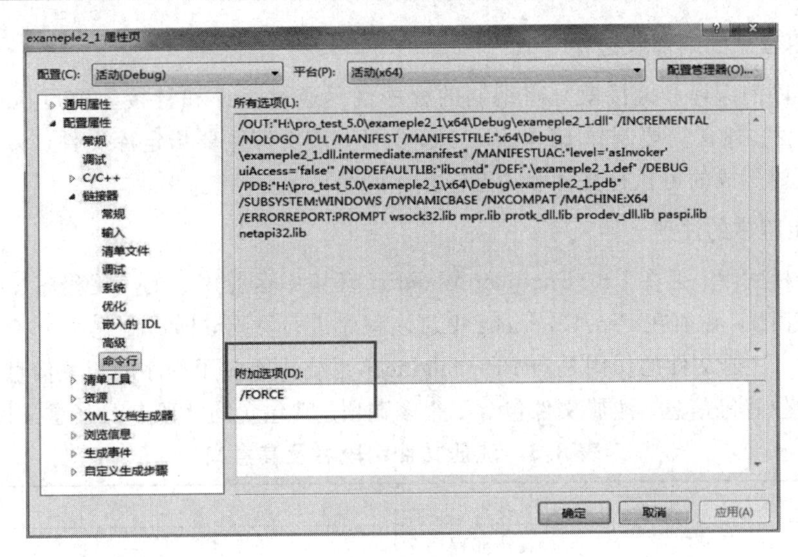

图 8.10　设置命令行

8.3.4　Pro/TOOLKIT 二次开发的主要步骤

实现了 Pro/Engineer 与 Visual Studio 的连接后，就可以进行源文件的编写、编译、链接、注册和运行了。

1. 编写源文件

源文件包括资源文件和程序源文件。

资源文件包括窗口信息资源文件、菜单资源文件和对话框资源文件等，是整个 Pro/TOOLKIT 程序开发的核心部分。

程序源文件设计有两个方面，其一是 Pro/TOOLKIT 运行时的初始化函数(user_initialize)和终止函数(user_terminate)；其二是根据功能设计的 Pro/TOOLKIT 应用程序主体部分。其中，初始化函数主要是用来设置需要添加的菜单以及设置初始化值，相当于 C++ 类的构造函数或 C 语言的 main()函数。终止函数是处理程序结束时需要处理的工作，相当于C++类的析构函数。user_initialize()和 user_terminate()是 Pro/TOOLKIT 程序同步模式的初始化函数和结束函数，每个同步模式应用程序都必须添加。

初始化函数 user_initialize()和 user_terminate()的形式如下：

```
extern "C" int user_initialize()
  { ProError status;
    //用户添加的接口程序部分
    ...
    return status;
  }
    extern "C" void user_terminate()
  { // 用户添加的终止代码
    ...
}
```

2. 应用程序的编译和链接

应用程序的编译和链接就是将编制的程序代码通过编译和链接生成可执行的 *.exe 或 *.dll 文件。通常需要制作 Makefile 工程文件，该文件主要指定库文件、头文件、源文件的位置及要生成的可执行文件和动态链接库的名称等。

3. 应用程序的注册

在同步模式下，要在 Pro/Engineer Widefire 环境中运行用户的应用程序(.exe)或动态链接程序(.dll)，必须在 Pro/Engineer 中对该程序进行注册，即需制作一个扩展名为.dat 的注册文件。注册文件的作用是向 Pro/Engineer 系统传递应用程序的相关信息，如各种资源所存放的位置等信息。注册文件包含了很多选项，其包含的字段名及其意义见表 8.3。

表 8.3　注册文件字段名及其意义

序号	字段名	意　　义
1	NAME	外部程序名称
2	STARTUP	运行模式
3	EXEC_FILE	编译产生的可执行程序名或者动态链接程序名
4	TEXT_DIR	应用程序的“text”路径
5	DELAY_START	BOOL：是否自动运行。True—手动，False—自动
6	ALLOW_STOP	BOOL：是否自动停止。True—手动，False—自动
7	REVISION	Pro/TOOLKIT 的版本号
8	END	段结束标志

程序的注册方式有两种，即自动注册和手动注册。自动注册需将注册文件命名为 protk.dat 或 prodev.dat，把该文件放在 Pro/Engineer 安装目录的\text 目录下，也可以在 Pro/Engineer 的快捷方式下右键点击“属性”，在打开的对话框中将起始位置改成该注册文件的目录，然后点击“应用”即可，如图 8.11 所示，这样当 Pro/Engineer 启动的时候，应用程序就会自动进行注册。

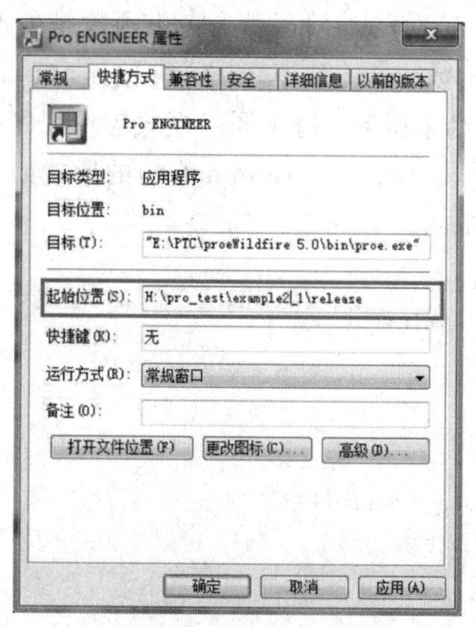

图 8.11　自动注册应用程序

手动注册是选择 Pro/Engineer 软件的菜单“工具”→“辅助应用程序”，在弹出的对话框中点击“注册”，选择要注册的文件，直接启动即可(见图 8.12)。

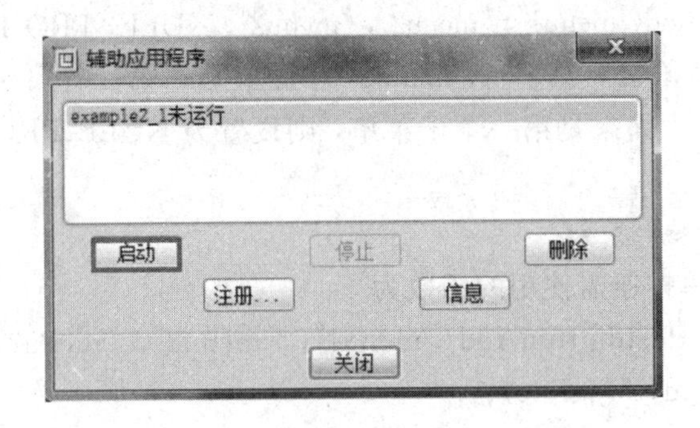

图 8.12　手动注册应用程序

4. 应用程序的运行

若是自动注册，则启动 Pro/Engineer 时，应用程序会自动运行；若是手动注册，则通过点击辅助应用程序的“启动”按钮来启动程序，如图 8.12 所示。

8.4　Pro/Engineer 的交互界面设计

交互界面是实现人机交互性设计与管理的重要途径。Pro/Engineer 系统为用户提供了类似 Pro/Engineer 风格的界面交互开发手段，利用 Pro/TOOLKIT 工具包，用户就可以根据需求创建新的菜单和对话框来控制和管理应用程序。

8.4.1　菜单设计

Pro/Engineer 系统的主要用户界面是菜单，Pro/TOOLKIT 工具包提供了丰富的菜单操作函数，利用它们，用户可以方便地创建新的菜单项以及子菜单项来管理和控制应用程序。

菜单条是菜单体系中最高一级的单位，在 Pro/Engineer 主界面中添加菜单项及菜单项的动作，不仅需要 Pro/TOOLKIT 函数，还必须有一个相对应的消息文件(Message File)，此文件的主要功能是定义菜单项、菜单项提示等信息。下面介绍利用 Pro/TOOLKIT 函数进行菜单设置的方法。

1. 在菜单栏内添加菜单项

在菜单栏内添加菜单项包括在 Pro/Engineer 原有菜单下创建新的菜单、在新创建的菜单下创建下一级子菜单、在菜单中添加菜单按钮以及设置菜单项的动作。

1）*在 Pro/Engineer 原有菜单下创建新菜单*

在 Pro/Engineer 原有菜单下创建新的菜单，使用的函数为

ProMenubarMenuAdd(″menu″, ″menu1″, ″Utilities″, PRO_B_TRUE, MsgFile);

其中，″menu″为菜单名，″menu1″为菜单标签名，″Utilities″为相邻菜单名(如“工具”)，PRO_B_TRUE 是指创建的新菜单项位于″Utilities″右边，MsgFile 为菜单信息文件名。

2）在Pro/Engineer新创建的菜单下创建下一级子菜单

在新创建的菜单下创建下一级子菜单，使用的函数为

ProMenubarMenuAdd("menu1", "menu2", "menu2", NULL, PRO_B_TRUE, MsgFile)；
其中，"menu1"为父菜单名，第一个"menu2"为菜单名，第二个"menu2"为菜单标签名，NULL本指相邻菜单名，如果是第一个子菜单，则设置为NULL、PRO_B_TRUE，MsgFile的意义同上。

3）在菜单中添加菜单按钮

在菜单中添加菜单按钮需使用的函数为

ProMenubarmenuPushbuttonAdd("menu1", "menu2", "menu2", "button", NULL, PRO_B_TRUE, cmd_id, MsgFile)；
其中，"menu1"是父菜单名；第一个"menu2"是菜单名；第二个"menu2"是菜单标签名；"button"是菜单提示文本；NULL代表相邻菜单名；PRO_ B_ TRUE是指位于相邻菜单之后；cmd_id为动作函数的命令标识。

4）设置菜单项的动作

设置菜单项的动作所使用的函数为

ProCmdActionAdd("menu3", (uiCmdCmdActFn)reductor_start, uiCmdPrioDefault, NULL, PRO_B_TRUE, PRO_B_TRUE, &cmd_id)；
其中，"menu3"是使用的动作命令名；(uiCmdCmdActFn)reductor_start是激活菜单时用的动作函数名；uiCmdPrioDefault用来设置正常的优先级；NULL确定菜单可选，若设置不可选则用AccessDefault代替；第一个PRO_ B _TRUE为是否在非激活窗口显示该菜单项的布尔值；后一个PRO_B_ TRUE为是否在附属窗口显示该菜单项的布尔值；&cmd_id为动作函数的命令标识号。

程序添加完成后点击"生成"→"编译"命令，在输出栏显示无错误提示后，再选择"生成"即可。

2. 设置菜单信息文件

菜单信息文件是用来定义菜单项和菜单项提示等信息的文本文件，可以用记事本建立并保存。菜单信息文件有固定的格式，以四行为一组，其代表的含义如下：

第一行：关键字，这里的关键字必须保证与使用此菜单信息文件的函数的相关字符串一致。

第二行：在菜单项提示或菜单项上显示的文本。

第三行：中文文本。

第四行：#。

例如：button

&button

激活对话框

#

编写菜单文件，生成菜单的资源文件，以文本文档的形式存储。注册文件中的规定路径为text文件夹，菜单资源文件必须放置在text文件夹下。若注册文件没有放在工作目录下，则需在辅助应用程序中加载注册信息。

完成上述步骤后，启动 Pro/Engineer 软件后，在菜单栏中就可看到设置的菜单项。

8.4.2 UI 对话框

基于 Pro/TOOLKIT 的对话框开发，包括 Pro/Engineer 系统提供的用户界面对话框(User Interface Dialog Boxes，UI 对话框)的资源开发和利用 Pro/TOOLKIT 提供的对话框操作函数。开发时，首先需要按照界面布局编写资源文件，然后针对对话框的功能编写相应的控制程序。这种方式开发的对话框不能脱离 Pro/Engineer 环境。

1. 对话框资源文件及组成

资源文件是扩展名为.res 的一种文本文件，它是用来定义和描述对话框外观及属性的，包括对话框的组成元件(component)、各元件的属性定义和元件的布局形式。它的结构形式如下：

```
(Dialog 〈对话框名〉
    (Components
    …
    )
    (Resources
    …
    )
)
```

说明：编写资源文件是区分大小写的，括号必须成对存在，对话框名应与资源文件名相同，也就是说，若资源文件名为 Usr_example.res，则〈对话框名〉应是 Usr_example。

Pro/TOOLKIT 应用程序的资源文件保存在注册文件中 TEXT_DIR 字段指定目录的\〈language〉\〈resource〉子目录中。

2. 对话框有关元件及控制程序设计

对话框元件按其是否拥有下级元件，可分为普通元件和容器类元件两大类，其中容器类元件拥有所属的下级元件。

1) 容器类元件

· Tab 选项卡，每个选项卡包含一组 Layout 元件。

· Layout 布局，Tab 的下级元件，可以单独使用，占用对话框的一个区域，用于元件的分组。

· SubLayout 子布局，Layout 的下级元件，用于元件的分组布局。

2) 普通元件

· PushButton 按钮。

· InputPanel 输入框，可以用来输入和显示单行文本或只读。

· Label 标签，用于显示提示信息。

· List 列表框，可以选择其中一项或多项。

· OptionMenu 选项菜单。

· Separator 分隔条。

· RadioGroup 单选按钮组。

· CheckButton 复选按钮，用于 True 和 False 之间的状态切换。

普通元件很多，上面仅是常见的元件。每个元件都有自己的属性和操作函数，熟悉各元件的属性可快速编写资源文件，设计出更简洁、清晰的 UI 对话框界面。在使用过程中，也可随时查找帮助文件。

编写完资源文件，必须通过 Pro/TOOLKIT 应用程序来装入、显示和控制对话框。其中，ProUIDialogCreate()函数将资源文件装入内存；ProUIDialogActivate()函数显示和激活对话框；ProUIDialogDestroy()函数从内存清除对话框资源；对话框元件的动作设置函数用于设置元件的动作函数，需要用户编写。

8.4.3 MFC 类对话框设计

MFC 是微软公司提供的类库，以 C++类的形式封装了 Windows API，其中包含大量的 Windows 句柄封装类和很多 Windows 的内建控件和组件的封装类，并且包含一个应用程序框架，减少了程序开发人员的工作量。与 UI 对话框相比，利用 VC 工具中的 MFC 资源创建对话框，其界面布局更为容易。创建时可利用 Visual Studio 2008 手动地添加对话框的控件，无需编写资源文件和对话框的激活等，用户可充分利用 VC++提供的先进技术实现界面的可视化设计。下面是利用 MFC 类创建对话框的主要过程。

1. 创建 Pro/TOOLKIT 应用程序基本框架

可以使用应用程序向导 App Wizard 来创建 Pro/TOOLKIT 应用程序基本框架。在由 App Wizard 创建的且与工程文件名同名的 CPP 文件中，添加用户初始化函数 user_initialize()和用户终止函数 user_terminate()。特别注意的是，如果需要通过 Pro/Engineer 的菜单项启动对话框，则要在 user_initialize()中添加菜单定义和菜单动作函数设置。

2. 创建对话框

首先在 Visual Studio 2008 集成开发环境下选择"项目"菜单，在其下拉菜单中选择"添加资源"，在"资源类型"中选择"Dialog"，即生成默认的新对话框。其创建流程如图 8.13 所示。创建时，将工具栏中的各种类型的控件拖放到对话框中，可以随意调整对话框的大小和位置。

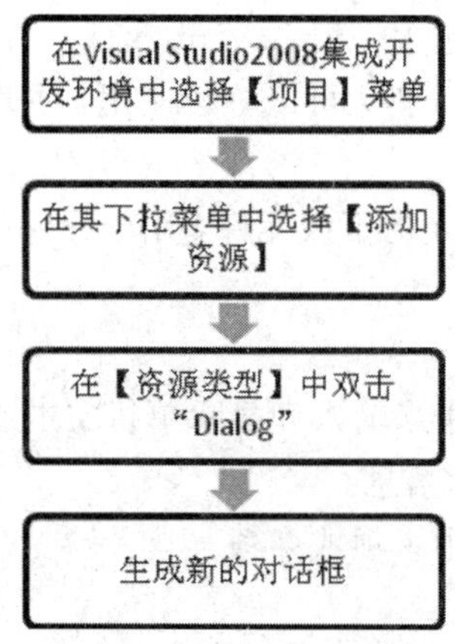

图 8.13 对话框创建流程图

3. 生成头文件相应的实现文件

在生成的对话框界面单击鼠标右键弹出快捷菜单，从该菜单中选择“添加类”，自动生成 CDialog 派生类定义的头文件和相应的实现文件。

4. 创建和显示对话框

在菜单动作函数中设计创建和显示对话框的程序代码。

下面以启动 Pro/Engineer 和退出 Pro/Engineer 的简单的对话框设计为例说明 MFC 类对话框的创建过程。

1）建立项目

在 Visual Studio 2008 开发环境中，新建项目。点击“确定”按钮后，在弹出的对话框中，选择“基于对话框”选项，如图 8.14 所示，之后弹出的对话框选项都选择默认即可。

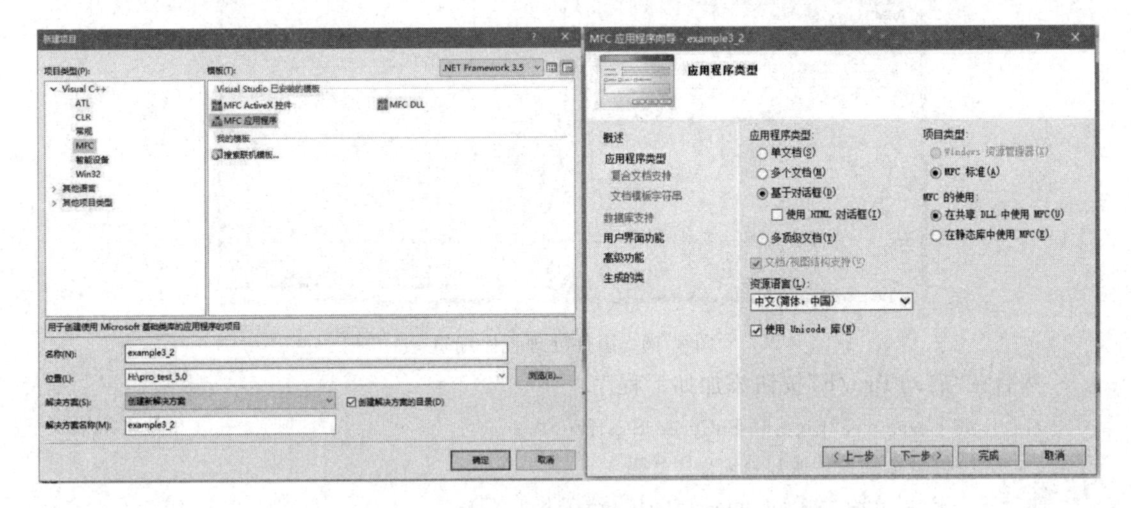

图 8.14　新建项目

2）创建对话框

Visual Studio 2008 会自动生成一个对话框，删除控件，添加两个新按钮，如图 8.15 所示。

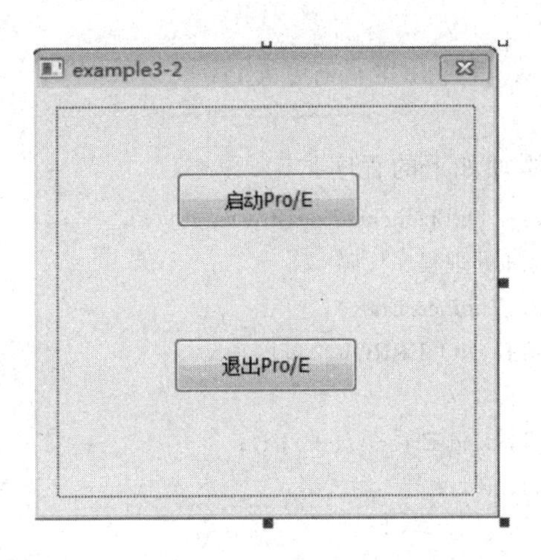

图 8.15　添加新按钮

3）添加控件的动作函数

选择元件按钮，右键选择“添加事件处理程序”，在弹出的对话框中，点击“添加编辑”，如图 8.16 所示。

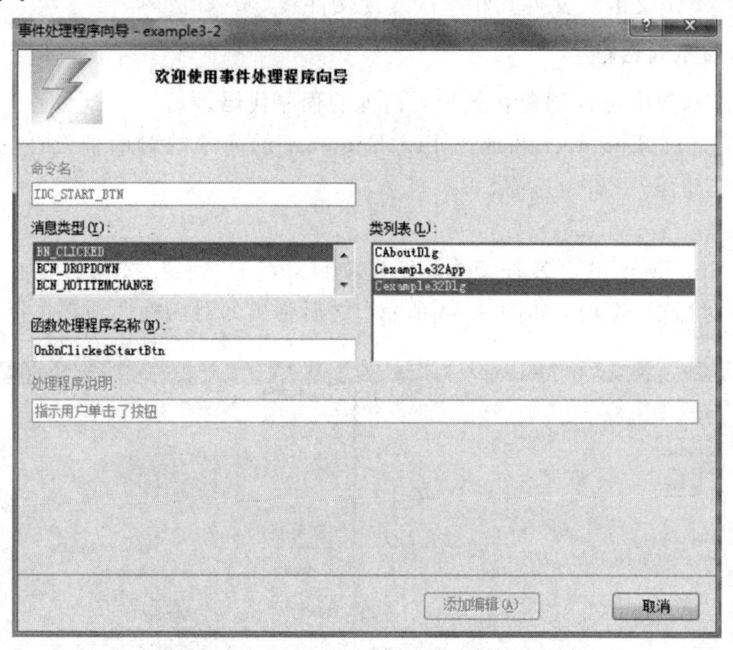

图 8.16　事件处理程序编辑

然后在“启动 Pro/E”按钮添加如下程序：

```
void Cexample32Dlg::OnBnClickedStartBtn()
{// 在此添加控件通知处理程序代码
    ProError i = ProEngineerStart("proe1.bat", "");
    if(i != PRO_TK_NO_ERROR)
    {  CString s;
       s.Format(_T("Start Error: %d"), i);
       AfxMessageBox(s); }
    else
    {AfxMessageBox(_T("PROE启动成功")); }
}
```

在“退出 Pro/E”按钮添加如下的程序：

```
void Cexample32Dlg::OnBnClickedEndBtn()
{// 在此添加控件通知处理程序代码
    ProError i = ProEngineerEnd();
    if(i != PRO_TK_NO_ERROR)
    {  CString s;
       s.Format(_T("End Error: %d"), i);
       AfxMessageBox(s);
    }
    else
```

```
    {  AfxMessageBox(_T("Pro/E 已关闭"))； }
}
```

在“stdafx.h”文件中添加 Pro/TOOLKIT 头文件：

```
#include <ProToolkit.h>
#include <ProUtil.h>
#include "ProCore.h"
```

4）项目属性设置

参考本章 8.3.3 小节进行项目属性设置，然后在“生成”菜单中选择“重新解决方案”，编译成功后，生成 *.exe 可执行文件。

5）启动应用程序

若进行 Pro/Engineer 的异步模式程序设计，还必须添加环境变量 PRO_COMM_MSG_EXE。在 64 位系统中，该执行文件在 Pro/Engineer 安装目录\x86e_win64\obj\pro_comm_msg.exe。设置完环境变量后，在“调试”菜单中选择“开始执行(不调试)”，则应用程序执行。在呈现的对话框界面上(见图 8.17)点击“启动 Pro/E”按钮，则可以启动 Pro/E，弹出“PROE 启动成功”的提示对话框，如图 8.18 所示。

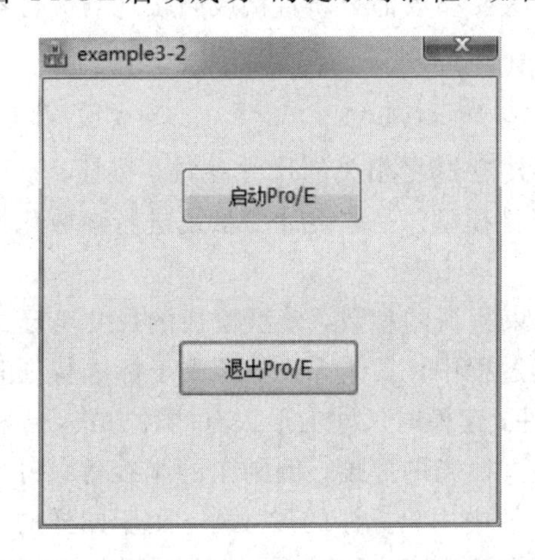

图 8.17　对话框运行结果

图 8.18　Pro/E 启动成功提示框

点击“退出 Pro/E”按钮，则退出 Pro/E，弹出“PROE 已关闭”的提示对话框。

8.5　基于 Pro/Engineer 平台的产品参数化设计开发

Pro/Engineer 的参数化设计就是利用草图技术生成二维轮廓、利用拉伸和旋转等特征工具生成三维特征，并通过记录造型过程的特征树完成参数化设计与控制的过程。基于 Pro/Engineer 平台的产品参数化设计开发，实质上就是利用尺寸参数驱动法来实现一类产品的零部件快速设计。

8.5.1　零部件参数化设计开发的一般流程

1. 建立模板模型

根据几何特征将零部件分类，创建各零部件的三维模型作为模板。为便于零部件后期的二次开发，要求零部件结构和尺寸关系化，特别是草绘二维截面轮廓时，利用尺寸标注和施加相切、固定点、同心、共线、垂直及对称等约束关系，实现对几何图形的全约束。若一类零部件形状结构完全相同，仅尺寸大小不同，可以按任一规格的零部件建立模板；若一类零件是相似的，存在局部结构上的差异，一般应依最复杂零部件建立模板，并通过一定的方法，如特征的有无、尺寸的变化等实现零部件形状的变异。零部件模板主要包括零部件参数和其参数化特征模型两种。

2. 确定设计参数

设计参数作为设计对象信息的描述，其内涵是非常广泛的。设计参数可以是基本形状特征，如尺寸、公差、粗糙度等；可以是装配信息，如装配基准、装配尺寸等；可以是制造信息，如材料信息、加工工序等。现今主流的基于特征的参数化设计技术，无论是参数化造型技术，还是变量化造型技术，都是通过标注尺寸的方式来实现对几何形状的约束，并用尺寸参数来驱动设计的。零部件中确定常量型的设计参数一般比较容易。而关键参数和次要参数的确定应遵循一定的规则，即将决定性能要求的参数、决定主要形状结构的参数、决定装配约束的参数作为关键参数，所有的次要参数都必须直接或间接地与关键参数发生联系。

3. 建立设计参数和模板模型尺寸的联系

模型模板建立后，可以通过修改一些与模型建立过程相关的尺寸参数、特征、模型参数作为设计变量，从而控制所要生成的零件或组件模型。提取设计变量是进行参数化设计的关键技术之一。

建立模型模板后，系统会以默认的符号来约束特征的参数，模型模板的尺寸与已经确定的零件参数相对应。模板模型尺寸形成于建模过程中，具体来说，形成于标准特征和用户自定义特征的创建过程中。一般通用CAD软件，建模时尺寸的形成有两种方式，一种是系统根据特征生成过程自动生成，如拉伸的高度、抽壳的厚度、倒圆角的半径等；另一种是由用户通过标注的方式交互地指定，如草图特征中用户标注的尺寸等。由于同样的零件可以有很多种建模方法，相应地会产生很多不同尺寸方案，所以必须根据确定的零件，合理地确定建模方法，并进行合理的尺寸标注。对于少数无法用尺寸显式描述的参数，就必须建立符号尺寸和参数之间的数学表达式，即建立特征之间、参数之间或装配元件之间的设计关系，利用其关系式更改参数符号并设定参数之间的函数关系，再通过程序驱动法实现对模型尺寸的驱动。关系可应用于草绘、特征、零件或者装配四个层次。改变了关系也就改变了模板模型。

建立设计参数和模板模型尺寸参数的联系，可通过：

(1) Pro/E菜单的“工具”→“参数”，在弹出的对话框里直接添加相关设计参数(参考8.5.3节)。该方法是最简单易行的。

(2) 利用Pro/Program。在利用Pro/E建模时，Pro/Program会产生特征程序，它会记录模型树(Model Tree)中包括各个特征的建立方法、参数设置、尺寸以及关系式约束等在内的每个特征的详细信息，因此可通过Pro/Program进行尺寸参数、特征、参数关系、模型参数的设置。以直齿圆柱外齿轮为例，对于一个标准齿轮，除了基本参数(齿数z、模数m、压力角alf，齿顶高系数ha^*、顶隙系数c^*)为设计变量外，还有齿轮的变位系数x、

齿轮厚度 B 等为齿轮的主要设计变量。这些变量间存在一定的约束关系，因此需用Pro/Program进行描述，以便使设计变量能正确驱动模型生成。用Pro/Program描述如下：

```
ha=(ha*+x)×m
hf=(ha*+c*-x)×m
d=m×z
da=d×ha
df=d-2×hf
db=d×cos(alf)
d5=B
d6=360/(4*z)
if ha*≥1
d32=0.38×m
endif
if ha*<1
d32=0.46×m
Endif
```

齿廓曲线采用笛卡儿坐标系下的参数化曲线方程约束，用Pro/Program描述如下（tt∈[0，1]）：

```
r=(m×z×cos(alf ))/2
ang=tt×90
s=(pi×r×tt)/2
x=r×cos(ang)+s×sin(ang)
y=r×sin(ang)-s×cos(ang)
z=0
```

(3) 利用族表。族表是利用表格驱动模型，因此可以从模板模型中提取定义好的尺寸参数、特征、模型参数等作为设计参数。如深沟球轴承(GB/T276—1994)，其基本参数有直径 D、内径 d、宽度 B、倒圆角尺寸 R、滚子数 N。如果尺寸有偏差，开启公差显示。为了方便，可将各个项对应的尺寸、特征等对象命名为有实际意义的名字，便于数据管理。

以上是零件参数化设计时提取和设置设计参数的方法，它也同样适合于装配的参数化设计。装配的参数化实质上是装配约束的参数化。装配约束关系是实际环境中零件间的装配关系在虚拟环境的映射，因此实现装配的参数化设计就是提取装配约束关系为设计变量。比如，一对齿轮副，其约束关系包括两齿中心距等于齿轮节圆半径之和，齿轮对中安放，齿面相切。在组件中调用元件的参数，需在参数后注明元件的进程ID号，如：A=m：0×(z：0+z：2)/2。

由此提取了零件和装配体的设计变量，并由此建立了设计参数和模板模型尺寸的联系。

4. 参数传递和模型驱动

建立了设计参数与模板模型尺寸的联系后，通过编写源文件、菜单资源文件、信息资源文件、对话框资源文件等，或利用第三方编译器，比如 Visual Studio 2008、VC++建立 Pro/TOOLKIT 应用程序，经编译和调试，生成可执行程序，通过同步或异步模式启动该执行程序，实现菜单、对话框、模型模板的调用。根据应用程序的设计系统便可检索出模型模板的设计参数，并将其显示于编制好的可视化交互对话框界面中，由用户修改设计参数，应用程序根据设计参数和模板模型尺寸联系驱动模型再生，进而实现了三维模型的参数化设计。

在 Pro/TOOLKIT 中，每个特征都对应唯一的 ID 号，可以利用 ProMdlIdGet( )函数得到模型的 ID 号。在参数传递中，最关键的技术是将实体模型中的参数和应用程序关联起来，一个特征或一个零件，它的所有信息都储存在参数对象中，而此对象为模糊句柄，不能直接对它赋值或做任何修改，必须通过成员函数对其操作，即只能将输入值赋给数据句柄。装配体的调用和参数传递关键是在程序最后须将装配体及其所有元件再生。

在零部件的参数化设计开发过程中，需要不断存取零部件的模型模板和零件参数，因此还需要有合理的模板数据库和参数数据库(参见 8.5.2 小节)。在 Pro/Engineer 系统下进行零部件的参数化设计过程如图 8.19 所示。

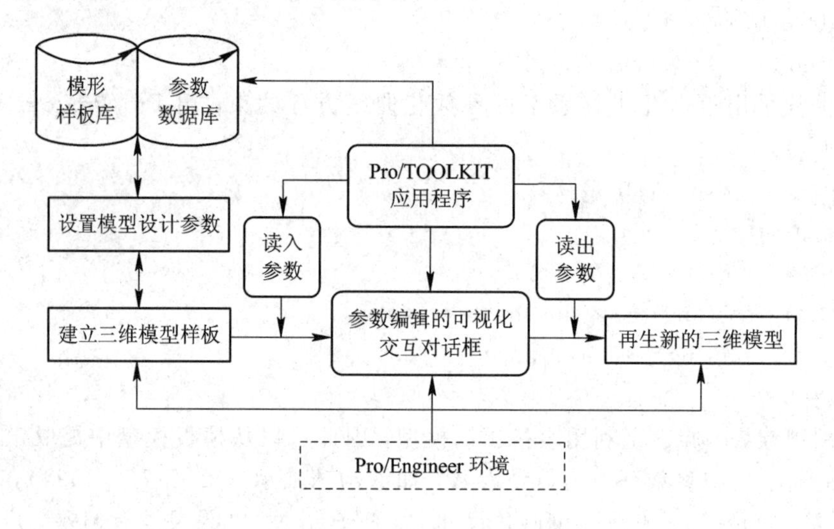

图 8.19　Pro/Engineer 系统下零部件参数化设计过程

8.5.2　零部件参数化设计的数据库设计

在零部件的参数化设计开发过程中，需要不断存取零部件的模型模板和零件参数，因此需要选取合适的数据库，并实现 Visual Studio 与数据库的连接。

Microsoft Office Access 是由微软发布的关系数据库管理系统，它把数据库引擎的图形用户界面和软件开发工具结合在一起。Microsoft Access 以它自己的格式将数据存储在基于 Access Jet 的数据库引擎里，同时它还可以直接导入或者链接存储在其他应用程序和数据库中的数据，具有很好的普及性。Microsoft Access 作为一款数据库应用的开发工具软件，其开发对象主要是 Microsoft JET 数据库和 Microsoft SQL Server 数据库。

利用 Pro/TOOLKIT 进行零部件的参数化设计开发时，可以以 Microsoft Access 为数据库，分别建立零部件的模型模板库和零件参数库，将零件三维、二维模板及零件相关参数分别存储在两个库中。Pro/Engineer 可通过 DLL 模式链接到 Visual Studio，完成 Microsoft Access 数据库、Visual Studio 和 Pro/Engineer 的三方交互，然后通过 Visual Studio 编程实现零部件的调用、零部件参数匹配和零件的管理。

1. 建立数据库表和数据源

使用 Microsoft Access 设计一张数据表，然后在“控制面板”的“管理工具”里面新建一个数据源 DB，并链接到所建立的数据库上，如表 8.4 所示。

表 8.4　数据源字段名及说明

字段名	字段类型	说　明
Number	自动编号	作为主键，文件的标示
File Name	文本	文件名包括扩展符
Path	文本	文件存储路径

2. 建立数据表集类

若使用 ODBC 方式链接数据库，可使用 CRecordeset 类来绑定数据表完成链接。在 Visual Studio 的“项目”菜单里面单击“添加类”，选择 MFC 中的 MFC ODBC 使用者，然后选择已添加的数据源 DB，定义数据集类的名称，完成类的添加。

3. 建立数据库与 Pro/Engineer 的连接

通过 MFC 编程，实现数据库与 Pro/Engineer 的连接，并完成从对话框存取数据的工作。

数据库与 Pro/Engineer 连接的主要代码如下：

```
Void CDBDlg::onbnClickedButton()
{ CString filename;
  CString filepath;
  ProMdl mdl;
  ProError status;
  status=ProMdlCurrentGet(&mdl);    //得到当前模型
  if (status! =PRO_TK_NO_ERROR) //如果当前不存在模型
    { AfxMessageBox("当前没有模型!");
      return;
    m_Set.AddNew();   //如果当前存在模型，则把模型信息添加到数据库中
    m_Set.m_FileName=UsrGetMdlFileName(mdl);   //得到模型的文件名
    re_Set.m_Path=UsrGetMdlPath(mdl);          //得到模型的存储位置
    m_Set.Update();
    m_Set.Requery();
    ShowList();                                //添加成功之后，刷新列表控件
    ...
  void CDBDlg::ShowList(void)
  { CString cslndexNo;
    m_Set.M_strFi i ter.Empty();
```

```
    m_Set.Requery();
    m_List.DeleteAllItems();
    if(! m_Set.IsBOF())
    {m_Set.MoveFirst()
    do{
    csIndexNo.Format("%ld", m_List.GetItemCount()+1);
    m_List.InsertItem(LVIF_PARAM |LVIF_TEXT, m_List.GetItemCount(), csIndexN 0,
    0, 0, 0, m_Set.m_Number);
    m_List.SetItemText(m_List.GetItemCount() l, 1, CString(m_Set.m FileName));
      //在添加的项中，设置第二列为模型的文件名
    m_List.SetItemText(m_List.GetItemCount() l, 2, CString(m_Set.m_ Path));
      //在添加的项中，设置第三列为模型的位置信息
    m_ Set.MoveNext();
    } while(! m_Set.IsEOF());
    }
  }
  BOOL CDBDIg::OnInitDialog ()
  { CDialog::OnInitDialog();
    if(! m_Set.Open())        //连接数据库
      {  AfxMessageBox("数据库连接失败!");
         SendMessage(WM_CLOSE, 0, 0);
         return   FALSE;
  }
```

8.5.3 零部件的参数化设计举例

轴是组成机器的主要零件之一，其主要功用是支承回转零件及传递运动和动力。一切做回转运动的传动零件(如齿轮、蜗轮等)都必须安装在轴上才能进行运动及动力的传递。本节以轴的参数化设计为例。

1. 确定轴基本参数

以图8.20的轴为例，在设计轴三维模型模板过程中，选择了如下参数：

D1、D2、D3：各级阶梯轴直径；

L：轴总长；

L1、L2、L3、L4：各级阶梯轴长；

JL1、JL2：各键槽的工作长度；

JWL1、JWL2：各键槽的定位尺寸；

JD：键槽宽；

JS：键槽的深度；

KJ：孔径；

KS：孔深。

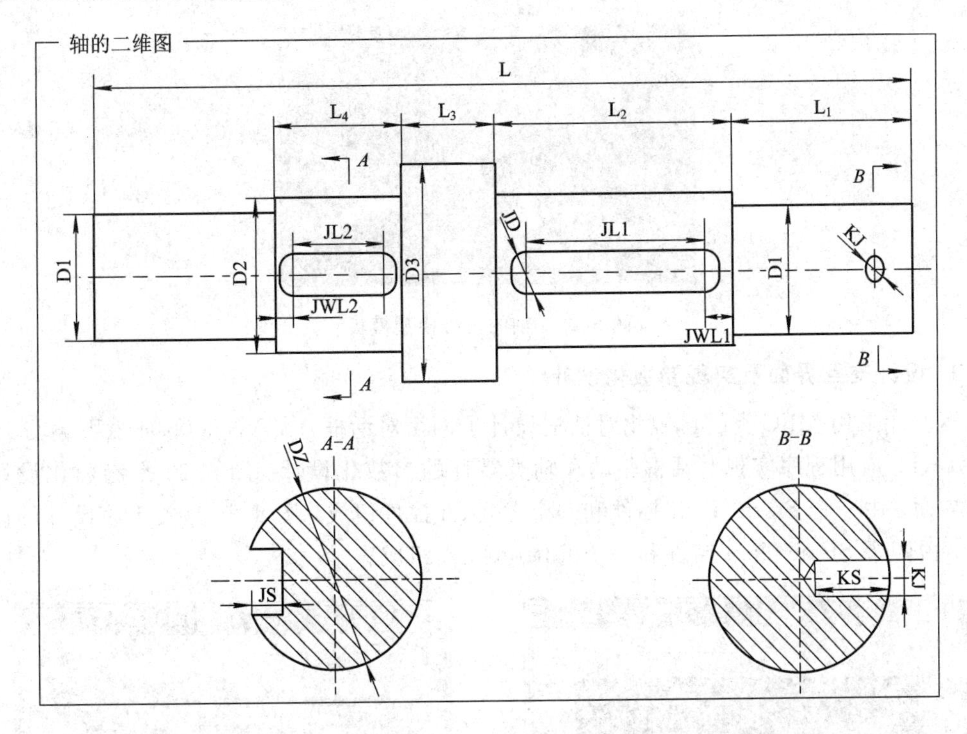

图 8.20　轴二维图

为了方便用户进行可视化的参数编辑修改，通过轴零件的二维图显示参数特征。

2. 建立轴模板以及与参数的关联

确定轴的基本参数后，需要点击 Pro/Engineer 菜单的“工具”→“参数”，在弹出的对话框里添加以上参数，如图 8.21 所示，然后创建三维模型模板，如图 8.22 所示。

L	实数	218.000000	☐	完全	用户定义的
L1	实数	48.000000	☐	完全	用户定义的
L2	实数	63.000000	☐	完全	用户定义的
L3	实数	25.000000	☐	完全	用户定义的
L4	实数	34.000000	☐	完全	用户定义的
R1	实数	12.500000	☐	完全	用户定义的
R2	实数	15.000000	☐	完全	用户定义的
R3	实数	21.000000	☐	完全	用户定义的
JL1	实数	48.000000	☐	完全	用户定义的
JL2	实数	24.000000	☐	完全	用户定义的
JWL1	实数	7.500000	☐	完全	用户定义的
JWL2	实数	5.000000	☐	完全	用户定义的
JD	实数	8.000000	☐	完全	用户定义的
JS	实数	3.500000	☐	完全	用户定义的
KS	实数	10.000000	☐	完全	用户定义的
KJ	实数	5.000000	☐	完全	用户定义的

图 8.21　添加参数

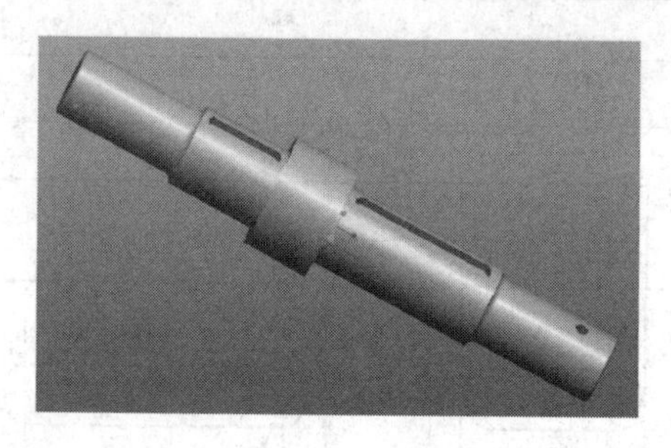

图 8.22　轴的三维模型模板

3. 设计交互界面及实现参数化设计

本设计采用 MFC 类的可视化对话框设计了四个对话框，在 VS 2008 环境下编写 Pro/TOOLKIT 应用程序实现对话框驱动和轴类零件的参数化设计。图 8.23 是参数化设计的欢迎界面，由一个 Static Text 控件和一个 Button 控件组成。图 8.24 是关于该设计的使用说明，由四个 Static Text 控件和一个 Button 控件组成。

图 8.23　欢迎界面

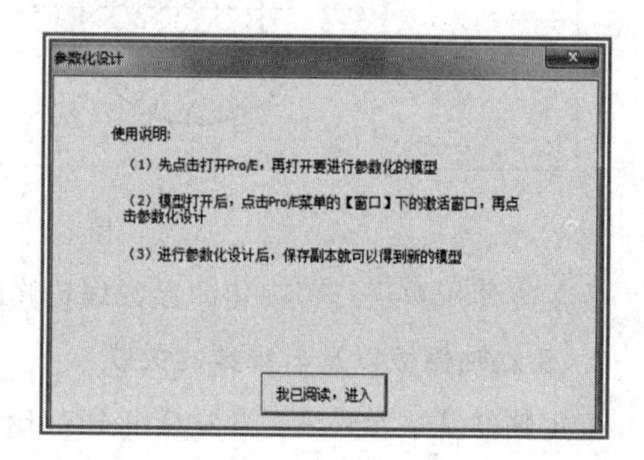

图 8.24　使用说明界面

图 8.25 是该参数化设计的功能交互操作界面，由一个 Picture Control 控件和四个 Button 控件组成。点击“启动 Pro/E”按钮则异步启动 Pro/E，点击“打开模型”是打开已建好的轴三维模型模板，点击“参数化设计”按钮打开图 8.26 所示的参数化交互编辑界面，进行参数编辑和模型驱动。点击“退出 Pro/E”按钮实现异步退出 Pro/E。

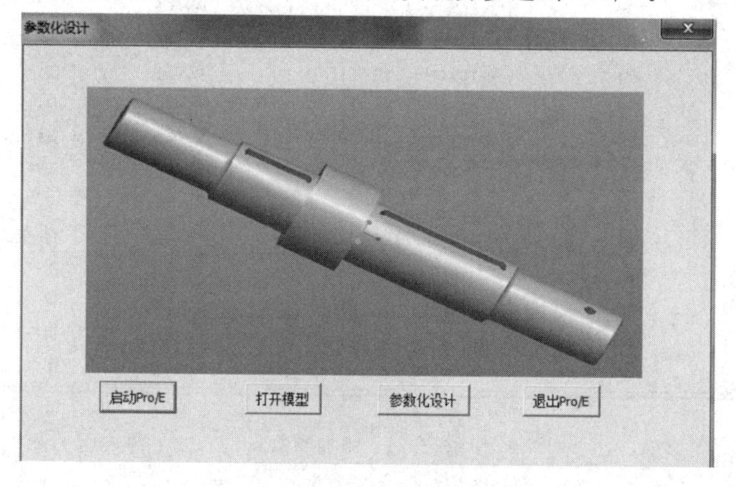

图 8.25　参数化设计的功能交互操作界面

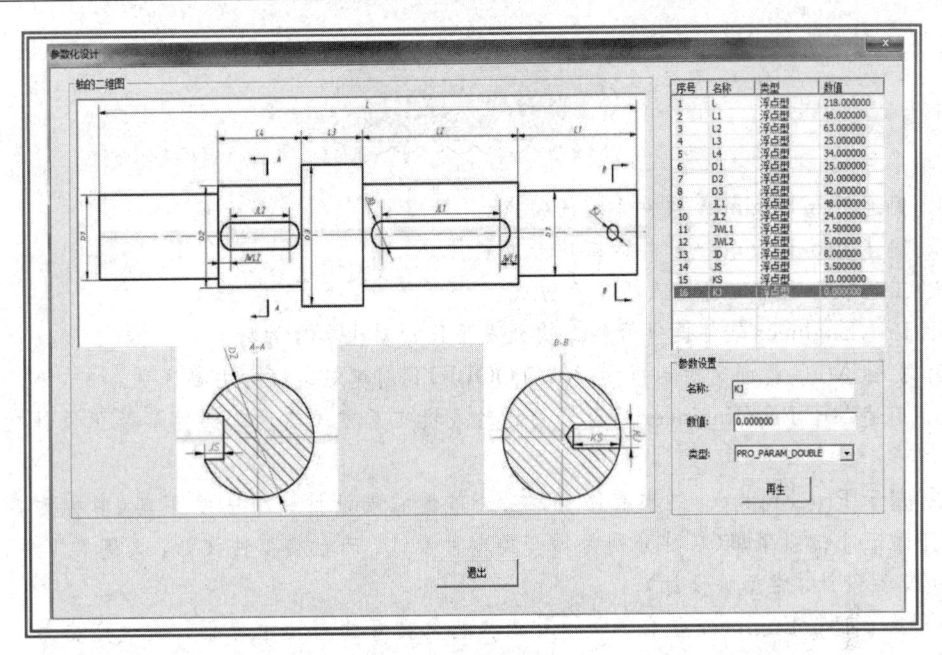

图 8.26 参数化交互编辑界面

图8.26是进行轴参数化设计的交互界面，为了使用户清晰了解参数含义，使用Picture Control控件将轴的二维图显示在界面中，同时考虑到设置的参数比较多，选用List Control控件把三维模型模板基本参数全部显示出来，该设计使得该界面具有可移植性，即只需打开不同模型模板，插入界面的二维图建立好模板与参数关联，就可以显示出它的基本参数。

在该界面中，选择需要编辑的参数，则可在参数设置框中进行对应修改，点击“再生”按钮，就可以生成新的轴，如图8.27所示。图8.28是将孔径KJ数值设置为0的结果，即取消小孔结构。

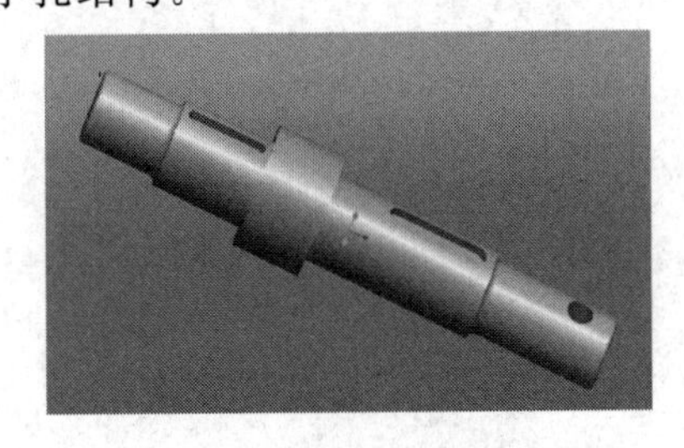

图 8.27 再生后的新轴

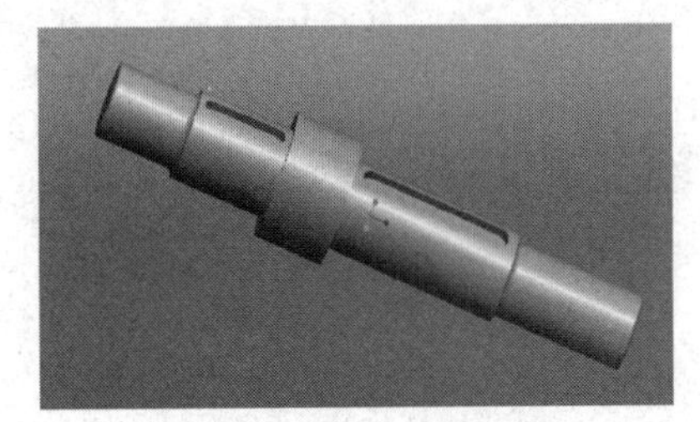

图 8.28 将KJ改为0

本节选择了简单的轴类零件，介绍了参数化设计的开发方法，事实上，对于如螺纹紧固件、键、销、滚动轴承等标准件以及广义化的标准件和常用件，如连接件、传动件、密封件、液压元件、气动元件、轴承、弹簧等机械零件，以及它们的装配等，都可以利用上面介绍的方法创建零部件库，方便设计时随时调用。对于专业性强的系列化产品，同样也可以利用上面的方法，设计模型样板库和设计参数数据库。设计时选定好模型模板，根据设计参数，在创建的可视化的参数编辑环境下快速创建出类似的零件和部件，以便简化设计流程，提高设计效率。另外，由于Pro/Engineer的全相关性，该方式还可以大大减少系列化产品零部件工程图样的绘制工作量。

1. 简述Pro/Engineer软件系统的特点。

2. 简述Pro/Engineer软件的二次开发意义。

3. 工程软件通常有哪些人机交互方式?

4. Pro/Engineer软件提供哪些二次开发手段?对比各自的特点。

5. 简述MFC类创建对话框和Pro/TOOLKIT创建对话框的主要区别。

6. 简述基于Pro/Engineer平台开发通过人机交互方式实现零部件参数化设计功能的流程。

7. 基于Pro/Engineer的现有环境,在菜单最右端设计一个一级菜单(名称为零件设计),下拉五个二级菜单(名称分别为轴套类零件设计、轮盘类零件设计、叉架类零件设计、箱体类零件设计、常用件设计)。

8. 基于Pro/Engineer平台,设计用于参数化交互的对话框界面,通过点击第7题菜单,实现某类零件的参数设计及模型驱动功能。

附录 A

AutoLISP 函数

A.1　基本函数

A.1.1　算术运算函数

算术运算函数的参数(即变元)值的类型可以是整型数或实型数。函数运算结果的类型由标准规则确定，即:若所有参数都是整型，则结果也是整型；若其中有一个参数是实型，则结果为实型。

1. (＋〈数〉〈数〉…)

加函数计算加号右边所有操作数的总和。例如：

(＋ 20.0)	结果为 20.0
(＋ 4 16)	结果为 20
(＋ 3.0 4.35 2.2 －5.2)	结果为 4.35

2. (－〈数〉〈数〉…)

减函数计算第一个操作数逐次减去后面所有操作数的差。若只有一个操作数，返回 0 减去这个数的差；如果不提供操作数，返回结果为 0。例如：

(－ 10)	结果为－10
(－ 50 40.0 －2.5)	结果为 12.5

3. (＊〈数〉〈数〉…)

乘函数计算所有操作数的乘积。例如：

(＊ 8)	结果为 8
(＊ 2 3 －4.5)	结果为－27.0

4. (/〈数〉〈数〉…)

除函数计算第一个操作数逐次除以后面操作数的商。若只有一个操作数，函数结果为该数本身。例如：

(/ 8)	结果为 8
(/ 15 2)	结果为 7
(/ 200 2 4.0)	结果为 12.5

5.（1+〈数〉）

增量函数返回操作数加1的结果。例如：

(1+ 7)	结果为8
(1+ −13.5)	结果为−12.5

6.（1−〈数〉）

减量函数返回操作数减1的结果。例如：

(1− 7)	结果为6
(1− −13.5)	结果为−14.5

A.1.2 标准函数

1.（abs〈数〉）

该函数计算所列操作数的绝对值。例如：

(abs 100)	结果为100
(abs −10.5)	结果为10.5

2.（sin〈角度〉）

该函数计算给定角度的正弦值，结果为实型数。角度的单位为弧度。例如：

(sin 1.0)	结果为0.841471
(sin (/ pi 4))	结果为0.707107

3.（cos〈角度〉）

该函数计算给定角度的余弦值，结果为实型数，角度的单位为弧度。例如：

(cos 0)	结果为1.0
(cos pi)	结果为−1.0

4.（atan〈数1〉[〈数2〉]）

本书在叙述AutoLISP函数格式时，带方括号的项为任选项。若没有〈数2〉，atan函数求出〈数1〉的反正切值，结果为用弧度表示的角，取值范围为$-\pi/2$到$\pi/2$。例如：

(atan 1.0)	结果为0.785398(即$\pi/4$)
(atan −1.0)	结果为−0.785398(即$-\pi/4$)

若〈数1〉和〈数2〉都提供了，则求出〈数1〉/〈数2〉的反正切值，其单位为弧度，角度范围为$-\pi$到π。此时，〈数1〉、〈数2〉分别相当于y坐标和x坐标。例如：

(atan 2.0 3.0)	结果为0.588003(第Ⅰ象限角)
(atan 2.0 −3.0)	结果为2.55359 (第Ⅱ象限角)
(atan −2.0 −3.0)	结果为−2.55359 (第Ⅲ象限角)
(atan −2.0 3.0)	结果为−0.588003(第Ⅳ象限角)
(atan 1.0 0)	结果为1.5708 ($\pi/2$)
(atan −2.0 0)	结果为−1.5708 ($-\pi/2$)

5.（sqrt〈数〉）

该函数计算所列操作数的平方根，其结果为实型数。例如：

(sqrt 4) 结果为 2.0

(sqrt 2.0) 结果为 1.41421

6.(expt〈底数〉〈幂〉)

该函数计算〈底数〉的〈幂〉次方。如果两个数都是整型数，其结果也是整型数；否则，结果为实型数。例如：

(expt 2 4) 结果为 16

(expt 3.0 2.0) 结果为 9.0

7.(exp〈数〉)

该函数计算 e 的〈数〉次方(即 e^x 值)，结果为实型数。例如：

(exp 1) 结果为 2.71828

(exp 2.5) 结果为 12.1825

(exp −0.6) 结果为 0.548812

8.(log〈数〉)

该函数计算〈数〉的自然对数，其结果为实型数。例如：

(log 2.71828) 结果为 0.999999

(log 1) 结果为 0.0

对于一般对数可用换底公式 $\log_a b = \lg b/\lg a$ 求出。

9.(gcd〈数 1〉〈数 2〉)

该函数计算〈数 1〉和〈数 2〉的最大公约数。〈数 1〉和〈数 2〉为正整数。例如：

(gcd 10 35) 结果为 5

(gcd 28 49) 结果为 7

10.(max〈数〉〈数〉…)

该函数计算所列〈数〉的最大值。例如：

(max 12 35) 结果为 35

(max −86 49 2 150) 结果为 150

11.(min〈数〉〈数〉…)

该函数计算所列〈数〉的最小值。例如：

(min 12 35) 结果为 12

(min −86 49 2 150) 结果为−86

12.(rem〈数 1〉〈数 2〉…)

该函数计算〈数 1〉除以〈数 2〉的余数，用余数再除以后面的数，得出最后的余数。例如：

(rem 42 12) 结果为 6

(rem −86 49 2) 结果为−1

(rem 24.5 16) 结果为 8.5

A.1.3 赋值与求值函数

1.（setq〈变量 1〉〈表达式 1〉[〈变量 2〉〈表达式 2〉]…）

该函数按照变量和表达式出现的顺序依次把表达式的值赋给变量，即把〈表达式 1〉的值赋给〈变量 1〉，把〈表达式 2〉的值赋给〈变量 2〉等。在给变量命名时，要求名字不能和AutoLISP 的内部函数名相同，否则该内部函数失效。

2.（distance〈点 1〉〈点 2〉）

该函数求出两点之间的距离，结果为实型数。例如：

```
(distance '(1 2) '(7 3))                结果为 6.082763
(distance '(1 2.5) '(7.7 2.5))          结果为 6.7
```

3.（angle〈点 1〉〈点 2〉）

该函数求出由〈点 1〉到〈点 2〉的向量与 X 轴正向的夹角，单位为弧度，取值范围为 $0\sim2\pi$。若所给点为三维点，则将其投影到当前作图平面计算。例如：

```
(angle '(5 1) '(2 1))                   结果为 3.141593
(angle '(1.0 1.0) '(1.0 4.0))           结果为 1.570797
```

4.（polar〈点〉〈角度〉〈距离〉）

该函数求出一个点，函数中〈点〉指已知点，〈角度〉指已知点与待求点连线形成的向量与 X 轴正向的夹角，单位为弧度，可取正值或负值；〈距离〉指已知点与待求点之间的距离。该函数求点方便，在编写绘图程序时经常采用。例如：

```
(polar '(1.0 1.0) (/ pi 4) (sqrt 2.0))  结果为(2.0 2.0)
(polar '(2 2) (/ pi 4) -2)              结果为(0.585786 0.585786)
```

5.（osnap〈点〉〈目标捕捉类型字符串〉）

该函数用于捕捉屏幕上可见实体上的特殊点，与 OSNAP 命令功能相似。〈点〉为靶区中心点，指明实体。目标捕捉类型可以是一个或多个，如"cen"、"mid,cen,end"等。当实体上符合捕捉种类的点有多个时，系统选择离靶区中心点最近的点作为返回值。下面一段程序获取一个圆弧或圆的圆心。

```
(setq p (getpoint "\nSelect arc or circle:"))  ；输入一个圆弧或圆对象
(setq pt (osnap p "cen"))                       ；获取该对象的圆心
```

A.1.4 表处理函数

表是 AutoLISP 语言中最基本的数据类型，表处理正是 AutoLISP 所具有的特性。表处理函数主要对表进行构造、分离、访问与修改。本节介绍一些基本的表处理函数。

1.（list〈表达式〉…）

该函数的结果为一个表，该表的元素按〈表达式〉顺序排列而成。例如：

```
(list 3.5 6.8)                          结果为(3.5 6.8)
(setq x 4.0 y 5.0)
(setq pt (list x y))                    结果 pt 为(4.0 5.0)
```

2.（cons〈项〉〈表〉）

该函数是一个表构造函数。〈项〉代表原子或表。这个函数把〈项〉作为元素加入到〈表〉的开头，得到新元素加入之后的表。例如：

(cons 5 '(8 9))　　　　结果为(5 8 9)

(cons '(4 5) '(8 9))　　　　结果为 ((4 5) 8 9)

(cons 'a ' (b c d))

结果为(A B C D)(机内表示时字母采用大写，下同)

3.（append〈表〉…）

该函数将所列〈表〉中的元素放在一起，得到一个表。例如：

(append '(a b) '(c d))　　　　结果为(A B C D)

(append '((a) (b)) '((c) (d)))　　　　结果为((A) (B) (C) (D))

4.（reverse〈表〉）

该函数得到一个元素顺序倒置的表。例如：

(reverse '(a b c d))　　　　结果为(D C B A)

(reverse '(a (b c) d))　　　　结果为(D (B C) A)

5.（length〈表〉）

该函数求出〈表〉中元素的个数(即表的长度)。例如：

(length '(a b c d))　　　　结果为 4

(length '(a b (c d)))　　　　结果为 3

(length '())　　　　结果为 0

6.（car〈表〉）

该函数求出〈表〉中第一个元素。例如：

(car '(a b c d))　　　　结果为 A

(car '((a b) c))　　　　结果为(A B)

通常利用此函数从点表中提取 x 坐标。例如：

(setq pt '(4 2))

(setq x (car pt))　　　　结果 x 为 4

7.（cdr〈表〉）

该函数的结果是除第一个元素之外的所有元素组成的表。例如：

(cdr '(a b c))　　　　结果为(B C)

(cdr '((a b) c))　　　　结果为(C)

8.（cadr〈表〉）

该函数求出〈表〉中第二个元素。通常利用此函数从点表中提取 y 坐标。例如：

(setq pt '(4 2))

(setq y (cadr pt))　　　　结果 y 为 2

9.（last〈表〉）

该函数求出〈表〉中的最后一个元素。例如：

(last ′(a b c d))　　　　结果为D

(last ′(a b c (d e)))　　　　结果为(D E)

利用此函数可从点表中提取 z 坐标。例如：

(setq pt ′(20 30 15.5))

(setq z (last pt))　　　　结果z为15.5

10. (nth 〈n〉 〈表〉)

该函数求〈表〉中第 n 个元素。表中元素的序号从左往右依次为0、1、2、3、…。例如：

(nth 3 ′(a b c d e))　　　　结果为D

(nth 0 ′(a b c d e))　　　　结果为A

(nth 5 ′(a b c d e))　　　　结果为NIL

11. (assoc 〈项〉〈关联表〉)

该函数在〈关联表中〉以〈项〉作为关键字进行搜索，返回＜关联表＞中对应元素的值。如果在关联表中找不到作为关键字的〈项〉，ASSOC返回nil。例如：假设表"al"定义为

((name box) (width 3) (size 4.7263) (depth 5))

那么

(assoc ′size a1)　　　　结果为 (size 4.7263)

(assoc ′weight a1)　　　　结果为NIL

关联表常用于储存数据，这些数据可通过"关键字"存取。它和程序设计语言的数组或结构相似。

A.1.5　command函数

command函数是AutoLISP系统提供的唯一能将图形实体加到AutoCAD当前图形中的函数，它是实现在AutoLISP程序中调用AutoCAD命令进行绘图的唯一途径。command函数的调用格式为

(command 〈变元〉…)

这里的变元代表AutoCAD命令名及命令执行时所需要的数据。命令包含AutoCAD内部命令和外部命令(AutoCAD的ACAD.PGP文件中定义的命令)。在command函数中，命令名、字母选项都需要用双引号引起来，且引号内不能有空格。命令名执行时所需要的数据可以是整型、实型、点表或字符串型，这取决于AutoCAD命令的执行过程中需要相应的内容。

例如，绘制一段起点是100,100、终点是100,150、线宽为0.5的直线段，以AutoCAD 2010中文版本为例，其命令行方式如下：

命令：PLINE↙

指定起点：100,100↙

当前线宽为0.0000

指定下一个点或[圆弧(A)/半宽(H)/长度(L)/放弃(U)/宽度(W)]：w↙

指定起点宽度 ＜0.0000＞：0.5↙

指定端点宽度 ＜0.5000＞：0.5↙

指定下一个点或[圆弧(A)/半宽(H)/长度(L)/放弃(U)/宽度(W)]：100,150↙

指定下一点或［圆弧(A)/闭合(C)/半宽(H)/长度(L)/放弃(U)/宽度(W)］:↙

其对应 AutoLISP 程序如下：

```
(setq p1 '(100 100) p2 '(100 150))
(command "pline" "w" 0.5 0.5 p1 p2 "")
```

因此，要正确使用 command 函数，首先要对 AutoCAD 命令执行过程比较熟悉，才能写出正确的变元格式。

A.2　程序控制函数

A.2.1　判断函数

1. 关系运算函数

关系函数也叫比较函数，常用于数之间的大小比较。比较式成立时，函数结果为 T；否则结果为 NIL。

(1) (＝〈数〉〈数〉…)

(＝ 4 4.0)　　结果为 T

(＝ 49 49 50)　　结果为 nil

(2) (/＝〈数〉〈数〉…)

(/＝ 10 20)　　结果为 T

(/＝ 19 19 5)　　结果为 nil

(3) (＜〈数〉〈数〉…)

(＜ 35 20)　　结果为 nil

(＜ 2 3 8)　　结果为 T

(4) (＞〈数〉〈数〉…)

(＞ 20 17)　　结果为 T

(＞ 7 4 4)　　结果为 nil

(5) (＜＝〈数〉〈数〉…)

(＜＝ 2 9 9)　　结果为 T

(6) (＞＝〈数〉〈数〉…)

(＞＝ 7 4 9)　　结果为 nil

2. 逻辑函数

与、或、非是常见的三种逻辑，下面介绍三种逻辑函数。

(1) (and〈表达式〉…)。

该函数求所列〈表达式〉的逻辑“与”，即当所有的〈表达式〉同时为 T 时，函数结果为 T；如果其中任何一个〈表达式〉为 NIL 时，函数结果为 NIL。例如：

(setq a 10 b 20)

(and (＞ a 5) (＜ b 25))　　结果为 T

(and (＞ b 5) (＜ b 15))　　结果为 NIL

(2) (or 〈表达式〉…)。

该函数求所列〈表达式〉的逻辑“或”，即当所有的〈表达式〉同时为 NIL 时，函数结果为 NIL；如果其中有一个〈表达式〉为 T 时，则函数结果为 T。例如：

```
(setq a 10 b 20)
  (or (< a 5 ) (> a 15))          结果为 NIL
  (or (< b 5 ) (> b 15))          结果为 T
```

(3) (not 〈项〉)。

该函数求所列〈项〉的逻辑“非”，即当〈项〉的值为 nil(逻辑假或空)时，函数结果为 T；否则函数结果为 NIL。例如：

```
(setq a 10 b 20 c nil)
  (not a)                         结果为 NIL
  (not c)                         结果为 T
  not (or (< a 5) (> b 25)))      结果为 T
  (not (or (< a 15) (> b 15)))    结果为 NIL
```

A.2.2 条件函数和顺序处理函数

条件函数被用来测试其表达式的值，然后根据其结果执行相应的操作。AutoLISP 提供了两个条件函数，if 和 cond，分别实现单分支和多分支结构，来控制程序的流向。

1. (if 〈测试式〉〈式 1〉[〈式 2〉])

在 if 函数中，〈测试式〉为具有逻辑值的表达式，如关系函数、逻辑函数等，〈式 1〉、〈式 2〉限于单个表达式。若＜测试式结果＞为真，执行〈式 1〉，否则，执行〈式 2〉。

例如：

```
(if (> a 1) (setq b 2) )
```

该表达式的含义是：如果 a 大于 1，则 b 等于 2，否则不作任何计算，求值结束。

```
(if (> a 1) (setq b 2) (setq b 3) )
```

该表达式的含义是：如果 a 大于 1，则 b 等于 2，否则 b 等于 3，求值结束。

注意：该函数最多只有 3 个变元，即测试式、式 1 和式 2。

2. (cond (测试表达式 1 结果表达式 1) [(测试表达式 2 结果表达式 2)] …)

该函数从第一个子表起，计算每一个子表的测试表达式，直至有一个子表的测试表达式成立为止，然后计算该子表的结果表达式，并返回这个结果表达式的值。

例如，根据学生的成绩来给学生划分等级，90～100 分为优秀，80～89 分为良，70～79 分为中，60～69 分为及格，59 及以下为不及格。

```
(setq level ( cond (>= i 90) "优秀")
                   ((>= i 80) "良")
                   ((>= i 70) "中")
                   ((>= i 60) "及格")
                   (t "不及格")
            )
    )
```

3.（progn〈表达式〉…）

Progn 函数用于顺序控制。该函数将 n 个表达式组合起来，按顺序计算每一个〈表达式〉。只能用一个表达式的地方来完成多个表达式的计算，可以用 progn 函数，如 if 函数中的〈式 1〉、〈式 2〉中。例如：

```
(if (> a 1)
    (progn (setq b 2)
           (print (+ b a))
    )
    (progn (setq b 4)
           (print b)
    )
)
```

该程序段的执行过程是，若条件成立，b 等于 2，然后打印 a 与 b 之和，返回 a 与 b 之和；若条件不成立，b 等于 4，然后打印 4，返回 4。

A.2.3　循环函数

1.（repeat〈数〉〈表达式〉…）

该函数循环计算后面的若干个〈表达式〉(即循环体)，循环次数由〈数〉来指定。其中，〈数〉必须是一个正整数。返回最后一个表达式的计算结果。例如：

```
(setq a 1 b 100)
     (repeat 10
     (setq a (+ a 1))
     (setq b (+ b 10))
)
```

上述程序运行结果：a 为 11，b 为 200。

2.（while〈测试式〉〈表达式〉…）

该函数先计算〈测试式〉，若其值为 T，则计算后面的若干个〈表达式〉(即循环体)，然后再计算〈测试式〉，这样循环反复，直到〈测试式〉的值是 NIL 为止。例如：

```
(setq i 1 a 10)
  (while (<= i 10)
    (setq a (+ a 10))
    (setq i (1+ i )
)
```

该程序的执行结果：a 等于 110，i 等于 11。

A.3　交互输入函数

1.（getint［〈提示〉］）

等待用户输入一个整型数，函数结果是整型数。例如：

(setq n (getint "\nEnter a number: "))

当函数执行时,屏幕上出现:

Enter a number:

系统暂停下来等待输入，在提示之后输入的数值会赋值给 n。

2. (getreal [〈提示〉])

函数结果为由该数转换而成的实型数。例如:

(setq sf (getreal "\n Scale factor: "))

Scale factor: 2.0↙　或 2↙

结果 sf 为 2.0。

3. (getangle [〈提示〉])

等待用户输入一个角度。若用户输入一个数，函数结果是得到由该数代表的角度度数转化而成的弧度值。若用户输入一个点，系统会询问第二个点，函数结果得到由第一点到第二点构成的向量与 X 轴正向的夹角，单位为弧度。例如:

(setq ang (getangle "\nAngle: "))

Angle: 45↙

结果 ang 为 0.785398($\pi/4$ 的值)。

4. (getdist [〈点〉] [〈提示〉])

该函数执行时暂停下来等待用户输入一个距离值。〈点〉是任选的基点。函数结果是一个实型数。例如:

(setq d (getdist "\nDistance: "))

Distance: 25↙(或输入一个点，则系统提示输入第二个点，即通过输入两个点指定距离值)

5. (getstring [T] [〈提示〉])

函数结果得到一个字符串。若函数中有 T 时，输入的字符串中可含有空格，结束输入时只能用回车键。输入字符串时不要加双引号，系统会自动加上作为函数的执行结果。

(setq fname (getstring "\nEnter file name:"))

执行时:

Enter file name: pp.lsp↙

6. (getpoint [〈提示〉])

该函数执行时暂停下来等待用户输入一个点，函数执行结果是得到一个点表。输入点时可以采用点的各种输入方法输入。

(setq p (getpoint "\nEnter point:"))

Enter point: 40,50↙

A.4　文件管理函数

1. (open 〈文件名〉〈状态〉)

open 函数打开一个名为〈文件名〉的文件，以便 AutoLISP 的输入、输出函数对这个文件进行读或写。函数的结果产生一个文件描述符，供输入、输出函数使用。open 函数必须和赋值函数一起使用，用变量记录文件描述符。

〈文件名〉是一个字符串，这个字符串由文件名和扩展名组成。文件名前还可加盘符或目录名(即 Windows 中的文件夹名)，如“b:\\file.dat”、“\\subdir\\file.dat”(AutoLISP 字符串中两个反斜杠起一个反斜杠作用，也可以用一个斜扛“/”代替两个反斜杠)等。

〈状态〉为读/写标志，分别为“r”(读)、“w”(写)、“a”(追加)，r、w、a 必须为小写。“r”用于打开已有文件并进行读操作。“w”用于打开一个新文件进行写操作。“a”用于打开一个文件进行追加操作，若指定的文件不存在，作用同“w”；若指定的文件存在，则打开该文件，并把记录指针移到现有记录尾部，凡是要写入文件的内容都将追加到现有记录的后面。

2.（close〈文件描述符〉）

close 函数关闭指定的文件，把写入的内容保存在文件中。〈文件描述符〉是 open 函数产生的。此函数一般和 open 函数配对使用。例如：

```
(close f)
```

f 是上面 open 函数产生的文件描述符。

close 的作用是在写文件时把驻留在内存磁盘缓冲区上的部分数据写入指定文件中而不致引起这部分数据丢失。

3.（load〈文件名〉）

load 函数把〈文件名〉所代表的 AutoLISP 源程序文件从磁盘装入内存。执行一个 AutoLISP 程序首先要使用 load 函数。

A.5　输入、输出函数

交互输入函数也属于这类函数。这里再介绍几个常用的输入、输出函数。

1.（prompt〈信息〉）

该函数将〈信息〉内容显示在屏幕上，〈信息〉为字符串类型。例如：

```
(prompt "\nMeasurement value is 10.000")
```

2.（princ〈表达式〉[〈文件描述符〉]）

此函数将〈表达式〉的值写到屏幕(未指定〈文件描述符〉时)或写到由〈文件描述符〉表示的打开文件中。〈表达式〉的值可为多种数据类型，若为字符串时，不输出双引号。通常情况下，princ 输出时不换行，接着上一位置写，只有当输出的字符串中含有换行控制字符“\n”时才换行输出。princ 应用的例子参见 5.1.3 节。

这里需要指出，若希望输出的结果带双引号，则应按下例去做(即在内层每个双引号前加一个反斜杠)：

```
(princ "\"Book\"")
```

结果在屏幕上显示"Book"。

3.（read-line [〈文件描述符〉]）

该函数从键盘(未指定〈文件描述符〉时)或从由〈文件描述符〉表示的打开文件中读入一

个字符串。字符串中的字符包括一行开始到回车之间的所有字符。假设有文件 test. dat，内容如下：

```
((N1 2 3 4)(N2 6 7 8))
```

要把它赋值给一个变量，程序如下：

```
(setq f (open "test. dat" "r"))
(setq te (read-line f))
(close f)
(setq t1 (read te))
```

te 为字符串类型，用 read 将双引号取掉，结果 t1 的值就是上面的表。

4.（write-line〈字符串〉[〈文件描述符〉]）

该函数把字符串写到屏幕上（未指定〈文件描述符〉时）或写到由〈文件描述符〉表示的打开文件中，写完换行。写〈字符串〉时不输出双引号。例如，要把表((1 2)(3 4)(5 6))写到文件 resl. dat 中，程序如下：

```
(setq f (open "resl. dat" "w"))
(write-line "((1 2) (3 4) (5 6))" f)
(close f)
```

结果 resl. dat 内容为

```
((1 2)(3 4) (5 6))
```

A. 6　系统变量函数

1.（setvar〈系统变量名〉值〉）

该函数为 AutoLISP 的系统变量设置一个新的值，新值为给定的〈值〉。系统变量名要用双引号引起来，系统变量名大、小写等效。例如：

```
(setvar "FILLETRAD" 10)
```

此函数把圆角半径改为 10。

使用 setvar 函数设置系统变量时，应注意以下两点。

(1) AutoCAD 的系统变量分为两类：一类是只读的，用户不能修改其值；另一类是可读写的，用户可以获取或修改其值。setvar 函数只能改变可读写的系统变量的值。

(2) 每个系统变量的值都有规定的数据类型。在用 setvar 函数修改系统变量的值时，修改值的类型与范围必须与系统变量的要求相符。

2.（getvar〈系统变量名〉）

该函数用于获得系统变量的当前值。系统变量名要用双引号引起来。AutoCAD 系统变量的值都可用 getvar 来获得。例如：

```
(getvar "FILLETRAD")                结果为 10.0(当前值)
```

setvar 和 getvar 可以配合使用。在编写 AutoLISP 绘图程序时，可以对系统中绘图环境状态进行记录修改，程序执行完毕后再恢复。例如对目标捕捉的状态修改代码记录如下：

```
(setq osmd (getvar "osmode"))        ; 记录目标捕捉状态
(setvar "osmode" 0)                  ; 关闭目标捕捉状态
```

下面代码恢复系统初始状态：

```
(setvar "osmode" osmd)               ; 恢复目标捕捉初始状态
```

A.7　实体操作及数据函数

1. (entnext 〈ename〉)

这里的〈ename〉是 AutoCAD 的图元名，如同文件描述符一样，都是 AutoLISP 的一种数据类型，对用户而言，它是不透明的，使用时经常要和赋值函数配合使用。

entnext 函数直接从图形数据库中提取实体名的两种方式：

(1) (entnext)：返回图形数据库中第一个未被删除的实体名。

(2) (setq ss (entnext))

```
(entnext ss)
```

entnext 函数不仅从图形数据库中提取主实体名，还从图形数据库中获取复杂实体的子实体名，以便对 Pline、Polygon、Ellipse、3dpoly 等的主实体、子实体进行访问。

2. (entlast)

entlast 函数获取图形数据库中最后(最新)一个实体名。如若要获取一个复杂实体的子实体名，可以采取以下步骤：

```
(setq e1 (entlast))
(setq e2 (entnext e1))
```

3. (entsel 〈prompt〉)

prompt 提示用选点的方式来选择单个实体，返回由两个元素组成的一个表，第一个元素是选中的实体，第二个元素是所选中的点的坐标。

4. (entget 〈ename〉)

entget 函数可以从图形数据库中按实体名 ename 检索其定义的数据，并返回按实体定义的实体数据表。

5. (entmod 〈elist〉)

entmod 函数修改实体在图形数据库中的定义。

6. (entupd 〈ename〉)

entupd 函数更新复杂实体屏幕图形。

A.8　选择集操作函数

1. ssget 函数

ssget 函数构造一选择集，并将图形对象放入选择集，有下面几种格式：

(1) (ssget)：返回一般实体构造选择集，在“Select objects：”提示下选择。

(2) (ssget 〈点1〉)：返回由通过指定点1产生的单个实体构成的选择集名。

(3) (ssget [〈方式〉 [〈点1〉〈点2〉]])：返回按用户指定方式所选择的实体构成的选择集名。

(4) (ssget ″X″〈过滤器列表〉)：用于扫描整个图形数据库，构建一个包含符合过滤条件的所有主实体名的选择集。过滤器列表是一个由实体DXF组代码及其相匹配的值构成的关联表。实体DXF组代码及其意义见表A.1。

表A.1　实体组代码

组代码	意　义
0	实体类型
2	引用块名(用INSERT)
6	线型名
7	字型名(用作文本TEXT，属性和属性定义字型名)
8	层名
38	Z方向标高(实型数)
29	延伸厚度(实型数)
62	颜色号(0～256)
66	引用块的属性附带标记
210	三维拉伸方向矢量(三维实数表)

ssget函数实例如下：

(ssget '(50 100)) 返回点(50，100)的实体的名称

(setq ssl (ssget ″L″)) 选择最后加入数据库中的实体

(setq ssp (ssget ″P″)) 选择前一个加入数据库中的实体

(setq ssw (ssget ″W″ '(5 8)'(18 20)) 选择以(5 8)、(18 20)为对角点窗口内的所有实体

(setq ssc (ssget ″C″pt1 pt2) 选择以变量pt1、pt2的窗口为对角点窗口相交和窗口内的所有实体

(setq ssx1 (ssget ″X″ (0.″LINE″)) 选择图形库中所有直线构成选择集ssx1

(setq ssx2 (ssget ″X″ (8.″3″)(0.″LINE″)) 选择图形库中3层中所有直线构成选择集ssx2

(setq ssx3 (ssget ″X″ (8.″3″)(0.″circle″)(62.1)) 选择图形库中3层上所有红色的圆构成选择集ssx3

2. (ssadd [〈实体名〉 [〈选择集〉]])

ssadd函数的功能是将〈实体名〉加入到〈选择集〉中去。〈选择集〉是选中的图形实体的集合，它也是AutoLISP的一种数据类型。ssadd函数有下面三种使用形式：

(ssadd)——构成没有实体的新的选择集；

(ssadd 〈实体名〉)——构成一个包含指定实体名称的新的选择集；

(ssadd 〈实体名〉〈选择集〉)——将〈实体名〉所指的实体加到〈选择集〉中。

3. (sslength 〈选择集〉)

sslength函数给出〈选择集〉中图形实体的数目(整型数)。

4.（ssdel〈实体名〉〈选择集〉）

ssdel 函数从〈选择集〉中删除由〈实体名〉指定的实体，此时在形成的新选择集中已没有这个元素。如果指定的实体不在〈选择集〉中，则函数结果为 NIL。

5.（ssmemb〈实体名〉〈选择集〉）

ssmemb 函数判断给定的实体名是否在选择集中。

6.（ssname〈选择集〉n）

ssname 函数极限实体名检索，返回给定选择集中第 n 个实体名，n 为总的选择集中实体数目。n 从 0 开始，可以取到选择集长度减 1。

附录B 对话框控件及属性

表B.1和表B.2分别给出了常用控件属性和预定义控件属性。

表B.1 常用控件属性

类型	属性名称	说明
关键字和值属性	key	关键字：一个包含在引号内的字符串
	value	值：一个用于初始化控件的字符串
布局属性和尺寸属性	width	该值表示控件的最小宽度
	height	该值表示控件的最小高度
	alignment	对齐属性：控制控件在组群空间内垂直或水平方向的定位方式
	children_alignment	子控件的对齐属性：确定所有子组群内部的定位方式
	fixed_heigh fixed_width	固定高度与固定宽度：当这两个属性值为true时，布局时将保持控件的大小固定不变，默认值为false
	children_fixed_height children_fixed_width	子控件固定高度与子控件固定宽度：是控件组群的属性，只作用于组群内所有的控件并作为缺省值，默认值为false
功能属性	action	该属性包含一个AutoLISP有效表达式组成的字符串，当选中控件时，执行相应的AutoLISP表达式操作
	is_enabled	该属性设置控件的有效性，默认值为true
	is_tab_stop	该属性控制一个部件是否可以用制表键(Tab)选择聚焦，默认值为true
	mnemonic	该属性定义了快速聚焦于相应控件的热键(助记符)

表 B.2　预定义控件属性

预定义控件属性	独立控件	按钮(button)	label	是一个由引号括起来的字符串，出现的按钮框内的文本标记(无缺省)
			is_cancel	所选中的按钮与按取消键(如 Esc 或 Ctrl+Z)作用相同
			is_default	值可为 true 或 false
		对话框(Dialog)	label	显示对话框的标题文本，缺省为空
			value	值属性，将字符串当作一个可选择的对话框标题显示
			initial_focus	指明对话框内初始聚焦的控件
		编辑框(Edit_box)	label	显示在编辑框左边的标识文本
			allow_accept	是逻辑型值。当该值为 true 时，用户按下接受键
			edit_width	控制编辑框的宽度
			edit_limit	编辑框中允许输入的最多字符数，默认为 132 个
			value	编辑框中的初始文本字符串
		列表框(List_box)	label	显示在列表框上方的标识字符串
			allow_accept	与 Edit_box 中 allow_accept 属性相同
			list	为表中显示表项内容(字符串)，行间用“\n”分隔，行内用制表符“\t”分隔
			multiple_select	是否允许一次选择表中多个选项的控制逻辑值(true 或 false)，缺省值为 false
			tabs	包含整数或实数，并由空格分开的字符串
			value	初始选择的列表项的索引值
		弹出表(Popup_list)	label	显示在弹出表左边的标识字符串
			list	与 list_box 相应属性意义作用相同
			edit_width	编辑框或弹出表的宽度
			tabs	与 list_box 相应属性意义作用相同
			value	与 list_box 相应属性意义作用相同
		图像按钮(Image_button)	allow_accept	逻辑型值(true 或 false)。当为 true 时，选中该控件等同于同时选中缺省按钮；缺省为 false
			aspect_ratio	图像的长宽比
			color	图像的背景色(填充色)
		单选按钮(radio_button)	value	单选按钮是否被选中的标志
			label	单选按钮右边的标记文本

续表

<table>
<tr><td rowspan="15">预定义控件属性</td><td rowspan="10">独立控件</td><td rowspan="2">单选列组
有界单选列组</td><td>value</td><td>当前被选中(value="1")的关键字字符串</td></tr>
<tr><td>label</td><td>显示在 boxed_radio_column 左上方的标记文本</td></tr>
<tr><td rowspan="2">单选列组
有界单选列组</td><td>value</td><td>当前被选中(value="1")的关键字字符串</td></tr>
<tr><td>label</td><td>显示在 boxed_radio_row 左上方的标记文本</td></tr>
<tr><td rowspan="6">滚动条
(slide)</td><td>big_increment</td><td rowspan="2">控制滚动条增量使用值的整数，取值范围在 min_value 和 max_value 之间。其中 big_increment 的缺省值是整个范围的 1/10；small_increment 的缺省值是整个范围的 1/100</td></tr>
<tr><td>small_increment</td></tr>
<tr><td>layout</td><td>滚动条的放置方向(水平或垂直)，缺省为水平方向</td></tr>
<tr><td>max_value</td><td rowspan="2">max_value，min_value 是－32768～32767 之间的整数，表示滚动条返回值的范围</td></tr>
<tr><td>min_value</td></tr>
<tr><td>value</td><td>包含当前滚动条数值(整数)字符串</td></tr>
<tr><td rowspan="5">修饰及说明控件</td><td rowspan="3">文本
(text)</td><td>label</td><td>label 为显示的文本内容</td></tr>
<tr><td>value</td><td>表示文本控件的显示内容，但它对控件的布局不发生影响</td></tr>
<tr><td>is_bold</td><td>为一逻辑值(true 或 false)，控制是否以黑体字显示</td></tr>
<tr><td rowspan="2">图像
(image)</td><td>color</td><td>与图像的背景色(填充色)</td></tr>
<tr><td>aspect_radio</td><td>与图像的长宽比</td></tr>
</table>

附录C

Visual LISP 对话框驱动函数

C.1　对话框主调用功能

1.（load_dialog dclfilename）

加载一个对话框文件。参数 dclfilename 为对话框文件名(可省略扩展名.dcl)，若未指定文件路径，该函数默认 AutoCAD 的搜索路径。若加载成功，返回一个大于零的整数。例如：

```
(setq dcl_id (load_dialog "d:\user\test.dcl"))
```

若返回值大于0，表示加载成功；否则，加载失败。返回值类似于文件标识号，是显示对话框、卸载对话框文件的主要参数，应该将其赋给一个变量 dcl_id，作为其他函数调用的参数。

2.（new_dialog dlgname dcl_id [action [screen_pt]]）

该函数将对话框显示到屏幕上。参数 dlgname 是对话框的名字，dcl_id 存放了加载对话框文件成功时的返回值，action 是该对话框的动作，screen_pt 是确定对话框左上角在屏幕上位置的二维点(以像素为单位)。action 和 screen_pt 都是可选项，但不能只选后者。对话框在屏幕上的默认位置是在屏幕的中央。如果调用成功，则返回 T。

例如，下面表达式将名字为"yuan"的对话框显示在屏幕的中央，参数 dcl_id 为 load_dialog 函数的返回值。

```
(new_dialog "yuan" dcl _id)
```

例如，下面表达式将名字为"rect"的对话框显示在屏幕的左上角，并执行设置变量 a 的值为 1 的活动，参数 dcl_id 为 load_dialog 函数的返回值。

```
(new_dialog "rect" dcl _id "(setq a 1)" '(0 0))
```

3.（action_tile key action_expression）

该函数指定控件的相应动作。参数 key 为控件的关键字，action_expression 为控件的动作表达式，动作表达式可不止一个。例如：

```
(action_tile "accept" "(usrt_function)(done_dialog 1)")
```

此例定义“确认”按钮的活动是调用 usrt_function 函数、以 1 为状态值关闭对话框。usrt_function 是用户自定义的函数。

注意：该函数只是为具有活动(action)属性的控件与代表动作的表达式或函数建立联系，至于动作的具体内容是由应用程序确定的。由于动作是因为选择了控件之后而引发的，所以代表动作的表达式或函数通常称为回调函数。

4.（start_dialog）

激活由 new_dialog 函数显示的对话框，等待并接受用户的操作。此后对话框一直保持着激活状态。如果某一动作表达式调用了 done_dialog 函数，该函数才返回 done_dialog 函数的状态值。

在调用 start_dialog 之前一定要检测 new_dialog 的返回值是否为 T，否则会发生不可预料的结果。

5.（done_dialog [status]）

该函数用于隐藏对话框，参数 status 是一个整数，是提供给 start_dialog 函数的返回值。该函数的返回值为一个二维表表示的点的坐标。该坐标为对话框的左上角相对于屏幕左上角的位置(以像素为单位)。

6.（unload_dialog dcl_id）

该函数卸载一个与 dcl_id 相关联的对话框文件，释放该对话框所占存储空间。参数 dcl_id 为 load_dialog 函数的返回值。不论卸载是否成功，返回值均为 nil。例如：

```
(unload_dialog dcl_id)
```

C.2 编辑框控件回调函数

1.（get_attr key attribute）

该函数获取关键字为 key 控件的相应属性的值，attribute 表示需返回的属性名称。例如：

```
(setq w (get_attr "img" "width")) ;
```

其含义是获取关键字为 img 控件的宽度属性值并赋给变量 w。

2.（get_tile key）

该函数获取关键字为 key 的控件的值，即获取该关键字控件的 value 属性的值。例如：

```
(setq w1 (get_tile "k_width"));
```

该函数获取 key 属性为"k_width"控件的当前值，并将其赋给变量 w1。

3.（set_tile key value）

该函数设置关键字为 key 的控件的值。例如：

```
(set_tile "" "50.0") ; 设置关键字为 edt1 的控件的值为"50.0"
```

C.3 图像按钮控件处理函数

1.（start_image key）

该函数打开 key 指定的图像控件，开始对其操作。这是图像操作必须用到的，而且是首先调用的函数。

2.（vector_image x1 y1 x2 y2 color）

该函数在当前打开的图像控件上以 x1、y1 为起点，以 x2、y2 为终点，以 color 为颜色绘制矢量。参数 x1、y1、x2、y2 为整数表示的坐标，坐标的原点为图像控件的左上角(0，0)。图像控件的宽和高，可分别通过(dimx_tile)及(dimy_tile)函数获取。color 表示图像的背景色，可以是 AutoCAD 定义的标准颜色名、颜色号，也可以是预定义的颜色，即 -2 是 AutoCAD 图形屏幕当前背景色，-15 是对话框背景色，-16 是当前对话框前景色，-18 是当前对话框线的颜色。

3.（fill_image x1 y1 x2 y2 color）

该函数在当前打开的图像控件上画一个填充的矩形块。参数 x1、y1、x2、y2、color 的含义同 vector_image 函数。(x1，y1)与(x2，y2)是矩形的对角点。

4.（slide_image x1 y1 x2 y2 sldname）

该函数在当前打开的图像控件上显示一幅幻灯片，可以是独立幻灯片文件(. sld)，也可是某个幻灯库中的某一幻灯片(. slb)。参数 x1、y1、x2、y2 的含义同 vector_image 函数。(x1，y1)、(x2，y2)为确定幻灯片位置的对角点坐标。幻灯片文件是在 AutoCAD 环境下用 mslide 命令建立的。如果幻灯片文件不在当前目录，参数 sldname 应包含完整的路径。

5.（end_ image）

该函数结束对当前图像控件的处理。这是图像操作必须用到的，而且是最后调用的函数。

6.（dimx_tile key）

该函数返回关键字为 key 的控件(多用于图像类控件)的宽度，以像素为单位。

7.（dimy_tile key）

该函数返回关键字为 key 的控件(多用于图像类控件)的高度，以像素为单位。

参 考 文 献

[1] 孙家广，胡事民. 计算机图形学基础教程. 2版. 北京：清华大学出版社，2012.
[2] 许社教，等. 计算机绘图. 西安：西安电子科技大学出版社，2004.
[3] 璩柏青，等. 计算机图形学. 西安：西安电子科技大学出版社，2003.
[4] 何援军. 计算机图形学. 3版. 北京：机械工业出版社，2016.
[5] 刘极峰. 计算机辅助设计与制造. 北京：高等教育出版社，2004.
[6] 陆玲，李丽华，宋文琳. 计算机图形学. 北京：机械工业出版社，2017.
[7] 于万波，于硕. 计算机图形学：VC++实现. 北京：清华大学出版社，2017.
[8] 胡仁喜，胡青，史青录编著. 计算机辅助机械设计高级应用实例. 北京：机械工业出版社，2005.
[9] 杜淑幸，贾建援，刘小院，胡雯婧. 基于Pro/E的产品模型管理及重用性设计[J]. 计算机工程. 2009，35(17)：243-246.
[10] 李子铮，李超，张跃. AutoLISP实例教程. 北京：机械工业出版社，2006.
[11] 吴永进，林美樱. AutoLISP&DCL基础篇. 北京：中国铁道出版社，2003.
[12] 张继春. Pro/ENGINEER二次开发实用教程. 北京：北京大学出版社，2003.
[13] 王文波. Pro/E Wildfire 4.0二次开发实例解析. 北京：清华大学出版社，2010.
[14] 佟士懋，邢芳芳，夏齐霄. AutoCAD ActiveX/VBA二次开发技术基础及应用实例. 北京：国防工业出版社，2006.
[15] 吴立军，陈波. Pro/ENGINEER二次开发技术基础. 北京：电子工业出版社，2006.
[16] 李长勋. AutoCAD ActiveX二次开发技术. 北京：国防工业出版社，2005.
[17] 李硕，韩光超. 计算机辅助设计与制造(UG). 北京：清华大学出版社，2014.
[18] 乔立红，郑联语. 计算机辅助设计与制造. 北京：机械工业出版社，2014.
[19] 徐伟，杨永. 计算机辅助设计与制造：Pro/Engineer Wildfire 4.0中文版. 北京：高等教育出版社，2011.
[20] 殷国富，袁清珂，徐雷. 计算机辅助设计与制造技术. 北京：清华大学出版社，2011.
[21] 杜平安，等. CAD/CAE/CAM方法与技术. 北京：清华大学出版社，2010.
[22] 刘世平，李喜秋，赵铁. 基于Pro/Engineer的三维设计与制造. 武汉：华中科技大学出版社，2010.
[23] 殷国富，杨随先. 计算机辅助设计与制造技术. 武汉：华中科技大学出版社，2008.
[24] 苏春. 数字化设计与制造. 北京：机械工业出版社，2006.